JN198109

ネスペ30知

左門至峰・平田賀一 著

技術評論社

はじめに

皆さん，こんにちは。

このたびは本書を手に取っていただき，ありがとうございます。本書は，ネットワークスペシャリスト試験に合格するために，過去問解説に特化した本です。

この試験において，午後問題で合格点に達しない理由には，主に以下の3つがあります。

①知識がなく，答えがわからない
②解答の方向性が間違っている
③答案の書き方が悪い

本書では，これら3つの点において，受験生の皆様をサポートしています。特徴的なのが本書の売りでもある問題文の解説です。問題文を丁寧に解説することで，①の知識を補い，②の解答を導くためのプロセスを解説しています。さらに，③の答案の書き方に関しても解説しています。

さて，この「ネスペ」シリーズでは，「剣」「道」「礎」「魂」など，キーワードとなる漢字一文字をタイトルに付けてきました。今年は「知」を選びました。そして，1章では，先ほど述べた①の「知識」（＝知）に関して，具体的なお話をしています。

では，なぜ「知」なのか。

理由は単純です。この本で扱う平成30年度の問題では，これまでの過去問と違い，知識が備わっていないと解けない出題が増えたと感じたからです。これまで，問題文の読み方や正答の導き方などを何度も説明してきました。ですが今回は，合格するために必要な「知識」というのを，改めて重要視していただきたいと思いました。

では，知識がないと解けない問題とはどのようなものでしょうか。平成30年度の午後Ⅰ問1を見てみましょう。設問1などの空欄の穴埋めは，もちろん知識問題です。それだけではありません。設問2では，「HTTPSでProxyサーバを使う際のメソッド名」が問われました。完全なる知識問題です。

問2も同様です。設問1の穴埋めは同様に知識問題です。そして，設問2（2）では，「VRRPで規定されているメッセージ名」が問われました。これも知らないと解けません。

それ以外にも，午後Ⅱ問1は「MQTT」をテーマにした問題でした。MQTTの基礎知識がないと，合格ラインを突破するのは容易ではなかったと思います。また，MQTT以外にも，問題を解くなかで，VLANやSTPなどの基本的なネットワーク技術が登場します。これらに関する十分な知識がないと，設問で何が問われているのかもわからないと思います。

さて，1章では，「知識」をテーマとして，「知識を身に付ける学習方法」や，合格者がどのような勉強法で知識を身に付けたかの体験談，また，MQTTの基礎知識などを整理しました。

そして，2章以降の過去問解説では，知識を確認するために，たくさんの設問を用意しました。

この「ネスペ」シリーズは，毎年のことですが，わずか1年分の，しかも午後問題の解説しか記載していません。ですが，皆様が知識を拡充し，解答の導き方や答案の書き方を学んでもらえるよう，全力で書き切りました。本書で学んだ皆様に，ぜひこの試験に合格してほしいという願いを込めています。

皆様がネットワークスペシャリスト試験に合格されることを，心からお祈り申し上げます。

2019年7月　　左門 至峰

本書で扱っている過去問題は，平成30年度ネットワークスペシャリスト試験の午後Ⅰ・午後Ⅱのみです。午前試験は扱っていません。

もくじ

nespe30

第1章

「知」について／過去問を解くための基礎知識

1.1 「知」について

1.2 MQTTの基礎知識

1.3 OAuth 2.0の仕組み

nespe30

1.1 「知」について

1 基礎知識の習得について ～点ではなく，線や面で理解する～

「はじめに」でお話しましたように，H30年度の問題は，知らないと解けない知識問題がいささか多かったように感じました。知識問題は，残念ながらその技術についての知識がないと解けません。その意味からも，知識を拡充してもらいたいと思います。

しかし，一問一答のように，用語とその意味を単純に覚えるだけでは不十分です。この試験は難関試験ですから，そのような知識だけでは合格できません。知識を，点ではなく，線や面として理解してほしいのです。

点とか面と言われても，ピンときません。

具体例でお話します（が，あくまでも点や面はたとえ話なので，その点はご理解を！）。H30年度の午後Ⅰ問2では，監視の方法がいくつか登場しました。ping監視，SYSLOG監視，そしてSNMPによる監視です。ping監視はICMPのpingを使う，SYSLOG監視はUDPを使うというように，それぞれの仕組みを知識レベルで覚えることを「点で覚える」とします。

私が言う線や面というのは，それぞれの技術を深堀りしたり，他の技術との関連を含めて理解するということです（点と点が相互につながっているという意味です）。

たとえるなら，ドラマの人物相関図を見ると，登場人物の関係がしっかり理解できるといったところでしょうか（たとえが悪くてごめんなさい）。

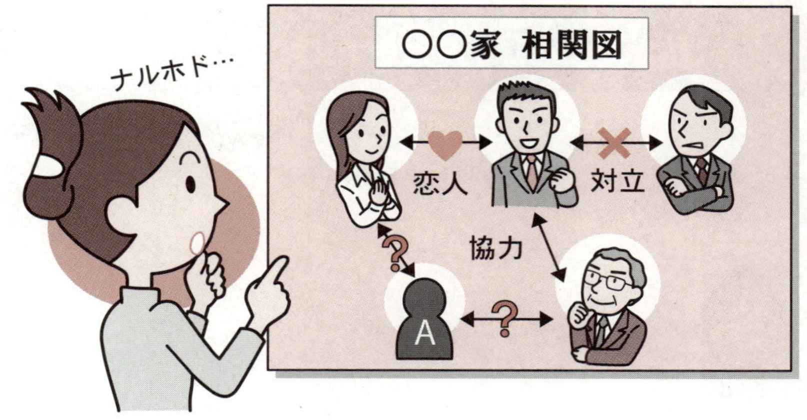

■人物相関図を見ると，ドラマの人物関係がよくわかる

先の問題では，ping監視では見つけられなかった障害がありました。なぜping監視では見つけられない障害があるのでしょうか。理由はいくつかありますが，たとえば，スイッチングハブにはIPアドレスが一つしかないことが原因です。すべてのポートでIPアドレスを持っているわけではないので，ping監視ではポート単位の死活監視ができません。このように，知識を「点」ではなく，その奥にある背景まで（＝線として）理解してください。

では，ping以外の監視方法であるSNMPはどうでしょうか。SNMPではMIBの情報を持っており，ポート単位のインターフェースの情報も保持しています。さらに，単にポートが生きているか死んでいるかだけでなく，インターフェースの名前や速度であったり，さまざまな情報を取得することができます。このように，技術を個別で覚えるのではなく，メリットやデメリット，他の技術の違いなども含めて，「面」として理解してください。そういう知識でないと，難関の国家試験であるネットワークスペシャリストの合格は難しいです（H30年度は，合格率はわずか15.4%でした）。

加えて，線や面として得た知識は，試験だけでなく，ネットワーク現場でも使える「知」になることでしょう。

2 私からの質問の投げかけ

「はじめに」でも述べましたが，今回の過去問解説では，意図的に質問をたくさん投げかけています。設問に直接関係がない問いかけもありますが，ぜひとも解いてください。

設問に関係がないのもあるのですか？

はい，申し訳ありません。でも，この試験に合格するためには必要な知識だと考えますので，あえて質問しているのです。もちろん，それらの質問に即座に答えらえるレベルであれば，読み飛ばしてもらってもかまいません（そんな人は少ないと思いますが…）。

私からの質問は，基礎レベルの知識です。ただ，上っ面の知識では答えられないと思います。「知識を点としてではなく，線や面として理解していますか？」という私からのメッセージとして受け取ってください。

では，具体的な問いかけを見てみましょう。午後Ⅰ問1では，たとえば，以下の問いかけをしています（答えは，2章以降をご覧ください）。

Q. FWで，ネットワークを三つの領域に分ける。その三つは何か。

Q. F社のネットワーク構成のIPアドレス設計をせよ。

Q. L3SWのルーティングテーブルを記載せよ。

Q. **F社のFWのポリシー設定を書け。ポリシーの項目は自分で考えること。**

皆さんにお願いしたいのは，すぐに答えを見ないことです。まずは，自分で考えてください。

自分で考えるって，面倒なんですよー。

勉強は面倒なものです。楽して合格はありません。そして，頭の中で考えるだけではダメです。ノートなどに実際に書いてみてください（絶対ですよ！）。本番ではありませんから，間違えたっていいのです。それより大事なのは，わからないなりにも自分の頭で考えて，何がわかっていないかを明らかにすることです（逃げてはいけません）。

IPアドレス設計や，ルーティングテーブルなど，初めての方はきっと書けないでしょう。当たり前です。すらすら書ける人であれば，本書を読んで勉強なんかしませんよ。

ルーティングテーブルを自分で書いてみて，「あれ，どんな項目が必要？」とか，「直接つながっているネットワークはどう書く？」などと悩むはずです（私もよく悩みます。すぐに忘れるんです）。でも，わからなくても，考えたり，調べたりすればいいのです。そうやって汗をかいて理解を深めておけば，本試験でルーティングの問題が出ても，自信を持って答案を書くことができるでしょう。

また，1回目に書けなかったとしても，何度も繰り返して解いてください。加えて，私が問わなかった内容に関しても，自分自身で質問を投げかけ，納得がいくまで調べて答えを出して下さい。そして，この過去問だけでなく，他の過去問でも同じような学習をしてもらうと，この試験に合格するに必要な十分な知識が身に付くと考えます。

3 知識の拡充方法

では，どうやってネットワークスペシャリスト試験に合格するための知識を得るのでしょうか。優先度が高いと思うものから順に紹介します。

(1) テキストによる学習

まずは，テキストによる学習です。市販のネットワークの解説書を1冊買って，勉強しましょう。ネットワークスペシャリスト試験に特化した基礎テキストも多数あります。

どれがお勧めですか？

その質問，よく聞かれます。本を読まれる方との相性もあるので，一概にこれがお勧めとは言えません。強いて言うのであれば，「薄い」本がいいと思います。

分厚い本は重量的にも
気分的にも重たいんです。

ですよね。分厚い本は嫌になって挫折しがちです。テキストによる学習は，浅い学習（＝多少「上っ面」）でもかまわないので，最後の章まで読み切ってほしいのです。一通りやれば，ネットワーク全体の知識を網羅的に学べます。最初から深く理解する必要はありません。深く知るのは「徐々に」でかまいません（というか，それしか無理ですよね）。

また，わかりやすくて薄い本であれば，ネットワークスペシャリスト試験の対策本に限定する必要はありません。試験対策に特化していなくても「ネットワーク」の理解が深まればいいのです。書店で実物を比較しながら，自分にあった本を買うようにしましょう。

また，このあとに解説しますが，テキストを学習する際に，ノートに知識を整理することをお勧めしています。

(2) 実機操作

私が若手のとき，ネットワークの勉強をしていても，サーバ系の内容については心の底からの理解ができませんでした。それは，メールやDNS，プロキシなどのサーバを実機で操作した経験がなかったからです。でも，自宅でこれらのサーバを立てて実際に動かしてみたことで，そのモヤモヤが一気に吹き飛びました。心の底からわかるようになったのです。

■実機でのサーバ構築はとてもよい経験になる

「すべて無料」でできる自宅サーバ構築についての解説本を2，3千円で買い，不要になった古いパソコンに，メール，DNS，ファイルサーバ，プロキシサーバ，Webサーバ，FTPサーバなどのサーバを構築しました。DNSサーバを立てて，初めて名前解決できたときなどは感動ものです。この経験は，私にとってかけがえのない財産になりました。

とはいえ，時間がないんですよねー
（それと，実はメンドクサイ）

たしかに，皆さんもお忙しいことですから，サーバを立てるのは時間的に厳しいかもしれません。そんな場合は，メールの設定をメールソフトで確認したり，コマンドプロンプトを起動し，nslookupでDNSの名前解決をするだけでも理解が深まります。

また，皆さんにお勧めしたいのは，実際のパケットを見ることです。Wiresharkというフリーソフトを PC に入れて，実際に流れる通信を見て下さい（Wiresharkのパケットは，本書でもいくつか紹介しています）。IPアドレスやプロトコル，ポート番号やシーケンス番号，3ウェイハンドシェイクや確認応答のACKなど，この試験で登場する大事な要素を生で見ることができます。

（話が飛びますが，夕陽が地平線に沈んでいくのをリアルタイムで見たときも感動しましたが，3ウェイハンドシェイクのパケットのやりとりをはじめて生で見たときも，同じくらい（？）感動しました。）

（3）過去問の学習

基礎知識の学習をある程度終えたら，過去問の学習に入ります。このとき，本書で解説しているように，問題文を含めて一言一句をじっくり読みます。そして，そのとき登場したキーワードや技術を，自分が納得するまで理解します。必要に応じて，テキストや，学習時にまとめたノートを開いて，関連技術も確認しておきましょう。たとえば，過去問でメールプロトコルのIMAPが登場したら，POP3との違い等も見ておくのです。新しく得た知識があれば，ノートに追記することも大事です。

（4）ネットで調べる

今やネット（＝インターネット）には知識があふれています。また，ブログなどの雑な情報ではなく，大手企業が発信している信頼性が高いコンテンツもあります。市販のテキストに負けず劣らず，立派な学習ツールです。

また，皆さんは，お勧めのランチを探すときに，どうしていますか？

（口コミがアテにならないと思いながらも）そうしますよね。同じように，ネットワークの知識でわからないところはネットで検索しましょう。調べるときは，納得がいくまで，トコトン調べます。「調べて，調べて，調べまくる」。これが大事です。わからないことをそのままにしておくのは，精神衛生上もよくありません。

ネットで調べる検索力というのは，試験の勉強だけでなく，仕事でも役立ちます。できるSEほど，検索力が高い傾向にあります（逆は真ならずですが…）。

(5) 実務

ネットワークの知識を本当に身に付けたい場合，最善の方法は実務を行うことです。これ以上の方法はありません。業務経験によって，知識は各段に向上します。先ほど「実機操作」の話をしましたが，スイッチングハブやファイアウォール，メールサーバやDNSサーバなどの各種サーバを実際に設計・構築すれば，試験で問われる内容なんて，「なんて簡単なんだろう」と思うくらいの知識が身に付きます。実務では，試験で問われる基礎レベルではなく，奥深いところまで知っている必要があるからです。

私の場合は，実務と資格の勉強がよいシナジー（相乗効果）になりました。実務で深い知識を得て，資格試験の勉強では，技術および知識の全体像を体系立てて学習することができました。実務を真剣にやることが資格合格に寄与しましたし，資格の勉強で得た知識ももちろん，実務で役に立ちました。

■実務と資格の勉強がよいシナジーを生む

(6) 通信教育やセミナー

通信教育やセミナーを受講することもお勧めです。料金が高いというデメリットがありますが，これは利点にもなります。性格にもよるのですが，私は，「お金を払ったらから，もったいない」という貧乏性があります（バイキングに行ったら，お腹がはちきれるまで食べなければ損というタイプです）。この貧乏性をうまく利用し，高い授業料を払うことで，「勉強するしかない」という状況に追い込んだのです（こんなことをしなくても勉強できる人には不要な考えです）。

通信教育やセミナーは，市販本などに比べて教材が優れているのですか？

いえ，通信教育やセミナーが，ずば抜けて優れたコンテンツであるとは限りません。市販本と大差はないと思います。でも，独学で学習するのに比べて，長期間の学習のペースメーカになることや，先生に質問ができること，（セミナーでは）周りの受講者を見て勉強への刺激を受けることなどのメリットがあります。もちろん，通信教育やセミナーを受けないと合格できないわけではありません（なので，優先度も最後にしています）。上でお伝えしたメリットなどを含めて，総合的に判断して決めてもらえばいいと思います。

4 ノートを作る

知識を身に付ける最善の方法というのは，人それぞれです。どれが正解というわけではありません。たとえば，『東大生が選んだ勉強法』（PHP文庫）には，「読んで記憶vs書いて記憶」という内容に関して，どちらが正しいではなく，「タイプによる」という旨の結論がなされています。つまり，最適な勉強法というのは，人それぞれ違うのです。

よって，私の方法がベストではありません。その前提で読んでいただきたいのですが，私のお勧め勉強法は，ノートを作ることです。私は知識を身に付ける重要な位置づけとして，テキストの内容をノートにまとめていました。

ここに，私が受験生だったときのノートの実物を紹介します。

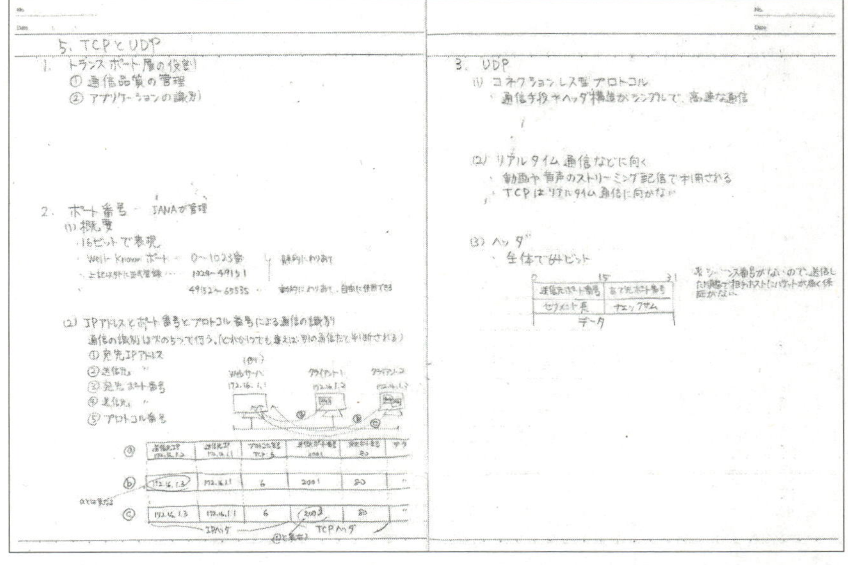

■ ノートの例

ご覧いただくとわかるように，特別に詳しく書いてあるわけではありません。恐らく，市販の参考書に比べたら各段に情報量は少ないでしょう。

（話がそれますが）私は，書くよりも読んで覚えるほうが効率的と考えています。それは，書くスピードよりも，読むスピードのほうが圧倒的に（4～5倍くらい）速いからです。であれば，英単語を覚えることでたとえると，3回書いて覚えるよりも，同じ時間で12～15回読めるわけですから，より覚えられるという考えです。

ITの知識を習得するのも，基本は読んで覚えます。そのほうが効率的です。でも，書くことにもメリットがあります。ネットワークスペシャリスト試験のような記述式の試験の場合は，本質の理解が必要です。ノートに体系的に整理して，細かいところまで確認することでこそ身に付くこともあると思うのです。

私のこのノートでは，パケットの構造を書いています。書きながら，「どんなヘッダがあったっけ？」「戻りのパケットはどうなるかな？」などと自分で考えながらまとめました。読むだけなら記憶に定着しなかったこともあったでしょうし，書くことで理解も進みました。

また，このページではUDPについてまとめ，別ページにTCPをまとめています。パケット構造を具体的に書くことで，「シーケンス番号がないから，順序制御ができないんだ」「ヘッダがこれだけ小さいから通信のオーバーヘッドが少ないんだ」などと，TCPとの違いが明らかになったものです。

やってはいけないのが，参考書を丸写しすることです。まったく意味がありません。京大教授の鎌田浩毅さんの『一生モノの勉強法』（東洋経済新報社）には，「何でもノートにとればいいというものでもなく，その都度目的に応じて行動を変えるということが，大事なポイントなのです」と述べられています。

私のノートも，内容は濃くありません。ですが，体系的に整理したり，また，複数のプロトコルの違いなどを整理しました。加えて，実際に書いてみて初めてわかることもありました。まさしく，点を線や面に変えることができたのです。

また，ノートでは，あとから得た知識を足しこむことができます。学習の最初の段階では，知識があやふやということはよくあります。ですが，過去問の学習や実機演習を行って知識を得るたびに追記していけば，知識に厚みが増していきます。さらに，自分でポイントをまとめたノートは薄いので，電車での学習用にカバンに入れても軽く，気持ちよく勉強できました。ノート作りは本当にお勧めです。

5 基本情報や応用情報の問題

『ネスペ26』の第1章2節では,「応用情報技術者試験の問題演習で実力アップ」という内容を書きました。そこでは,応用情報技術者試験の「ネットワーク」分野の問題を解くことも基礎知識の拡充に役立つとお伝えしました。そして，実際の過去問に加え，オリジナル問題を出題しました。

実は,応用情報技術者試験だけではありません。基本情報技術者試験のネットワーク分野（午後問4）の学習も，同様の効果があります。

でも，しょせんは基本情報ですよね。
ネスペの勉強になるんですか？

このあとに実際の問題を掲載しています。解答が多肢選択式でなければ，意外に難しい問題です。そして，設問を解くだけでなく，問題文をしっかり読み込んでください。とても勉強になります。ネットワークスペシャリスト試験に比べて問題文の長さは短く，また，当然ながら難易度は易しめです。ですから，ネットワークスペシャリストの本格的な勉強に入る前，または，行き詰まってしまったときなどに何問も解いてみるといいでしょう。

私がいろいろいうよりは，実際の問題（H31年度 春期 基本情報技術者試験 午後問4）を見てみましょう。スペースの関係などから，設問を一部省略しています。また，実際は解答は多肢選択式ですが，ネットワークスペシャリスト試験に合わせて，記述式にしています。

問4 eラーニングシステムの構成変更に関する次の記述を読んで，設問1〜3に答えよ。

G社は，全国に設置した様々な規模の教室から教育コンテンツにアクセスできるWebベースのeラーニングシステムを構築し，このシステムを使った教育事業を展開している。

eラーニングシステムは，1台のコンテンツサーバと1台のアプリケーションサーバで構成されている。コンテンツサーバは，教材や試験問題などの教育コンテンツを保持し，アプリケーションサーバを経由して，クライアントである教室のPCに教育コンテンツを送信する。

アプリケーションサーバは，受講者の認証を行い，ログインしている受講者を管理する。

受講者は，クライアントを利用して，教室ごとに設置されているプロキシサーバとインターネットを経由して，eラーニングシステムにアクセスして学習する。

最近，一部の受講者から，システム利用に関して，“応答に時間が掛かる”などの苦情が寄せられている。G社では，応答時間を短縮するために，アプリケーションサーバ1台の追加と負荷分散装置の導入を伴う新しいネットワーク構成を検討した。負荷分散装置は，クライアントからの要求を，同じ機能をもつ複数のサーバのうちのいずれかに振り分ける装置である。

〔検討したネットワーク構成〕

検討したネットワーク構成を，図1に示す。

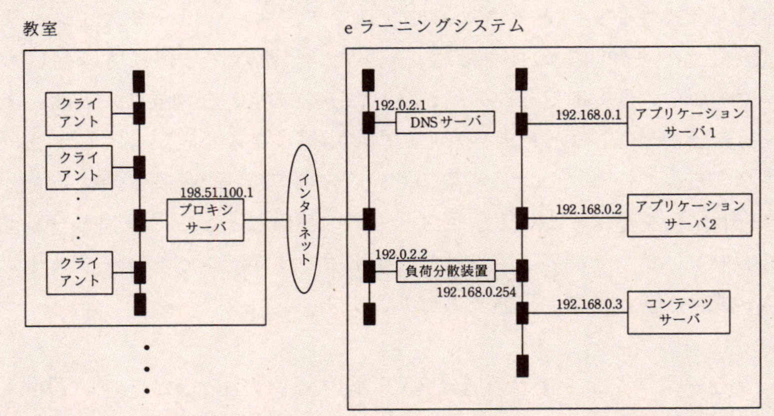

注記　x.x.x.xは，IPアドレスを表す。

図1　検討したネットワーク構成

クライアントからプロキシサーバを経由して，eラーニングシステムにアクセスするために，DNSサーバ及び負荷分散装置には次の設定を行う。

- DNSサーバに，eラーニングシステムのドメイン名とこれに対応するIPアドレスとして［　a　］とを登録する。
- 負荷分散装置に，振り分け先IPアドレスとして［　b　］とを登録する。

〔負荷分散装置を用いたアクセスの振り分け〕

アプリケーションサーバは，ログインしている受講者を管理し，その受講者がどの教育コンテンツを閲覧中かなどの状況を保持する。したがって，負荷分散装置を用いてアプリケーションサーバの負荷分散を行う場合には，受講者がeラーニングシステムにログインしてからログアウトするまでは，その受講者が利用する1台のクライアントからアプリケーションサーバへの要求を，常に同一のアプリケーションサーバへ振り分ける必要がある。負荷分散装置には，送信元のIPアドレスの情報を基に要求を振り分けるタイプ（以下，装置タイプAという）と，OSI基本参照モデルのレイヤ4以上の情報を基に要求を振り分けるタイプ（以下，装置タイプBという）とがある。二つのタイプそれぞれの装置の動作について，概要を次に示す。

(1) 装置タイプA

(a) 振り分け先が決まっていない送信元IPアドレスからの要求は，ラウンドロビン方式で決定したアプリケーションサーバに振り分けるとともに，送信元IPアドレスと振り分け先のアプリケーションサーバのIPアドレスとを記録する。

(b) 振り分け先が決まっている送信元IPアドレスからの要求は，そのアプリケーションサーバに振り分ける。

装置タイプAを用いると，①多くのクライアントのある大規模な教室からのアクセスが1台のアプリケーションサーバに集中してアプリケーションサーバの負荷に偏りが生じることが予想される。

(2) 装置タイプB

(a) クライアントから送信された要求中のHTTPヘッダ内に［ c ］（以下，識別情報という）がない場合は，ラウンドロビン方式で決定したアプリケーションサーバに振り分ける。

(b) アプリケーションサーバから送信された応答に含まれるHTTPヘッダ内の識別情報と，当該アプリケーションサーバのIPアドレスとを記録する。

(c) クライアントから送信された要求中のHTTPヘッダ内の識別情報に対応するアプリケーションサーバのIPアドレスが (b) の処理によって記録されている場合は，そのアプリケーションサーバに振り分ける。

装置タイプBを用いると，多くのクライアントのある大規模な教室からプロキシサーバを経由してアクセスがあっても，振り分け先の決定をクライアント単位で行える。

検討の結果，アプリケーションサーバの負荷に偏りが少なくなることから，装置タイプBを導入することにした。

設問1 本文中の[a]～[c]に入れる適切な字句を答えよ。

設問2 本文中の下線部①で，装置タイプAを用いたときに，アプリケーションサーバの負荷に偏りが生じる要因となり得るものはどれか。

さて，いかがだったでしょうか。基本情報技術者（レベル2）の問題ですから，全問正解でしたか？

選択式なら解けると思いますが，記述式だと難しいですね。

内容的にもレベル的にも，ネットワークスペシャリスト試験で問われておかしくない問題だと思います。

また，先にも述べましたが，この問題を，単に設問を解いただけで終わらせてはもったいないです。この問題文を熟読することで，負荷分散装置の仕組みをしっかりと理解できます。今回は負荷分散装置をテーマにしていますが，毎回テーマは変わっています。たとえば，この年の応用情報技術者試験のネットワーク分野の問題（問5）は，無線LANをテーマにしています。基本情報技術者試験と応用情報技術者試験の過去問をそれぞれ5年分ほど学習すれば，ネットワークの幅広い分野の基礎知識がしっかり身に付くことでしょう。

では，参考までに，正解と簡単な解説を以下に述べます。

設問1

空欄a

DNSサーバに登録するIPアドレスが問われています。IPアドレスは図1に記載されているので，その中から選びます。

この設問には，少し戸惑ったことと思います。というのも，eラーニングシステムの構成の記述が少し曖昧だからです。受講者が最初にアクセスするのは，コンテンツサーバなのか，アプリケーションサーバなのかも迷われたかもしれませんね。

ですが，答えはそれほど難しくありません。なぜなら，DNSに登録するのは，公開するサーバのIPアドレス，つまり，グローバルIPアドレスです。eラーニングシステムのグローバルIPアドレスは，192.0.2.1（DNSサーバ）か，192.0.2.2（負荷分散装置）しかないのです。

ですから，正解は192.0.2.2です。受講者が，eラーニングシステムにアクセスしようとすると，DNSサーバの名前解決によって，192.0.2.2の負荷分散装置にアクセスします。ここで，負荷分散装置がアプリケーションサーバに振り分けを行います。

解答 192.0.2.2

空欄b

次に，負荷分散装置の振り分け先IPアドレスの設定を考えます。通信の振り分けに関しては，空欄b以降の問題文に記載があります。具体的には，「負荷分散装置を用いてアプリケーションサーバの負荷分散を行う」の記述です。

よって，正解は，192.168.0.1（アプリケーションサーバ1）と192.168.0.2（アプリケーションサーバ2）です。

解答 192.168.0.1と192.168.0.2

負荷分散装置の先には，コンテンツサーバもありますよね。
振り分け先に192.168.0.3（コンテンツサーバ）は不要ですか？

はい，不要です。問題文には「コンテンツサーバは，（中略）**アプリケーションサーバを経由して**，クライアントである教室のPCに教育コンテンツを送信する」とあります。ですから，クライアントからの通信が直接コンテンツサーバに届くことはありません。

空欄c

装置タイプBは，「レイヤ4以上の情報を基に要求を振り分けるタイプ」と問題文に記載されています。

レイヤ4ということは，ポート番号でしょうか。

いえ。空欄cの直前には，「HTTPヘッダ内に」とあります。HTTPヘッダ内ですから，IPアドレス（IPヘッダ）やポート番号（TCPヘッダ）ではありません。これは，負荷分散処理の基礎知識が求められる問題です。レイヤ4以上で振り分け処理をするには，cookieに埋め込まれたセッションIDを使います。（結構難しいでしょ）

解答　セッションIDを示すcookie

設問2

装置タイプAは，「送信元のIPアドレスを基に要求を振り分けるタイプ」です。なぜこの装置タイプを用いると，アプリケーションサーバの負荷に偏りが生じるのでしょうか。ヒントは，図1のネットワーク構成にあります。図1を見ると，教室からの通信はすべてプロキシサーバからの通信です。問題文にも，「クライアントから**プロキシサーバを経由して**，eラーニングシステムにアクセスする」とあります。ですから，送信元IPアドレスは，すべて198.51.100.1（プロキシサーバ）です。送信元IPアドレスが同じであれば，装置タイプAは常に同じアプリケーションサーバに通信を振り分けしてしまいます。この点を解答にまとめます。

解答例　同じ教室のどのクライアントからの要求も送信元IPアドレスが全て同じになること。

6 合格者に聞くネスペ試験の勉強法
「どのように知識を身に付けましたか？」

ネットワークスペシャリストの試験範囲はとてつもなく広く，そして難しい内容が含まれます。ネットワークの業務に就いている人でもそのすべてに精通している人はほぼいないでしょうし，すべての分野で実機を触ったことがある人はいないと思います。

しかもこの試験の合格率はわずか10％強しかありません。H30年度の試験に合格された皆さんは，どのように基礎知識の学習を行ったのでしょうか。復元答案をいただいた4人の方の生の声を紹介します。

書いてくださった皆さん，ありがとうございます。

ひろさんの場合

【職種】ソフトウェアエンジニア（30代）
【何回目の受験で合格か】1回目
【午後のスコア】午後Ⅰ：81点，午後Ⅱ：77点

4月～7月

まずは，『情報処理教科書2018』（翔泳社），合わせて『ネスペの基礎力』（技術評論社）を読み込みました。理解が薄かったりわかりづらい箇所は，Webサイトの「ネットワークエンジニアとして」「3分間ネットワーキング」も読みました。

全体の7割程度が理解できたら，午前Ⅱ問題をWebサイトの「ネットワークスペシャリスト過去問道場」で解いて知識の定着度を確認しました。さらに，Wiresharkを使って，pingやFTP，TLS通信を行ったときのパケットを見て，プロトコル番号やポート番号を実際に見ることで理解を深めました。

8月～9月

過去問演習（H28年度・29年度）を3回行いました。解説は，ネスペシリーズ，翔泳社の本で十分です。このときは，問題文のヒントにどれだけ気づけたか，基礎知識で覚えていない箇所はなかったかの2点に注意をしました。3回解くと，設問の解き方は理解できるようになりました。

10月

過去問を解くだけだと答えを覚えてしまって意味がなくなるので，問題文を徹底的に読み込み，理解しようとしました。左門さんのWebサイトに書いてあるとおり，なぜこの構成になっているのか，なぜFWはこの位置にあるのか，なぜここにメールサーバが設置されているのか，ひたすら疑問に思うことを探して，自分で納得いく答えが見つかるまで調べ尽くしました。

問題文に記載されている各装置に，グローバル/プライベートIPアドレス，ホスト名を仮で付与し，DNSサーバなら各レコードの内容，メールサーバがあればMXレコードも追加，FWなら具体的なフィルタリングルール，NAT変換テーブルはどのように定義されているか等を自分で書き加えました。

また，似たようなキーワードを連想して比較し，違いを理解できるまで調べました。たとえば，問題文にSSL-VPNが出てきたら，IPsec-VPNとの違い，両者の利点や欠点，L2・L3フレームにはどのような値が入っているか，問題文の構成にIPsecは適用できるか，考え尽くしたのです。

これらを行うことで，これまで身に付けた知識の総復習になり，膨大な範囲を網羅して勉強することができました。

ぽんしゅうさんの場合

【職種】事務職の地方公務員（30代）

【何回目の受験で合格か】2回受験，2回合格

【午後のスコア】午後Ⅰ：85点，午後Ⅱ：73点

私はユーザ側のシステム担当者です。私の勉強法ですが，まずは全体像を知るため，オーソドックスに試験向けの参考書で基礎を学習しました。しかし知識は増えていくものの，腹の底から「わかった」という感覚が得られず，モヤモヤした時間が続きました。はじめて納得できたのは，実は図書館で中

高生向けの入門書を読んだときです。その本ではTCP/IPの教科書的な説明をしたあと，コマンドプロンプトを使ってどのように実装されているかを確認していました。arp，ping，nslookupなどごく基本的なものでしたが，これまで断片的な知識でしかなかったネットワークの概念が急に身近なものに感じられ，びっくりしたのを覚えています。

この経験から，書籍での学習と並行して，学んだことを実地に試すことにしました。たとえば，職場や自宅でネットワークのトラブルに遭遇した際，インターネットで検索しながら，コマンドやパケットキャプチャで分析します。その際，トラブルが解決すればよしとするのではなく，各レイヤの挙動はどうだったのか，機器の設定を変えるとどうなるのか，などと掘り下げることが楽しく，勉強になりました。さらにそこで得られた知見をもとに，周囲に技術解説を（いささか興奮気味に）しています。ちょっと迷惑かもしれませんが，人にわかりやすく説明しようとすると，自分の中で知識が整理されていきます。おすすめの「勉強法」です（あいまいなところを指摘してくれる同僚にも感謝）。

さて，ネスペ向けの直接的な学習としては，やはり過去問演習に尽きます。学習の軌跡を残すとモチベーションアップにつながるので，試験区分ごとに色分けした演習ノートを作っています。演習ではまずノートの左側に解答を書きます。文字数制限を守るのが意外と大変です。採点はノートの右側で行いますが，答え合わせに終始しても効果は上がりません。模範解答から適切な表現を学んだり，周辺知識を調べてまとめたりと，演習の効果を最大限に活かすよう工夫しました。また午後Ⅱの演習となると，落ち着いた時間と場所の確保が課題です。私はノー残業デーにカフェや図書館で行いました。回数は過去5年分を平均2回ほどですが，まんべんなくこなすより，これと思った難しい問題を複数回演習することが，経験上成長につながるように思います。

せっかく勉強するのですから，楽しく，かつ実のあるものにしたいものです。聖なる好奇心を大切に（アインシュタインの言葉）。

左女牛さんの場合

【職種】大学院生（20代）
【何回目の受験で合格か】1回目
【午後のスコア】午後Ⅰ：78点，午後Ⅱ：68点

勉強期間は2018年4月中旬～10月の試験当日まで半年間です。試験2月前までの4ヶ月で150時間，当日までの2ヶ月間で150時間，合計の勉強時間は300時間ぐらいです。

勉強方法ですが，最初に『ネットワークはなぜつながるのか 第2版』（日経BP）を読んでレイヤごとの機能を学びました。この先の勉強にも共通することですが，OSI参照モデルの何層の技術なのかを意識するのが重要です。

4月末からは『徹底攻略 ネットワークスペシャリスト教科書』（インプレス）でネットワークの基礎を学びました。このときのポイントは，欄外の補足事項にも目を通したことです。TCPやUDPなどの正式名称（Transmission Control Protocolなど）まで覚えておくことで，名前から技術を連想しやすくなりました。

その後，『マスタリングTCP/IP 入門編 第5版』（オーム社）でより細かいプロトコルについて勉強しました。ここでは完璧に覚えようとはせず，ひととおり目を通すだけです。その後の勉強でわからないことが出てきたときの辞書のように使用しました。

ここまででだいたい3ヶ月ぐらいかかりました。

7月末頃には少し実践的な勉強をしようと思い『パケットキャプチャの教科書』（SBクリエイティブ）を読みました。実際のパケットの内容を細かく見ることで，理論だけでなくリアルな通信のやり取りがわかりました。

9月に入ってから本格的に過去問演習を始めました。『ネットワークスペシャリスト「専門知識＋午後問題」の重点対策（アイテック）によりそれぞれの技術に特化した対策をすることができました。過去問演習では必ず時間を計って問題を解きました。本番の時間よりも1問あたり5～10分短い時間にすることで，当日に余裕をもって解けるように備えました。

1ヶ月前から『ネスペ』シリーズに取り組みはじめ，前日までにH26～29

年度の4年分（28年度分は『ネスペの基礎力』）を2周しました。1周目でわからなかったところに付箋を貼っておき，2周目で完璧に理解して付箋を全部剥がせるように努めました。

過去問演習と並行して『インフラ/ネットワークエンジニアのためのネットワーク技術＆設計入門』（SBクリエイティブ）を読みました。ここで学んだ知識で当日の記述問題にいくつか対応できました。

1周間前からは『ポケットスタディ ネットワークスペシャリスト』（秀和システム）で問題パターンや答え方を覚えました。当日も直前まで『速効サプリ』を読みました。

あーるさんの場合

【職種】 ネットワークエンジニア（30代）

【何回目の受験で合格か】 4回目

【午後のスコア】 午後Ⅰ：80点，午後Ⅱ：81点

■勉強方法

ネットワークスペシャリスト試験の前に，基礎知識の学習として，CCNAの勉強をしました。勉強方法は以下のとおりです。

- CCNAの対策本（黒本）を一通り読みながらノートにまとめる。
- Ping-tなどのIT試験学習サイトで，Web問題集を繰り返し解く。
- 実機（Ciscoのルータやスイッチ）を購入してコマンドを打ってみる。
- 外部のセミナーに参加する。
- 会社の先輩に教わる。
- ネットでいろいろな用語を調べる。
- シミュレーション対策としてパケットトレーサーで環境を構築してみる。

勉強を始めたばかりの頃は，ネットワークの用語がまったく頭に入ってこず，とても苦労したのを覚えています。勉強法を試行錯誤しながら1ヶ月半猛勉強して，なんとかCCNAに合格しました。その流れでCCNPの取得も目指し合格。

それから，ネスペの勉強に取りかかりました。CCNPまで合格したので，

ある程度理解できるだろうと高をくくっていました。ところがネスペの過去問演習では，午後問題が全然解けません。問題文を読むのがまず苦痛で，問われていることの意味も理解できなくてショックでした。「こんなの，合格できる気がしないな……」というのが当時の印象です。

また，基礎的な知識を得る意味でCCNA/CCNPはとても有意義だったなと思います。一方，ネスペで問われる知識は範囲が広く，かつ，CCNA/CCNPでは問われない角度の問題(パケット内部の構造など)があるなと思いました。

そこで，まずはネスペの問題に慣れることが必要だと感じ，繰り返し過去問を解きました。受験1～3回目までは過去問5期分を3周くらい解いて，試験に毎回臨んでいました。が，不合格でした。

これまでの勉強方法を振り返り，一番ダメなことは“なんとなく理解したつもり”の勉強だったことだと気づきました。4回目は過去問演習を勉強の主軸に置きつつも，“徹底的に理解することに努めよう”と思いました。

勉強の開始時期は6月頃からです。H26年度から29年度の4期分を3周解きました。その際,「解答はノートに書く」「厳しめに自己採点する」「不正解，正解にかかわらずネスペシリーズの解説を熟読する」「図や表などでなるべくわかりやすくノートにまとめる」「ネット，教科書などで腹に落ちるまで粘っこく調べる」などのルールを決めて取り組みました。

また，左門さんのセミナーも受講しました。そこでは，自分なりの解釈で理解していたことがあったことに気づき，人から教わることは大事だなと改めて思いました。特にPKIについては今までなんとなく苦手意識を持っていましたが，すっきりと理解することができ，得意分野とまでいえるようになりました。

勉強で一番大事なことは，何となくの理解ではなく“徹底的に理解すること”だと思います。

nespe30 1.2 MQTTの基礎知識

MQTT（Message Queuing Telemetry Transport）について，H30年度 午後Ⅱ問1の過去問の問題文を引用しながら解説します。囲みで示した箇所が問題文の引用部分です。

1 MQTTとは

MQTT（Message Queuing Telemetry Transport）は，PCやスマホと**インターネットの接続**ではなく，工場の機械やセンサーなどのM2M（Machine to Machine）やIoT（Internet of Things）機器のメッセージ交換に適したプロトコルです。

「インターネットの接続」と
「メッセージ交換」の違いは何ですか？

ちょっとわかりにくかったですね。インターネットに接続すると，Webサイトを見たり，音楽や動画を再生したり，ファイルをアップロードしたりと，いろいろなことができます。メッセージ交換とは，「この装置の温度は○度です」とか，「位置情報は○○です」などといった，ちょっとしたテキスト情報を送ることと考えてください。

それなら，HTTPだってできるじゃないですか。

もちろんできます。でも，コンセントから電源をとらずに電池で動くIoTのセンサーなどにとっては，使用する電力容量が少ないほうが望ましいのです。ですから，仕組みがシンプルで，通信データ量も少ない軽量なプロトコルのMQTTが重宝されるのです。

過去問を見てみましょう。MQTTの概要が記載されています。

- publish/subscribe型のメッセージ通信プロトコルMQTT（Message Queuing Telemetry Transport）を使って，交換サーバを介して，デバイス，エッジサーバ及び業務サーバの間でメッセージを交換する。

「publish/subscribe型」については，のちほど解説します。

2 MQTTを構成する機器

HTTPの通信をするには，Webサーバと，クライアント（Webブラウザ）が必要です。では，MQTTの場合はどうでしょう。問題文を見てみましょう。

- デバイス，エッジサーバ及び業務サーバにMQTTクライアント機能を，交換サーバにMQTTサーバ機能をそれぞれ実装する。

MQTTもHTTPと同じで，ブローカーと呼ばれるサーバと，クライアントで構成されます。ただ，クライアントはPublisher（送信者）とSubscriber（受信者）の2種類に分けられます。

以下に整理します。

■MQTTの構成

HTTPの場合	MQTTの場合	補足解説
サーバ	ブローカー（サーバ）	ブローカー（仲介業者）が，クライアント間の通信を仲介する
クライアント	Publisher（送信者）	メッセージの送信者
	Subscriber（受信者）	メッセージの受信者

3 MQTTの通信の流れ

(1) メールマガジンと比較

イメージをつかんでもらうために，MQTTの通信を，メールマガジン（以降，メルマガ）の配信サービスに例えます。登場人物は，メールマガジン配信サービスを行う会社（ブローカーと呼ばせてください）と，メルマガを配信したい会社（送信者），メルマガを読みたい受信者の3者です。

メルマガの配信サービスの仕組みは以下のとおりです。

❶メルマガ配信の登録

メルマガを配信したい会社（送信者）は，ブローカーのサイトでメルマガ配信の登録をします。

❷メルマガのユーザ登録

メルマガを読みたい受信者は，ブローカーのサイトで，ユーザ登録をします。

❸読みたいメルマガの登録

受信者は，自分が読みたいメルマガを登録します。

❹メルマガの配信

メルマガを配信したい会社がメルマガを発行するには，ブローカーにメルマガを発信します。

❺メルマガの受信

ブローカーが，そのメルマガを受信したい人に配信します。

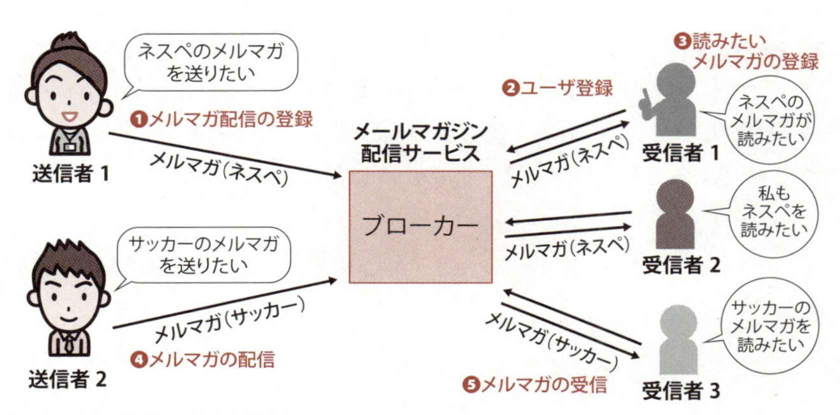

■メルマガの配信サービスの仕組み

では，この流れにそって，MQTTの通信と比較します。

(2) 登場人物の確認

まず，過去問でMQTTの通信の登場人物を見てみましょう。

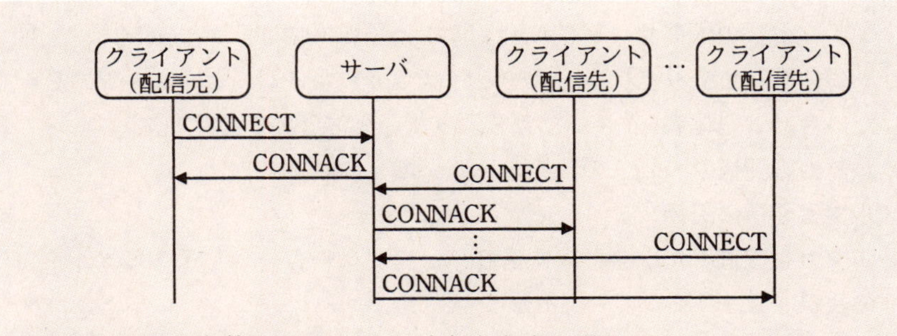

図2　MQTTを使ったメッセージ交換方式の通信シーケンス例

この図にあるように、MQTTの登場人物は、サーバとクライアント（配信元、配信先）の３者です。先ほどのメルマガの役割に対応させてみましょう。

メルマガとMQTTの対比

メルマガの場合	MQTTの場合
メルマガ配信サービスを行う会社	ブローカー（図2のサーバ）
送信者	Publisher（図2のクライアント（配信元））
受信者	Subscriber（図2のクライアント（配信先））

(3) 通信の流れ

（1）では，メルマガの配信サービス❶～❺の流れを紹介しました。MQTTでも同様の流れになります。過去問のMQTT通信の流れの図に，前ページの❶～❺の流れを対応させると，次のようになります。

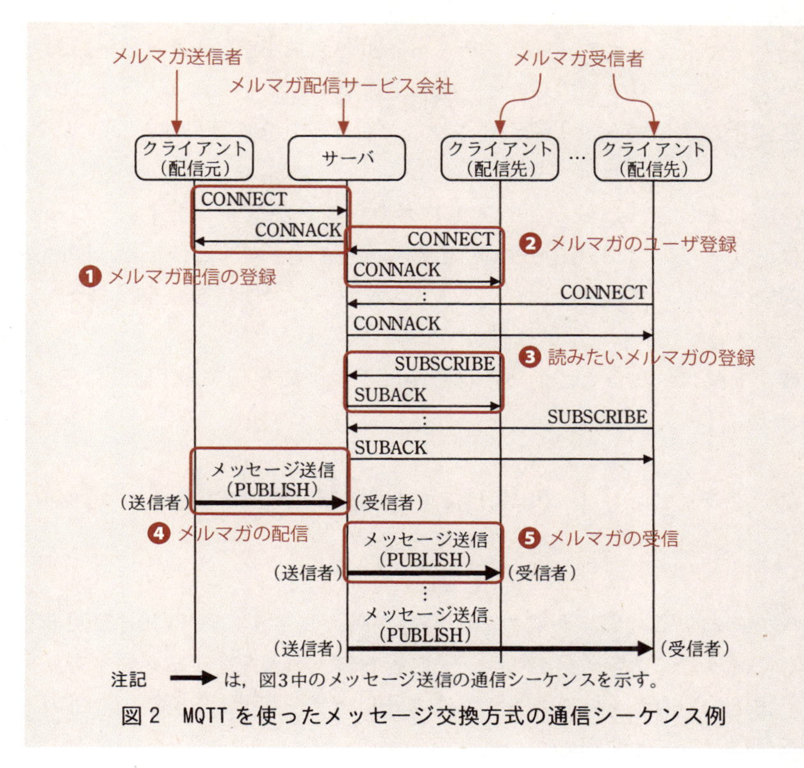

図 2　MQTT を使ったメッセージ交換方式の通信シーケンス例

(4) 通信の流れの詳細

問題文に従って，上記の通信の詳細を見ていきましょう。上の図と照らし合わせて確認してください。

- クライアントは，サーバのTCPポート8883番にアクセスし，TCPコネクションを確立する。このTCPコネクションは，メッセージ交換の間は常に維持される。
- クライアントはCONNECTを送信し，サーバはCONNACKを返信する。

この内容は，メルマガにおける「❶メルマガ配信の登録」と，「❷メルマガのユーザ登録」の二つが該当します。どちらも，3ウェイハンドシェイクをしてTCPコネクションを作ります。また，このときに使うパケットの種別が，CONNECT（クライアントからサーバへの接続要求）とCONNACK（確認応答）です。

- 配信先となるクライアントは，サーバにSUBSCRIBEを送信し，購読対象のメッセージを，トピック名を使って通知する。サーバはクライアントにSUBACKを返信し，購読要求を受け付けたことを通知する。

メルマガにおける「❸読みたいメルマガの登録」が該当します。クライアントは，サーバにSUBSCRIBE（購読要求）を送ります。このとき，購読したい対象（メルマガ）を「トピック名（メッセージの種類を表す識別子）」で通知します。

購読要求を受け付けると，サーバはクライアントにSUBACK（確認応答）を送ります。

- 配信元クライアントは，PUBLISHを使ってサーバにメッセージを送信する。

メルマガにおける「❹メルマガの配信」が該当します。PUBLISHを使ってサーバにメッセージを送信すれば，送信者を一人一人指定する必要がありません。また，利用者からのユーザ登録や退会などを管理する必要がないので，配信側にとっては便利です。

- メッセージを受信したサーバは，PUBLISHに含まれるトピック名について購読要求を受け付けている全てのクライアントに，そのメッセージを送信する。

メルマガにおける「❺メルマガの受信」が該当します。受信したPUBLISHの中に含まれるトピック名を確認し，あらかじめSUBSCRIBEでそのトピック名を購読要求した配信先クライアントにメッセージを送信（PUBLISH）します。

冒頭にあった「publish/subscribe型のメッセージ通信プロトコル」というのは，このキーワードですね。

そうです，MQTTでは，PUBLISH（メッセージ送信）やSUBSCRIBE（購読要求）を使うので，そのように呼ばれます。

5 MQTTのパケット構造

HTTPと比べたMQTTのパケット構造を見てみましょう。問題文には次のようにあります。

> Wさんは，MQTTを使ったメッセージ交換方式を調査した。
> このメッセージ交換方式では，固定ヘッダ，可変ヘッダ及びペイロードから構成されたMQTTコントロールパケットを使う。

では，HTTPのパケット構造とMQTTのパケット構造の違いを見ていきましょう。

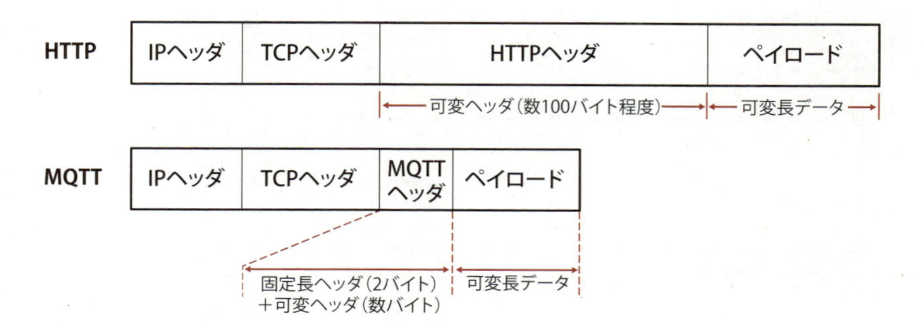

■HTTPとMQTTのパケット構造の違い

HTTPとMQTTでは，どちらもIPヘッダとTCPヘッダを持ちます。この部分に変わりはありません。そして，これらのヘッダのあとにHTTPヘッダやMQTTヘッダ，ペイロード（データ部分）が続きます。両者の違いは，HTTPヘッダとMQTTヘッダの長さです。HTTPヘッダが一般に数百バイト程度あるのに対し，MQTTヘッダはわずか数バイト（トピック名情報をあわせても十数バイト）です。

実際のデータを見てみましょう。デバイスが設定情報を受信するパケットを例に，ヘッダサイズを比較します。

①HTTPのパケットキャプチャ

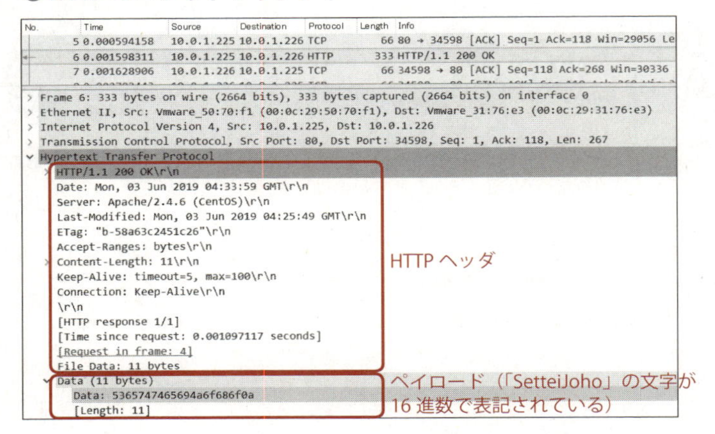

②MQTTのパケットキャプチャ

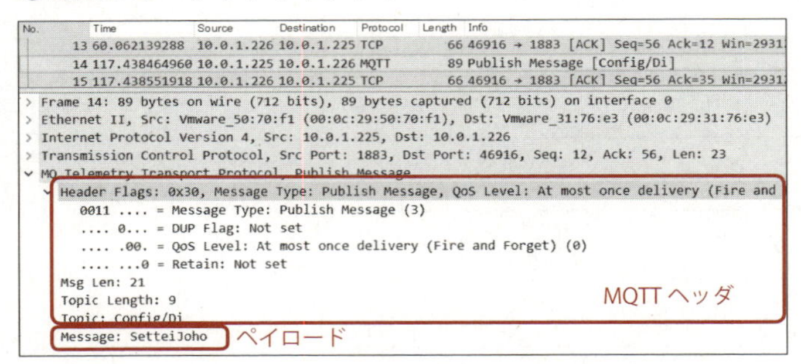

これらの二つのペイロードには，どちらにも「SetteiJoho」という同じデータが入っています（HTTPのパケットキャプチャでは16進数で表示されていますが，ASCIIに変換すると「SetteiJoho」になります）。

わずか10バイトほどの情報を送信するために必要なヘッダは，HTTPヘッダの約250バイトに対し，MQTTヘッダはわずか13バイト（そのうちトピック名部分が9バイト）です。ヘッダの処理が少なければ，処理性能が小さいIoTデバイスにも負担がかかりませんし，1回当たりの通信量が少ないので低速な回線でも利用できます。

6 QoSレベル

MQTTのメッセージ送信では，確実に届いたかを確認する処理において，QoSの指定ができます。QoSとは「Quality of Service」の略で，サービスの品質という意味です。レベルは0，1，2の3段階で，0が一番低く，数字が上がるごとに品質が高くなります。

以下に三つのQoSレベルを整理します。詳細は，そのあとに記載します。

三つのQoSレベル

QoSレベル	メッセージの到達性	説明
0	At most once（最大で1回届く）	1回送信して終わり。メッセージの送達確認をしないので，メッセージが消失する可能性がある。
1	At least once（少なくとも1回届く）	通信相手から送達確認（PUBACK）を受け取る。送達確認（PUBACK）が届くまで再送するので，少なくとも1回は通信相手にメッセージが届く。しかし，送達確認（PUBACK）が途中で消失すると，（通信相手に届いていないと勘違いして再送するため）メッセージが通信相手に二重に届く可能性がある。
2	Exactly once（確実に1回届く）	通信相手から送達確認（PUBREC）を受け取ったあと，さらに，確認メッセージのやりとり（PUBRELとPUBCOMP）をする。これにより，QoSレベル1のデメリットであった，メッセージが二重に届くのを防ぐ。

なお，QoSレベルはPublisher（送信者）が送信時に指定することができます。加えて，Subscriber（受信者）にて，QoSのレベルを下げて受信することもできます。たとえば，Publisher（送信者）がレベル2で送信したメッセージを，レベル0で受け取れるのです。

では，三つのQoSレベルに関して，具体的に説明します。

(1) QoSレベル0

問題文では，QoSレベルが0の場合の通信シーケンスとして，以下が記載されています。

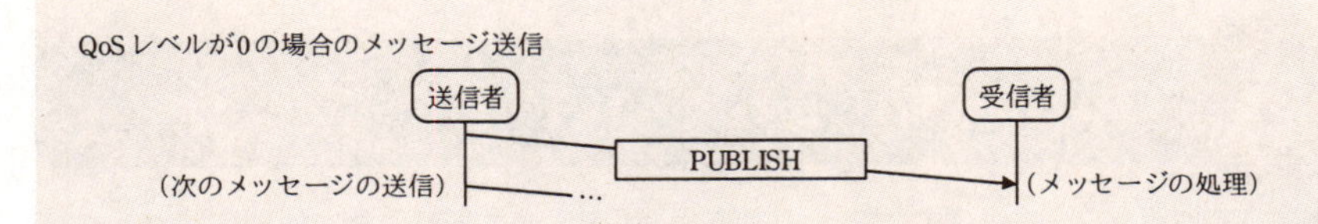

図3(前半) QoSレベルとメッセージ送信の通信シーケンス

図3中の通信シーケンスの説明を次に示す。

• QoSレベルが0の場合，MQTT層におけるPUBLISHの送達確認は行わない。

レベル0では，PUBLISHを送るだけで，確認応答を受信するなどの処理は行いません。

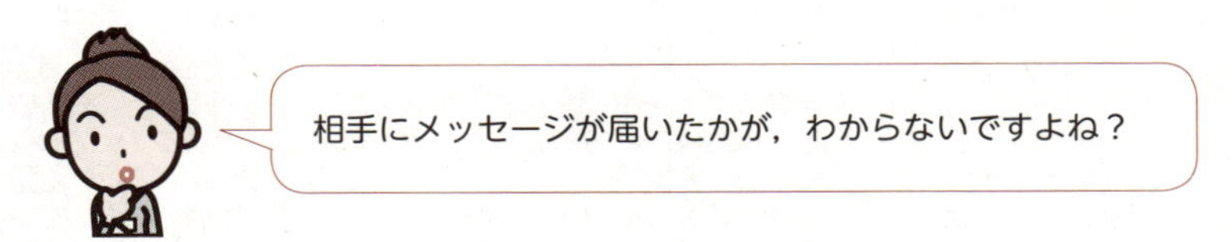

そうです。相手に届かなかったからといって，送信者が再送することもしません。途中でメッセージが紛失すれば，受信者はメッセージを受け取れない可能性があります。

(2) QoSレベル1

QoSレベル1の通信シーケンスは，以下のとおりです。

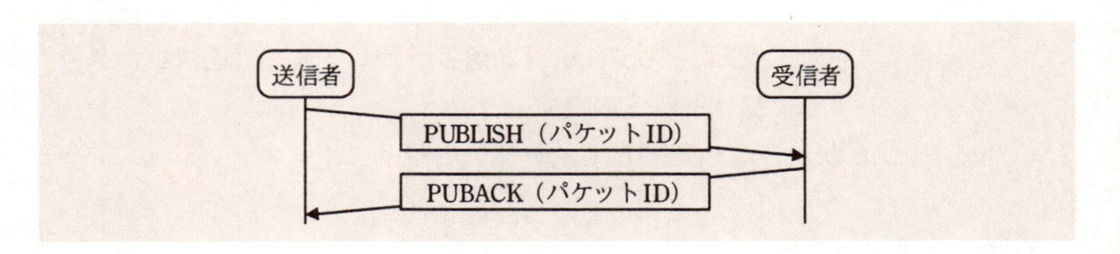

次は，QoSレベル1の場合です。今度は，受信者からの確認応答（PUBACK）を受け取ります。TCPの確認応答（ACK）のようなものです。

もし，確認応答（PUBACK）が送られてこなかった場合は，受信者にメッセージが届いていないと判断し，メッセージを再送します。

これなら，確実にメッセージが届きますね。

しかし，このやり方にもデメリットがあります。メッセージが二重に届く可能性があるのです。以下の図を見てください。❷において，何らかの理由でPUBACKが送信者に届かなかったとします。このとき，送信者は，PUBACKが届かないので再送します（❸）。こうして，メッセージが二重に届くのです（❹）。

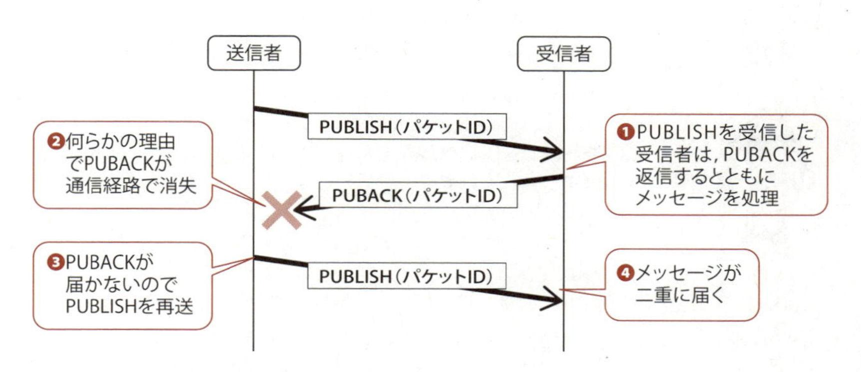

PUBACKが送信者に届かなかった場合

これを改善するのがQoSレベル2です。

（3）QoSレベル2

QoSレベル2の通信シーケンスは，以下のとおりです。

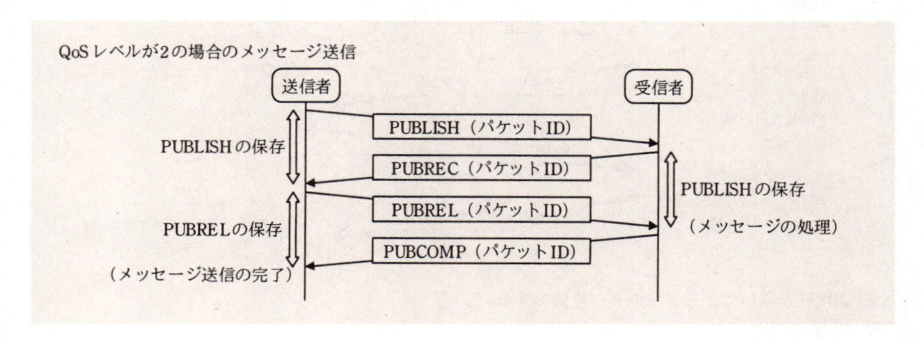

（中略）

- TCPコネクションが切断された場合のために，PUBLISH及びPUBREL は送信者によって保存され，送信者から受信者への再送に利用される。
- ③PUBLISHを受信した受信者は，メッセージの処理を始める前に送信者にPUBRECを送信し，その応答であるPUBRELを受信してからメッセージの処理を開始する。
- PUBRELを送信した送信者は，その応答であるPUBCOMPを受信してから，メッセージ送信を完了する。

QoSレベル1のデメリットを解消するために，PUBREL（メッセージリリースの通知）と，PUBCOMP（メッセージ送信終了の通知）を送っています。

このやり方でも，レベル1と同様に，PUBRECが届かないと再送しますよね。それでは，受信者に二重にメッセージが届くのは同じだと思います。

はい，二重で届くのは同じです。でも，レベル1と違うのは，PUBREL（メッセージリリースの通知）が届いてから，メッセージを処理するのです（下図❻）。以下の図では，メッセージは❶と❹で届いていますが，ここでは処理をしません。このやり方であれば，同じメッセージを二重に処理することはありません。

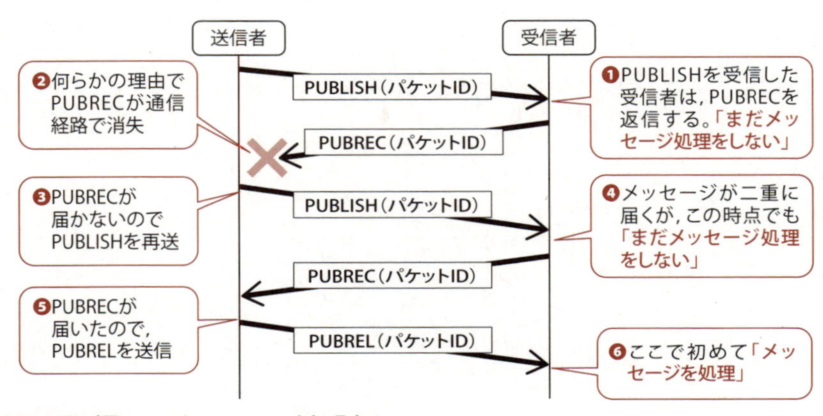

PUBRELが届いてからメッセージを処理する

参考までに，コントロールパケットの種別と役割について簡単に説明します。

■コントロールパケットの種別と役割

種別	フルスペル	方向	役割
PUBREC	PUBlish RECeive	受信者→送信者	PUBLISHを受信（Receive）したことを通知する。
PUBREL	PUBlish RELease	送信者→受信者	保存していたPUBLISHを解放（Release）したことを通知する。
PUBCOMP	PUBlish COMPelete	受信者→送信者	PUBLISHの処理が完了（Complete）したことを通知する。

7 MQTTを試してみよう！

MQTTの理解をより深めるために，MQTTサーバとMQTTクライアントを構築して，実際の動作を確認します。

(1) 実験の全体構成

問題文中で「publish/subscribe型のメッセージ通信プロトコルMQTTを使って，交換サーバを介してデバイス，エッジサーバ及び業務サーバでメッセージを交換する」と紹介されています。

ここでは，Linux（CentOS 7.6）上に，MQTTサーバとMQTTクライアント（配信元，配信先）を構築します。MQTTサーバは交換サーバ，配信元MQTTクライアントは業務サーバ，配信先MQTTクライアントはデバイスにあたります。

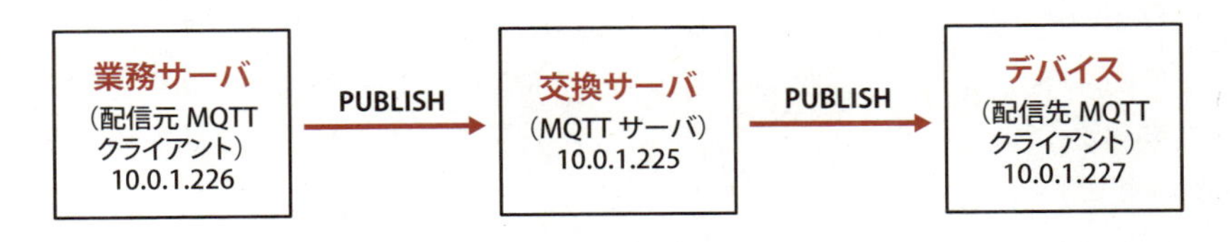

■MQTTサーバとMQTTクライアント（配信元，配信先）を構築

問題文で示されたように，業務サーバからデバイスに対して，設定情報を送信してみます。

項番	メッセージ交換の概要	QoS レベル	トピック名	メッセージ
1	業務サーバから，特定のデバイス Di に対して，設定情報を送信する。 業務サーバ → 交換サーバ → デバイスDi	2	config/Di	デバイス Di の設定情報

(2) 設定

MQTTサーバ・MQTTクライアントともに，オープンソースのソフトウェアであるmosquittoをインストールします。

①MQTTサーバ・MQTTクライアント共通の設定

mosquittoと，mosquittoを動作させるのに必要なライブラリをインストールします。以下のコマンドを，CentOSのコマンドラインから入力します。

```
sudo wget http://download.opensuse.org/repositories/home:/oojah:/mqtt/CentOS_
CentOS-7/home:oojah:mqtt.repo -O "/etc/yum.repos.d/mqtt.repo"
sudo yum install epel-release -y
sudo yum --enablerepo=epel install libwebsockets mosquitto  -y
```

②MQTTサーバの設定と起動

TCP1883番ポートでクライアントからの接続を待ち受けるために，ファイアウォールに許可のポリシーを追加します。その後，mosquittoを起動すると，MQTTサーバとして起動します。

```
sudo firewall-cmd --add-port=1883/tcp --zone=public --permanent
sudo systemctl restart firewalld
mosquito
```

なお，問題文ではTCPポート8883でしたが，これはTLSで暗号化したときのポート番号です。今回は，非暗号化MQTT用のTCPポート番号1883を指定します。

③配信先MQTTクライアントでの購読要求（SUBSCRIBE）

配信先MQTTクライアント上でmosquitto_subコマンドによってSUBSCRIBEを送信します。

```
mosquitto_sub -h 10.0.1.225 -d -t Config/Di
```


その後，待ち受け状態になり，PUBLISHを受信すると受信したメッセージを表示します。

④配信元MQTTクライアントからのメッセージ送信（PUBLISH）

配信元MQTTクライアントからmosquitto_pubコマンドによってPUBLISHを送信します。このコマンドは，コマンド実行時だけMQTTサーバに接続し，コマンドが終了するとMQTTサーバから切断します。

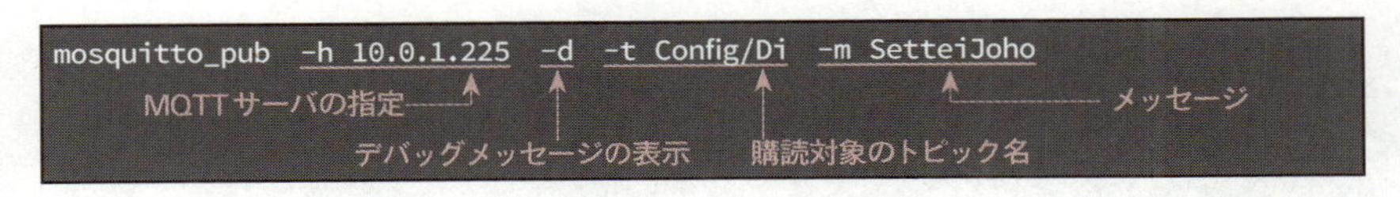

(3) 通信のシーケンス

では復習をかねて，この通信のシーケンスを確認しましょう（下図）。

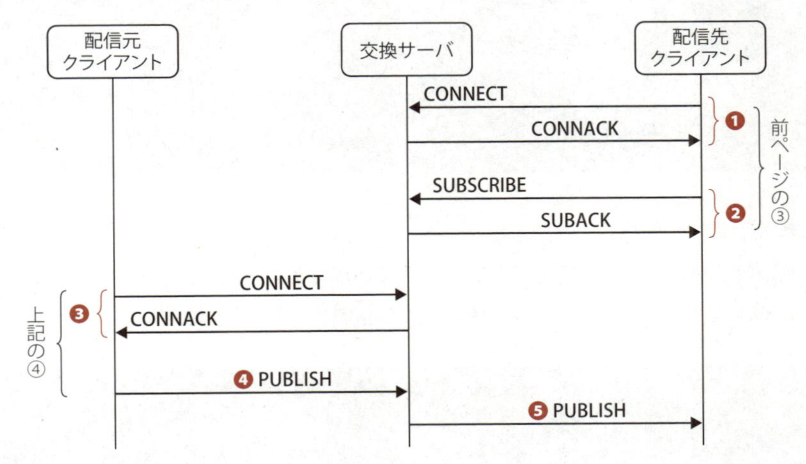

通信シーケンス

まず，配信先クライアントは交換サーバに接続し（❶），購読要求を行います（❷）。（※前ページの「③配信先MQTTクライアントでの購読要求」）

その後，配信元クライアントが交換サーバに接続し（❸），PUBLISHを送信します（❹）。（※上記の「④配信元MQTTクライアントからのメッセージ送信」）

PUBLISHを受信した交換サーバは，トピック名に従って配信先クライアントにPUBLISHを送信します（前ページの図❺）。

(4) 実行結果の確認

前ページのシーケンスに照らし合わせて，実行結果を確認しましょう。（※実行コマンドは「(2) 設定」の③④と同じです）

①配信先クライアント

配信先クライアントでは，トピック名Config/Diを購読します。前ページの図の❶，❷，❺の通信が確認できます。

```
[root@mqtt-client1 ~]#
[root@mqtt-client1 ~]# mosquitto_sub -h 10.0.1.225 -d -t Config/Di
Client mosqsub|6898-mqtt-clien sending CONNECT
Client mosqsub|6898-mqtt-clien received CONNACK (0)      } ❶ サーバに接続
Client mosqsub|6898-mqtt-clien sending SUBSCRIBE (Mid: 1, Topic: Config/Di, QoS:
 0)                                                      } ❷ 購読要求
Client mosqsub|6898-mqtt-clien received SUBACK
Subscribed (mid: 1): 0
Client mosqsub|6898-mqtt-clien sending PINGREQ
Client mosqsub|6898-mqtt-clien received PINGRESP
Client mosqsub|6898-mqtt-clien received PUBLISH (d0, q0, r0, m0, 'Config/Di', ..
. (10 bytes))                                            } ❺ PUBLISHを受信
SetteiJoho  ← 受信したメッセージ
Client mosqsub|6898-mqtt-clien sending PINGREQ
Client mosqsub|6898-mqtt-clien received PINGRESP
^C
[root@mqtt-client1 ~]#
```

②配信元クライアント

配信元クライアントでは，トピック名Config/Diでメッセージ「SetteiJoho」を送信します。前ページの図の❸，❹の通信が確認できます。

```
[root@mqtt-client2 ~]#
[root@mqtt-client2 ~]# mosquitto_pub -h 10.0.1.225 -d -t Config/Di -m SetteiJoho
Client mosqpub|2201-mqtt-clien sending CONNECT
Client mosqpub|2201-mqtt-clien received CONNACK (0)   } ❸ サーバに接続
Client mosqpub|2201-mqtt-clien sending PUBLISH (d0, q0, r0, m1, 'Config/Di', ... (10 b
ytes))                                                ← ❹ PUBLISHを送信
Client mosqpub|2201-mqtt-clien sending DISCONNECT
[root@mqtt-client2 ~]#
```

1.3 OAuth 2.0の仕組み

RFC6749で規定されているOAuth 2.0の仕組みについて解説します。今回（H30年度）午後Ⅱ問1の図6（p.187参照）は，まさにOAuth 2.0の流れそのものです。

1 OAuth 2.0とは

OAuth（Open Authorization）とは，複数のシステム（Webサービス）間で，APIを使って認証を連携させる仕組みです。

オープンな（Open）な許可（Authorization）という言葉が意味するとおりで，企業に閉じた仕組みというよりは，複数のSNSで連携するなど，インターネットでの認証連携で利用されます。

たとえば，FacebookとTwitterの連携です。Facebookに投稿した記事を，Twitterにも投稿させたり，Twitterのプロフィールを更新したりできるのです。

以下は，FacebookとTwitterの連携の設定画面です。

■FacebookとTwitterの連携の設定画面

これは一例ですが，このように，複数のWebサービスで利用者認証を連携するときに，OAuthが必要になってきます。

2 OAuth 2.0の具体例

もう少し具体的に見ていきましょう。まずは以下の過去問（H27年度 秋期 情報セキュリティスペシャリスト試験 午前Ⅱ）を見てください。

問17 OAuth 2.0において，Webサービスの利用者Cが，WebサービスBにリソースDを所有している。利用者Cの承認の下，WebサービスAが，リソースDへの限定的なアクセス権限を取得するときのプロトコルOAuth 2.0の動作はどれか。

ア WebサービスAが，アクセストークンを発行する。
イ WebサービスAが，利用者Cのディジタル証明書をWebサービスBに送信する。
ウ WebサービスBが，アクセストークンを発行する。
エ WebサービスBが，利用者Cのディジタル証明書をWebサービスAに送信する。

先に答えだけお伝えすると，ウが正解です。

さて，この問題文の登場人物は以下のとおりです。わかりやすいように，具体例を入れています。

- 利用者C：あなた
- WebサービスA：どこかのWebサイト
- WebサービスB：（Facebookなどの）SNS
- リソースD：SNSで公開しているあなたのプロフィール

図にすると次のようになります。

問題文にあるようにWebサービスAが，リソースD（SNSのプロフィール）へのアクセス権限を取得し（次ページ図❶），WebサービスAにプロフィールを掲載します（次ページ図❷）。

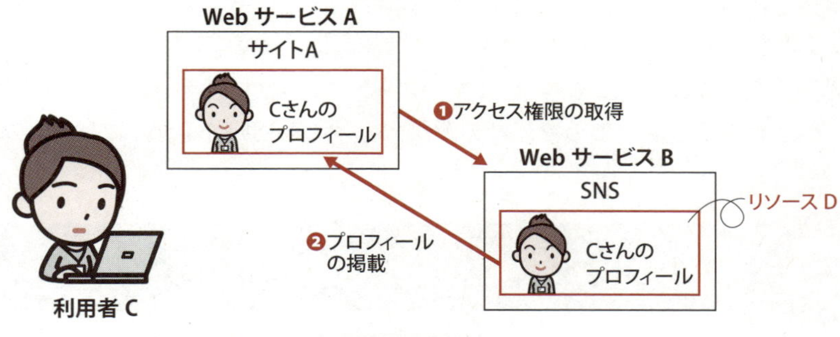

■Webサービスが，リソースDへのアクセス権限を取得

Web サービス A が Web サービス B にアクセスするのですね。

はい，そうです。では，WebサービスAはどうしてWebサービスBにアクセスできるのでしょうか？ WebサービスA側に，WebサービスBのIDとパスワードを教えていると思いますか？

それはセキュリティ的に適切ではないと思います。

ですよね。パスワードは利用者本人以外が知るべきではありません。そこで，ID/パスワードの代わりに，トークン（アクセストークン）という許可証をWebサービスAに渡します。トークンは，ワンタイムパスワードのようなものと考えてください。また，トークンを使えば，リソースD以外のたとえば「Cさんの友達リストにアクセスするための権限を付与したトークン」など，許可する資源（や情報）を細かく制御できます。

このように，ユーザ認証をしてアクセストークンを発行するやりとりを標準化したものがOAuthです。2.0はバージョンを意味します。OAuth 1.0はセキュリティ上の欠陥がありましたが，OAuth 2.0ではその点などを含めて改良されています。現在の主流は2.0です。

なお，OAuthは，「認証」ではなく「認可」の仕組みといわれます。ユーザがAさんなのかBさんなのかを識別（＝認証）するのではなく，どの資源や情報を使ってよいかを許可（＝認可）するという意味です。ただ，厳密に分けるとややこしくなるので，この解説では両者の区別を意識していません。

3 OAuth 2.0の登場人物

では，OAuth 2.0の登場人物を紹介します。

	登場人物	解説	p.46の過去問の場合
①	Resource Owner	クライアントPC（実際にはブラウザ）。情報資産（写真やメール，ファイルなど）へのアクセス権限を持っているのでオーナ（Owner）といえる。	利用者C
②	OAuth Client	利用者が使用するシステムやサービス	WebサービスA
③	Authorization Server	認可サーバ。ユーザ認証をしてアクセストークンを発行する。	WebサービスB
④	Resource Server	Resource（プロフィールなどの情報）を持つサーバ。他のWebサービスから接続するためのAPIを用意する。	WebサービスB

また，トークンにも以下の2種類があります。

	トークンの名称	説明	有効期間
①	アクセストークン	通常のトークン	短い（10分）※注
②	リフレッシュトークン	アクセストークンの有効期間が切れた場合に利用する。	長い（60分）※注

※注：有効期間は，過去問（H30年度 午後Ⅱ問1）記載のものを使用

トークンについて少し補足します。アクセストークンは，すでに説明したように，Webサービスを利用する際の許可証です。リフレッシュトークンは，アクセストークンの有効期間が切れた場合の延長申請で利用します。アクセストークンの有効期間はわずか10分です。有効期間が終わるつど，利用者にユーザID/パスワードを再入力してもらうのは不便です。利用者に再認証してもらう代わりに，リフレッシュトークンで新しいアクセストークンを発行してもらいます（利用者は何もする必要がありません）。

何点か，Q&Aで補足説明します。

Q. リフレッシュトークンは，いつ発行されるのですか？

A. 認証成功時にアクセストークンと同時に発行されます。

Q. アクセストークンの有効期間を長くすればいいのでは？

A. アクセストークンはサービスを利用する際に何度も流れます。盗聴のリスクがあります。不正利用されないためにも，有効期間は短くすべきです。

Q. でも，リフレッシュトークンも盗聴される可能性がありませんか？

A. もちろんあります。しかし，アクセストークンに比べてネットワークを流れる機会は多くありません。盗聴されるリスクは少ないのです。

4 OAuth 2.0のフロー

では，過去問（H30年度 午後Ⅱ問1）をもとに，OAuth2.0のフローを確認しましょう。

（Ⅰ）有効なトークンがない場合

→ はじめてアクセスする場合と考えてください

Xシステムのアクセスの通信シーケンスを図6に示す。

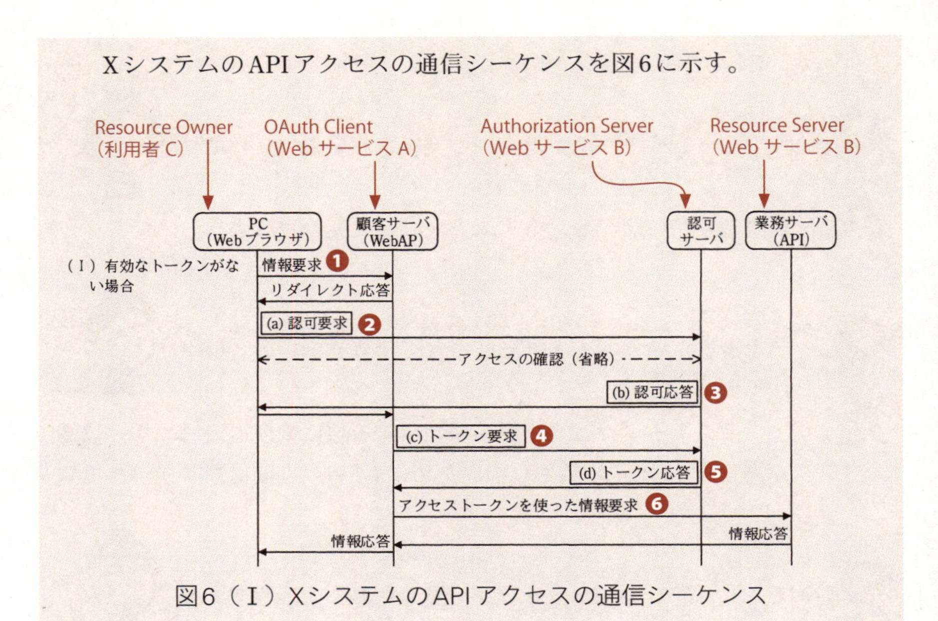

図6（Ⅰ）XシステムのAPIアクセスの通信シーケンス

先ほど挙げた，Webサービス Aにプロフィールを載せる事例でシーケンスを説明します。

まず，利用者CがWebサービスAにアクセスします（上図❶）。WebサービスBのリソースを使うので，WebサービスBにリダイレクトし，認可要求をします（上図❷）。認可サーバにて，ID/パスワードを入力します。すると，認可応答として「認可コード」が発行されます（上図❸）。

問題文には認可応答の中身も記載されています。code=の部分で認可コードが確認できます。

(b) 認可応答：

```
HTTP/1.1 302 Found
Location: 【WebAPのURI】?code=【認可コード】
```

次は，WebサービスAが，受け取った認可コードを用いてWebサービスBにアクセスできるように，トークン（=許可証）を要求します（上図❹）。

トークンがWebサービスAに発行されます（上図❺）。WebサービスAは，アクセストークンを使ってWebサービスBにアクセスします（上図❻）。

❸の「(b) 認可応答」ですが,「認可コード」ではなく,いきなりトークンを受け取ってはいけないのですか？

シーケンスをよく見てみましょう。認可要求をするのはPCで，その応答として，PCに認可コードを返します。一方，トークンがほしいのは，OAuth Client（左の図では顧客サーバ（WebAP））です。**認可コードはPC（というかユーザ）を許可**し，**アクセストークンは**許可したユーザが使う**システムを許可**します。なので，処理としては分けられています。

（Ⅱ）アクセストークンが有効な場合

→　アクセストークンが有効期間内の場合

先ほどと違い，認可処理などは不要です。Webサービスは，アクセストークンを使ってWebサービスBにアクセスします。

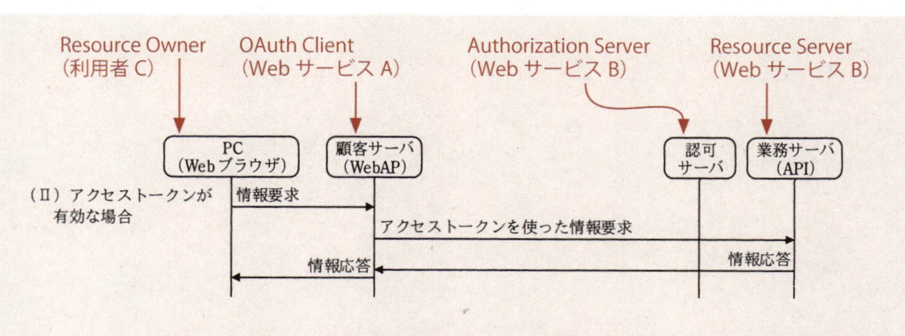

図6（Ⅱ）XシステムのAPIアクセスの通信シーケンス（一部改変）

（Ⅲ）リフレッシュトークンだけが有効な場合

→　アクセストークンの有効期間が切れた場合

アクセストークンの有効期間（10分間）が終わっており，かつリフレッシュトークンの有効期間内（60分）の場合です。有効期間が過ぎていますから，アクセストークンを使った情報要求はエラーになります（次ページの図❶）。

そこで，リフレッシュトークンを使って，新しいアクセストークンを要求します（次ページの図❷）。

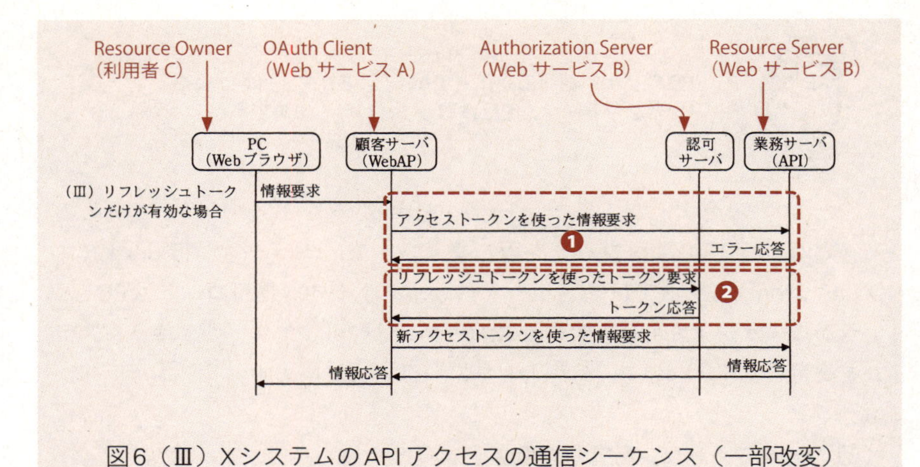

図6（Ⅲ）XシステムのAPIアクセスの通信シーケンス（一部改変）

nespe30

第2章

過去問解説

平成30年度
午後Ⅰ

過去問を心底理解する

ここからは過去問解説に入ります。

次の試験で合格していただくために，皆さんへのお願いです。

設問だけでなく，問題文の一言一句まで徹底的に理解するようにしてください。でも，わずか 1 回の学習で完璧に理解するのは難しいと思います。少なくとも同じ問題を 3 回繰り返してください。繰り返し学習することで，1 回目には見えなかった知識や，解答につながるヒント，過去問で何を問われているのか，なぜ解答例が導き出せるのかなど，合格につながるたくさんのことが見えてくるはずです。

nespe30 2.1

平成 30 年度
午後 I 問 1

問　題
問題解説
設問解説

nespe30

2.1 平成 30 年度 午後Ⅰ 問1

問題 ➔ 問題解説 ➔ 設問解説

問題

問1 SaaSの導入に関する次の記述を読んで，設問1～3に答えよ。

F社は，本社と四つの営業所を拠点として事業を展開している中堅商社である。本社を中心としたハブアンドスポーク構成のIPsec VPNを使って，本社と営業所を接続している。営業所からインターネットへの通信は，全て本社を経由させている。現在F社で利用しているグループウェア機能は，電子メール，スケジューラ，ファイル共有などである。このうち電子メールは社外との連絡にも利用している。

このたびF社では，グループウェアサーバの老朽化に伴い，グループウェアサーバを廃止し，グループウェア機能をもつG社SaaSを導入することにした。また，G社SaaSの導入に合わせたセキュリティ対策を講じることにした。

〔F社の現行ネットワーク構成とG社SaaS導入に合わせたセキュリティ対策〕

F社の現行ネットワーク構成を，図1に示す。

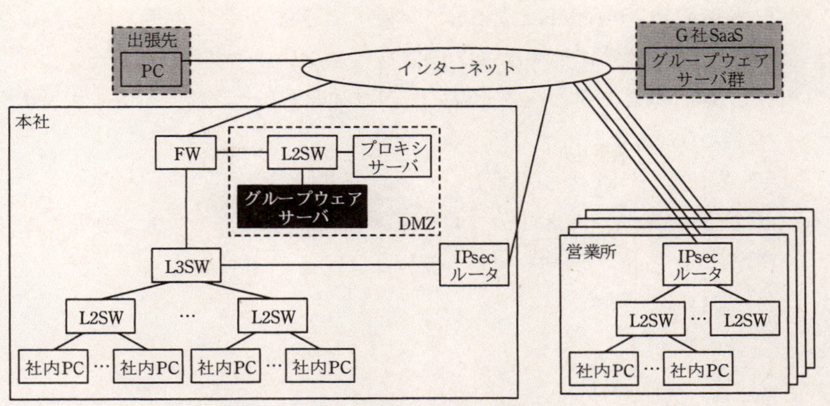

図1　F社の現行ネットワーク構成（抜粋）

- プロキシサーバ及びグループウェアサーバは，本社DMZに設置されている。
- L3SWでは，次のように静的経路設定を行っている。
  - デフォルトルートのネクストホップをFWに設定している。
  - 各営業所への経路のネクストホップを本社のIPsecルータに設定している。
- 社内PCからインターネットへは，Webアクセスだけが許可されており，プロキシサーバを経由して通信を行っている。

一般に，プロキシには，［ア］プロキシと［イ］プロキシがある。F社のプロキシのように［ア］プロキシは，社内に対して，アクセス先URLのログ取得や，外部サーバのコンテンツをキャッシュして使用帯域を削減する目的で用いられる。一方，［イ］プロキシは，外部から公開サーバのオリジナルコンテンツに直接アクセスさせないことによる改ざん防止，キャッシュによる応答速度の向上，及び複数のサーバでの負荷分散を行う目的で用いられる。

G社SaaSの導入に合わせて，インターネットへのWebアクセスについてのセキュリティ対策を検討した。検討結果を次に示す。

- G社SaaSとの通信は，HTTPSによって暗号化する。

- 出張先のPCから直接G社SaaSを利用できるようにするために，G社SaaSでは送信元IPアドレスの制限を行わない。
- G社SaaS導入に合わせてセキュリティ強化を行うために，プロキシサーバで次のログを取得する。
  - アクセス先URLと利用者ID
  - G社SaaSのファイルアップロード／ダウンロードのログと利用者ID
- 社内PCからインターネットへのWebアクセスでは①プロキシサーバにおいて認証を行う。

〔G社SaaSの試用〕

F社は，G社SaaSの本格導入に先立って，本社と一つの営業所を対象に少数ライセンスでG社SaaSを試用し，システムの利便性と性能を確認することにした。試用に先立ち，G社SaaS以外のアクセス先について，プロキシサーバでHTTPSのアクセスログを確認したところ，②アクセス先のホスト名は記録されていたが，URLは記録されていなかった。そこで，アクセス先のURLを把握するために，プロキシサーバで暗号化通信を一旦復号し，必要な処理を行った上で再度暗号化した。しかし，社内PCでエラーメッセージ“証明書が信頼できない”が表示されたので，社内PCに［　ウ　］をインストールして解決した。

G社SaaSを試用した結果，次の事実が判明した。

- G社SaaSにアクセスした際にプロキシサーバを通過するセッション数を実測したところ，スケジューラにアクセスする1人当たりのセッション数が大幅に増加した。
- 複数人が同時に大容量のファイルをG社SaaSに転送している間，本社のFWを経由するインターネット接続回線のスループットが低下した。

このまま全社でG社SaaSの利用を開始すると，プロキシサーバの処理可能セッション数の超過，インターネット接続回線の帯域不足が予想された。

〔SD-WANルータの導入〕

F社は，G社SaaSの試用で判明した問題を解決するために，IPsecルータの代わりにSD-WAN（Software-Defined WAN）ルータを使用することにした。

SD-WANルータを使用したネットワーク構成案を，図2に示す。

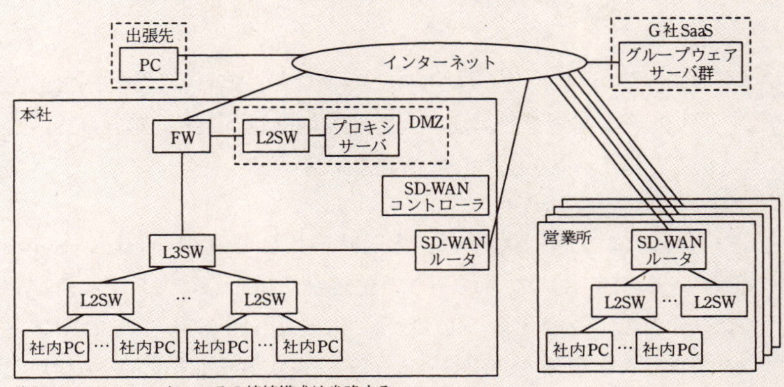

図2　SD-WANルータを使用したネットワーク構成案（抜粋）

(1) SD-WANルータの概要

今回使用する予定のSD-WANルータは，SDN（Software-Defined Networking）によって制御されるIPsecルータである。SDNは，利用者の通信トラフィックを転送するデータプレーンと，通信装置を集中制御する［ エ ］プレーンから構成されており，［ エ ］プレーンのソフトウェアでデータ転送を制御する方式である。

F社が導入するSD-WANルータの仕様を次に示す。

- SD-WANルータの設定は，SD-WANコントローラによって集中制御される。
- SD-WANルータのWAN側には，インターネットに接続するインタフェースだけでなく，ほかのSD-WANルータに接続するIPsec VPNの論理インタフェースがある。

(2) SD-WANルータを用いたときの通信

図2の説明を次に示す。

- 社内PCからG社SaaSへのWebアクセスは，プロキシサーバを経由せず各SD-WANルータを経由する。

・社内PCからG社SaaS以外のインターネットへのWebアクセスは，プロキシサーバを経由する。
・L3SWにプロキシサーバへの静的経路情報を追加する。
・営業所と本社間の通信は，SD-WANルータ間でIPsecによって暗号化する。
・本社の社内PCからG社SaaSへの通信について，③G社SaaSのIPアドレスが変更された場合でもその都度L3SWを設定しなくても済むように，L3SWの静的経路情報を設定変更する。

(3) SD-WANルータの運用

G社はSaaSに必要なサーバを随時追加している。G社SaaSが利用しているIPアドレスブロックの更新があるたびに，F社はSD-WANルータの設定を変更する必要がある。F社は，G社SaaSのIPアドレスブロックの更新を，RSS（Really Simple Syndication）を利用して知ることができる。

F社は，RSS配信されたIPアドレスブロックを検知するツールを作成して，自動的にツールから［　オ　］に指示を行い，全社のSD-WANルータの設定を変更することにした。さらに，社内PCから参照する④プロキシ自動設定ファイルを作成することにした。

(4) G社SaaSアクセスログの取得

G社SaaSへのアクセスログは，⑤プロキシサーバからではなく，G社SaaSのAPIにアクセスして取得することにした。

F社は，G社SaaSの本格導入に向けてSD-WANルータを利用したネットワークの構築プロジェクトを立ち上げた。

設問1　〔F社の現行ネットワーク構成とG社SaaS導入に合わせたセキュリティ対策〕について，(1)，(2)に答えよ。

(1) 本文中の［　ア　］，［　イ　］に入れる適切な字句を答えよ。

(2) 本文中の下線①について，プロキシサーバで認証を行うことによってアクセスログに付加できる情報を答えよ。

設問2　〔G社SaaSの試用〕について，(1)，(2) に答えよ。

(1) 本文中の下線②について，HTTPSでアクセスするためのHTTPプロトコルのメソッド名を答えよ。また，このメソッドを用いる場合，社内に侵入したマルウェアによる通信（ただし，HTTPS以外の通信）を遮断するためのプロキシサーバでの対策を，30字以内で述べよ。

(2) 本文中の［　ウ　］に入れる適切な字句を，20字以内で答えよ。

設問3　〔SD-WANルータの導入〕について，(1)～(5) に答えよ。

(1) 本文中の［　エ　］に入れる適切な字句を答えよ。

(2) 本文中の下線③について，設定変更後の静的経路情報を，35字以内で答えよ。

(3) 本文中の［　オ　］に入れる適切な字句を，図2中の機器名で答えよ。

(4) 本文中の下線④について，このファイルを作成することによってプロキシから除外する通信を，20字以内で答えよ。

(5) 本文中の下線⑤について，G社SaaSのAPI経由で取得する理由を二つ挙げ，それぞれ40字以内で述べよ。

問題文の解説

問1は，「社内グループウェアのクラウドへの移行を題材として，SaaSを利用する場合に密接に関連するネットワークやセキュリティの知識及びSDN（Software-Defined Networking）のIPsec VPNへの応用であるSD-WANについての知識（採点講評より）」に関する出題でした。

知識があれば即答できる簡単な問題と，難易度の高い問題が混在しています。基礎知識がしっかり身についている人にとっては，高得点は難しくても，合格ラインの6割を突破することは容易だったと感じます。

問1　SaaSの導入に関する次の記述を読んで，設問1～3に答えよ。

F社は，本社と四つの営業所を拠点として事業を展開している中堅商社である。本社を中心としたハブアンドスポーク構成のIPsec VPNを使って，本社と営業所を接続している。

問3でも説明しますが，IPsec VPNの構成には，フルメッシュ構成と，今回のハブアンドスポーク構成があります。フルメッシュ構成は，すべての拠点とIPsecの接続をします。ハブアンドスポーク構成は，本社をハブ，各営業所とのIPsecトンネルをスポークとし，他の営業所との通信が本社経由になります。（※ちなみに，自転車の「スポーク」は，タイヤにある銀色の棒の部分を指します。）

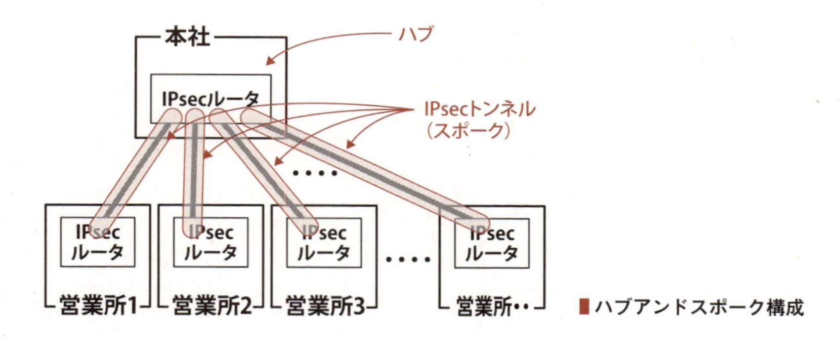

■ハブアンドスポーク構成

ただ，この構成であることは，設問には関係ありません。軽く流してください。

営業所からインターネットへの通信は，全て本社を経由させている。

この問題文の要件が原因で，このあとインターネット接続回線の帯域が不足します。その対策として，本社経由でのインターネット通信をやめることになります。

現在F社で利用しているグループウェア機能は，電子メール，スケジューラ，ファイル共有などである。このうち電子メールは社外との連絡にも利用している。
　このたびF社では，グループウェアサーバの老朽化に伴い，グループウェアサーバを廃止し，グループウェア機能をもつG社SaaSを導入することにした。また，G社SaaSの導入に合わせたセキュリティ対策を講じることにした。

最近はクラウドの出題が増えました。今回もクラウドサービスの一形態であるSaaSを利用します。
SaaS（Software as a Service）は，ここに記載があるようなグループウェアであったり，メールや顧客管理システムなどのアプリケーションを提供するサービスです。IaaS（Infrastructure as a Service）はOSなどの基盤のみ，PaaS（Platform as a Service）はデータベースなどのプラットフォームを提供してくれます。午後Ⅱ問2では，IaaSの出題があります。

〔F社の現行ネットワーク構成とG社SaaS導入に合わせたセキュリティ対策〕
　F社の現行ネットワーク構成を，図1に示す。

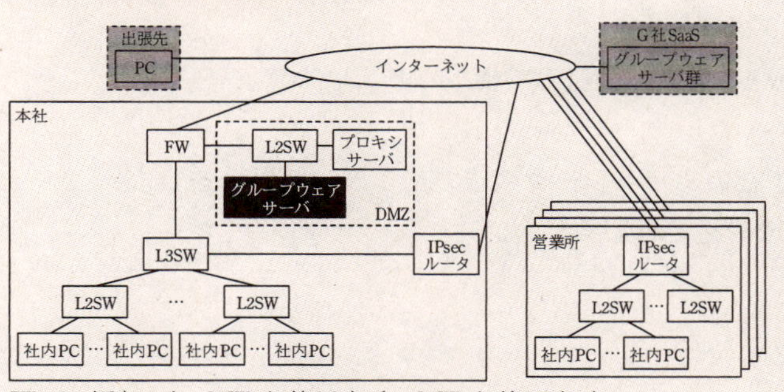

FW：ファイアウォール　L2SW：レイヤ2スイッチ　L3SW：レイヤ3スイッチ
注記1　[灰色の枠]は，G社SaaS導入に伴って追加予定の構成を示す。
注記2　[黒色の枠]は，G社SaaS導入後，廃止予定の機器を示す。

図1　F社の現行ネットワーク構成（抜粋）

F社のネットワーク構成図が記載されています。ネットワーク構成図を読むときは，FWを軸にして確認しましょう。

さて，1章でお伝えしたとおり，解説の中で知識を確認する問いかけをします。設問に直接関係がないものもありますが，ネットワークの基礎知識向上のために，必ず自分で答えを考えるようにしてください。

Q. FWで，ネットワークを三つの領域に分ける。その三つは何か。

A. FWでは，ネットワークをインターネット，DMZ，内部LANの三つに分けます。図1においても，まずはこの三つを確認してください。その後，それぞれの領域にある機器を確認していきます。

1問目なので，図1のF社の構成を少し丁寧に確認します。

①インターネット

本社にあるFWからインターネットに接続します。クラウドサービスであるG社SaaSもインターネット上にあります。

②DMZ

DMZは公開サーバを設置するセグメントです。プロキシサーバに関しては，このあと解説があります。また，問題文に記載があったように，グループウェアサーバを撤去し，クラウドに移行します。

③内部セグメント

L3SWやL2SW，社内PCで構成されています。

Q. F社のネットワーク構成のIPアドレス設計をせよ。（ノーヒントで，ご自身で考えてみてください）

A. 先ほど，FWが三つの領域に分けるとお伝えしました。IPアドレス設計もFWを軸に考えましょう。

FWのインターネット側は，グローバルIPアドレスが割り振られます。このIPアドレスを203.0.113.1とします（プレフィックスは/29など）。

DMZのIPアドレスはどうしましたか？ グローバルIPアドレスにしたでしょうか。ここはプライベートIPアドレスでもどちらでもかまいません。プライベートIPアドレスの場合は，FWでIPアドレスをグローバルIPアドレスからプライベートIPアドレスにNAT変換します。ここでは172.168.1.0/24のプライベートIPアドレスのセグメントとします。また，プロキシサーバのIPアドレスを，172.16.1.100とします。

FW内側の内部LANは，192.168.1.0/24のセグメントとし，FWのLAN側のIPアドレスを192.168.1.254とします。L3SWでセグメントが分かれますので，左側のL2SW側を192.168.2.0/24，右側のL2SW側を192.168.3.0/24，IPsecルータ側を192.168.100.0/24とし，IPsecルータのLAN側IPアドレスを192.168.100.254とします。そして，営業所のセグメントを10.1.0.0/16，10.2.0.0/16，10.3.0.0/16……とします。

図にすると，以下のようになります。

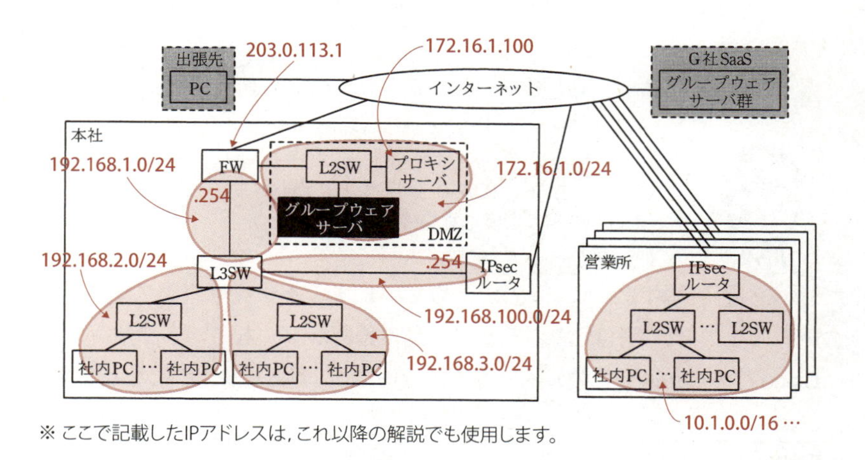

※ ここで記載したIPアドレスは，これ以降の解説でも使用します。

■F社のネットワーク構成のIPアドレス設計

また，今回は，営業所との接続のために，IPsecルータを利用しています。最近だと，IPsecの専用ルータは少なく，多くの場合はFWと兼用がほとんどです。

• プロキシサーバ及びグループウェアサーバは，本社DMZに設置されている。

- L3SWでは，次のように静的経路設定を行っている。
  - デフォルトルートのネクストホップをFWに設定している。
  - 各営業所への経路のネクストホップを本社のIPsecルータに設定している。

経路設定（ルーティング）の解説がされています。図1と照らし合わせて読んでください。

Q. L3SWのルーティングテーブルを記載せよ。

A. Cisco機器における今回のルーティングを設定するコマンドを紹介します。

```
L3SW(config)# ip route 0.0.0.0 0.0.0.0 192.168.1.254   ← デフォルトルート
L3SW(config)# ip route 10.0.0.0.255.0.0.0 192.168.100.254   ← 営業所へのルート
```

10.1.0.0/16，10.2.0.0/16などの経路を1行ずつ書く必要はないのですか？

はい，経路集約をして1行にまとめています。ルータは経路情報を1行ずつ確認するので，経路が増えるとL3SWの負荷が高くなるからです。

Cisco社のCatalystでのルーティングテーブルは以下のようになります。

```
L3SW#show ip route ←ルーティングテーブルを確認するコマンド
  ...
C    192.168.1.0/24 is directly connected, GigabitEthernet1
C    192.168.2.0/24 is directly connected, GigabitEthernet2
C    192.168.3.0/24 is directly connected, GigabitEthernet3
C    192.168.100.0/24 is directly connected, GigabitEthernet4
S    0.0.0.0/0 [1/0] via 192.168.1.254
S    10.0.0.0/8 [1/0] via 192.168.100.254
```

■ L3SWのルーティングテーブル（イメージ）

前ページ下のリスト「C」の項目に関して補足します。これは，「directly connected」とあるように，直接接続を意味します。先ほどのIPアドレスを記載した図を見てもらうと，192.168.1.0/24や192.168.2.0/24などのセグメントは，L3SWに直接接続されていることがわかってもらえると思います。

ルーティングテーブルを整理すると，以下のようになります。

宛先	ネクストホップ
192.168.1.0/24	直接接続
192.168.2.0/24	直接接続
192.168.3.0/24	直接接続
192.168.100.0/24	直接接続
0.0.0.0/0.0.0.0	192.168.1.254 ← デフォルトルート
10.0.0.0/255.0.0.0	192.168.100.254 ← 営業所へのルート

■ルーティングテーブル

- 社内PCからインターネットへは，Webアクセスだけが許可されており，プロキシサーバを経由して通信を行っている。

では，ここまでの情報でファイアウォールのルールを考えましょう。

Q. F社のFWのポリシー設定を書け。ポリシーの項目は自分で考えること。

A. この問題文の情報をもとにすると，次ページのようになります。実際には，NTPやSNMPなど，他にもルールがあることでしょう。ですが，問題文に前提条件がないので省略しています。

番号	方向	送信元IPアドレス	宛先IPアドレス	プロトコル	送信元ポート	宛先ポート	アクション	備考
1	インターネット→DMZ	ANY	グループウェアサーバ	TCP	ANY	25(SMTP)	許可	社外からのメール受信
2	DMZ→インターネット	プロキシサーバ	ANY	UDP	ANY	53(DNS)	許可	DNSの名前解決
3		プロキシサーバ	ANY	TCP	ANY	80(HTTP) 443(HTTPS)	許可	インターネット通信
4		グループウェアサーバ	ANY	TCP	ANY	25(SMTP)	許可	社外へのメール送信
5		グループウェアサーバ	ANY	UDP	ANY	53(DNS)	許可	DNSの名前解決
6	内部LAN→DMZ	ANY	グループウェアサーバ	TCP	ANY	25(SMTP)※注 80(HTTP) 443(HTTPS)	許可	グループウェアサーバのメールやWebアクセス
7		ANY	プロキシサーバ	TCP	ANY	8080	許可	プロキシ接続のポートを8080と仮定

※注　グループウェアのWebメールを利用している場合は不要

Q. 社内のPC（192.168.2.11）から203.0.113.4のWebサーバにアクセスする際のパケットを，社内PCに接続されているL2SWでキャプチャをした。このパケットのパケット構造をレイヤ3，レイヤ4の情報を中心に書け。

※ポイントとなる部分のみに限定してかまわない。

A. IPヘッダにはたくさんの項目あります。すべてをここで書くことは困難です。IPアドレス情報やプロトコルに限定して記載すると以下のようになります。注意点は，社内PCからインターネットへはプロキシサーバを経由する点です。よって，203.0.113.4のWebサーバ宛てであっても，宛先IPアドレスは，プロキシサーバ（172.16.1.100），宛先ポート番号はプロキシサーバとの接続ポートである8080（任意に設定可能）です。

送信元IPアドレス	宛先IPアドレス	プロトコル	送信元ポート番号	宛先ポート番号	データ
社内のPC（192.168.2.11）	プロキシサーバ（172.16.1.100）	TCP	不定	8080	Webサーバへの通信データ

一般に，プロキシには，［　ア　］プロキシと［　イ　］プロキシがある。F社のプロキシのように［　ア　］プロキシは，社内に対して，アクセス先URLのログ取得や，外部サーバのコンテンツをキャッシュして使用帯域を削減する目的で用いられる。一方，［　イ　］プロキシは，外部から公開サーバのオリジナルコンテンツに直接アクセスさせないことによる改ざん防止，キャッシュによる応答速度の向上，及び複数のサーバでの負荷分散を行う目的で用いられる。

2種類のプロキシについて問われています。空欄は設問1(1)で解説します。

F社の場合は，両方の機能を使っていますか？

いえ，前者（空欄ア）だけです。公開サーバがありませんし，外出先から社内にリモートアクセスさせるというような記載もありません。（図1には「出張先」のPCの図がありますが，これは追加予定であり，現在は利用していません。）

G社SaaSの導入に合わせて，インターネットへのWebアクセスについてのセキュリティ対策を検討した。検討結果を次に示す。

- G社SaaSとの通信は，HTTPSによって暗号化する。
- 出張先のPCから直接G社SaaSを利用できるようにするために，G社SaaSでは送信元IPアドレスの制限を行わない。

SaaSへは，HTTPSによる暗号化通信を行います。

送信元IPアドレスで制限しないということは，
誰でもG社SaaSを使えてしまうのではないでしょうか。

そうならないように，G社SaaSではユーザ認証を行っていると思いますよ。

Q. 仮に送信元IPアドレスの制限を行う場合は，どのIPアドレスで制限するのか。（出張先のPCはないとする）

A. F社の場合，インターネットへの出口は本社のFWからだけです。ですから，G社SaaSへ通信する送信元IPアドレスは，本社のFWのグローバルIPアドレスです。よって，このIPアドレスで制限をします。

また，「出張先のPCから直接G社SaaSを利用」の記載は，設問3（5）のヒントです。

- G社SaaS導入に合わせてセキュリティ強化を行うために，プロキシサーバで次のログを取得する。
  - アクセス先URLと利用者ID
  - G社SaaSのファイルアップロード／ダウンロードのログと利用者ID

ログのイメージをつかんでもらうために，過去問（H30年度秋期 SC 午後Ⅱ問2）の問題文にあるログを引用します。※利用者IDを追加しています。

```
27:[08/Sep/2018:03:39:04+0900] "GET http://IPn/login/pro.php user1 HTTP/1.1" 200 563 "-" "▽▽"
28:[08/Sep/2018:03:39:04+0900] "POST http://IPn/admin/g.php user1 HTTP/1.1" 200 35618 "-" "▽▽"
```

通信日時　メソッド　アクセス先URL　利用者ID

ここにあるように，プロキシサーバのログには，通信日時以外に，アクセス先URLや利用者ID（認証した場合）などが記載されます。ただ「ファイルアップロード／ダウンロードのログ」をどう取得しているかは不明です。G社との通信はHTTPSなので，詳細なログが取得できません。GETやPOSTのメソッドなどから，アップロードやダウンロードを判断しているのでしょう。

- 社内PCからインターネットへのWebアクセスでは①プロキシサーバにおいて認証を行う。

プロキシサーバで簡易な認証（Basic認証）を有効にした場合の様子を紹介します。インターネットにアクセスするためにブラウザを開くと，以下のような認証画面が表示されます。

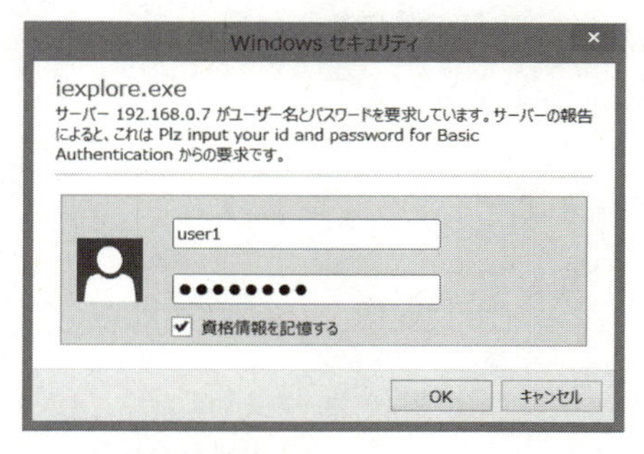

Basic認証の認証画面

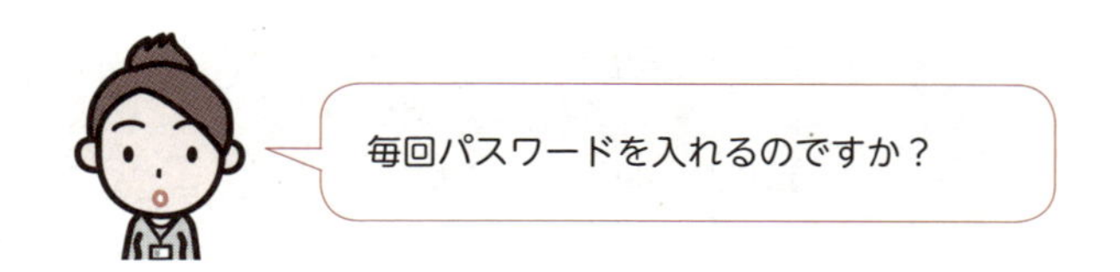

いえ，最初のWeb閲覧時だけです。それと，多くの企業では，WindowsのAD（Active Directory）サーバなどと認証連携をしています。この場合，WindowsのPCにログインした認証情報がプロキシサーバに送られます。利用者がパスワードを入力する必要はありません。

下線①については設問1（2）で解説します。

〔G社SaaSの試用〕

F社は，G社SaaSの本格導入に先立って，本社と一つの営業所を対象に少数ライセンスでG社SaaSを試用し，システムの利便性と性能を確認することにした。試用に先立ち，G社SaaS以外のアクセス先について，プロキシサーバでHTTPSのアクセスログを確認したところ，②アクセス先のホスト名は記録されていたが，URLは記録されていなかった。

HTTPSの通信がプロキシサーバを通る場合は，少し複雑です。前提となる知識を復習するために，次の問題を解いてください（先ほどの類題です）。

Q. 社内のPC（192.168.2.11）から203.0.113.4のWebサーバにHTTPSでアクセスする際のパケット構造をレイヤ3，レイヤ4の情報を中心に書け。

※ポイントなる部分のみに限定してかまわない。また，プロキシサーバを経由しないパケットとせよ。

A. プロキシサーバを経由すると，先ほどと同じパケットになってしまいます。理解を深めてもらうために，プロキシサーバを経由しない場合のパケット構造を問いました。解答例は以下のとおりです。HTTPSの通信の場合，宛先ポート番号が80ではなく443です。

送信元IPアドレス	宛先IPアドレス	プロトコル	送信元ポート番号	宛先ポート番号	データ
社内のPC（192.168.2.11）	Webサーバ（203.0.113.4）	TCP	不定	443	Webサーバへの通信データ

Q. 上記の中で，暗号化されている部分はどこか。そして，URLはどこに記載されているか。

A. 暗号化されているのは，上記のデータ部分です。IPヘッダやTCPヘッダは暗号化されていません。また，URLはデータの中に記載されていますので，暗号化されています。ですから，プロキシサーバでは，暗号化されたURLを把握できないのです。

下線②を含めて，設問2（1）で解説します。

そこで，アクセス先のURLを把握するために，プロキシサーバで暗号化通信を一旦復号し，必要な処理を行った上で再度暗号化した。しかし，社内PCでエラーメッセージ“証明書が信頼できない”が表示されたので，社内PCに［ ウ ］をインストールして解決した。

SSLの復号化処理が記載されています。

証明書の設定内容および，空欄ウに関しては，設問2（2）で解説します。

G社SaaSを試用した結果，次の事実が判明した。

- G社SaaSにアクセスした際にプロキシサーバを通過するセッション数を実測したところ，スケジューラにアクセスする1人当たりのセッション数が大幅に増加した。
- 複数人が同時に大容量のファイルをG社SaaSに転送している間，本社のFWを経由するインターネット接続回線のスループットが低下した。

このまま全社でG社SaaSの利用を開始すると，プロキシサーバの処理可能セッション数の超過，インターネット接続回線の帯域不足が予想された。

Office365などのクラウドサービスを利用するとセッション数が異常に増えることは，よく知られています。たとえば，スケジュール予約では複数ユーザの予定を一括で管理したりします。その場合，予定を管理するために，自分以外の他のユーザの資源にもアクセスします。そうすると，接続するセッション数が増えるのです。もちろん，閲覧したり一括登録する予定者が増えれば増えるほど，セッション数が増えます。

プロキシサーバに大きな負荷がかかっているようなので，このあとで対策をします。

〔SD-WANルータの導入〕

F社は，G社SaaSの試用で判明した問題を解決するために，IPsecルータの代わりにSD-WAN（Software-Defined WAN）ルータを使用することにした。

SD-WAN（Software Defined WAN）を直訳すると「ソフトウェアで定義されたWAN」です。ただ，SD-WANは「概念」であり，メーカ各社によって実装できる機能が異なります。SD-WANの定義をあまり厳密に考えず，「物理的な制約にとらわれずに，ソフトウェアで実現するWANの仮想化技術」くらいにイメージしておいてください。多少乱暴ですが，SDN（Software

Defined Network）をWANに応用したものと考えてもいいでしょう。

SDNは，ソフトウェアで定義することで，自由な設計を可能にしました。SD-WANも同様で，Office365の通信だけを違う回線から接続したり，トラフィック量をみながら回線を負荷分散することができます。

SD-WANルータを使用したネットワーク構成案を，図2に示す。

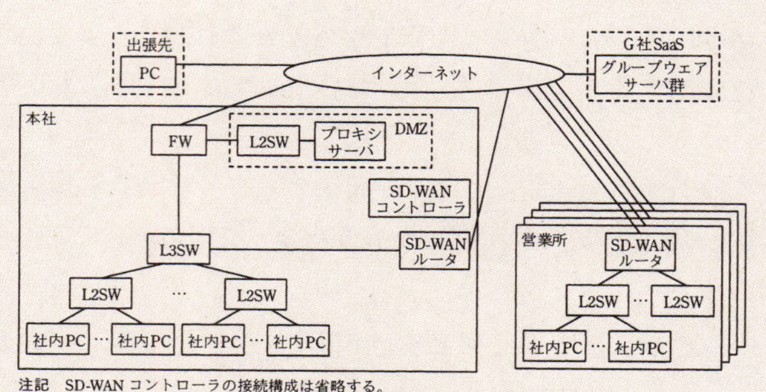

注記　SD-WANコントローラの接続構成は省略する。

図2　SD-WANルータを使用したネットワーク構成案（抜粋）

（1）SD-WANルータの概要

今回使用する予定のSD-WANルータは，SDN（Software-Defined Networking）によって制御されるIPsecルータである。SDNは，利用者の通信トラフィックを転送するデータプレーンと，通信装置を集中制御する［　エ　］プレーンから構成されており，［　エ　］プレーンのソフトウェアでデータ転送を制御する方式である。

F社が導入するSD-WANルータの仕様を次に示す。

- SD-WANルータの設定は，SD-WANコントローラによって集中制御される。

最近は頻出問題になってきたSDNです。この年度（平成30年度）は午後Ⅱ問2でも出題されています。

空欄エは，設問3（1）で解説します。

- SD-WANルータのWAN側には，インターネットに接続するインタフェースだけでなく，ほかのSD-WANルータに接続するIPsec VPNの論理インタフェースがある。

一見すると難しそうな記述ですが，なんてことはありません。IPsec VPNでは，論理インタフェースとして，IPsec VPNを構築する対向の装置ごとに，トンネルインタフェースを作成することが一般的です。

(2) SD-WANルータを用いたときの通信

図2の説明を次に示す。

- 社内PCからG社SaaSへのWebアクセスは，プロキシサーバを経由せず各SD-WANルータを経由する。
- 社内PCからG社SaaS以外のインターネットへのWebアクセスは，プロキシサーバを経由する。

先の問題文に「プロキシサーバの処理可能セッション数の超過，インターネット接続回線の帯域不足」とありました。そこで，G社SaaSへのWebアクセスはプロキシサーバを経由させず，各SD-WANルータから直接接続するようにします。

- L3SWにプロキシサーバへの静的経路情報を追加する。
- 営業所と本社間の通信は，SD-WANルータ間でIPsecによって暗号化する。
- 本社の社内PCからG社SaaSへの通信について，<u>③G社SaaSのIPアドレスが変更された場合でもその都度L3SWを設定しなくても済むように，L3SWの静的経路情報を設定変更する</u>。

ルーティングの問題です。下線③に関しては，具体的な経路を含めて設問3（2）で詳しく解説します。

(3) SD-WANルータの運用

G社はSaaSに必要なサーバを随時追加している。G社SaaSが利用しているIPアドレスブロックの更新があるたびに，F社はSD-WANルータの設定を変更する必要がある。F社は，G社SaaSのIPアドレスブロックの更新を，RSS（Really Simple Syndication）を利用して知ることができる。

RSSは，Webサイトの更新情報やページの概要などを配信する仕組みです。最新ニュースなどをRSSリーダで取得している人もいらっしゃるでしょう。

先ほど，SaaSのIPアドレスが変更されても，L3SWの設定をしなくていいようにしませんでしたか？

はい，たしかに，L3SWは設定不要になりました。ですが，SD-WANルータの設定は必要です。

Q. **なぜSD-WANルータは，G社SaaSが利用しているIPアドレスを知る必要があるのか。**

A. 順に説明します。まず，問題文の以下の要件からSD-WANルータには二つの経路があることがわかります。

> (2) SD-WANルータを用いたときの通信
>
> 図2の説明を次に示す。
>
> - 社内PCからG社SaaSへのWebアクセスは，プロキシサーバを経由せず各SD-WANルータを経由する。
> - 社内PCからG社SaaS以外のインターネットへのWebアクセスは，プロキシサーバを経由する。

この情報から，SD-WANルータのルーティングテーブルを書くと，次のようになります。その下の図と照らし合わせて確認してください。

■SD-WANルータのルーティングテーブル（直接接続は除く）

	宛先	ネクストホップ	備考
❶	G社SaaSのIPアドレス	インターネット（プロバイダのルータ）	G社SaaSへのWebアクセス
❷	172.16.1.100（プロキシサーバ）	本社SD-WANルータ（192.168.1.254）※IPsecトンネル経由	G社SaaS以外のインターネットへのWebアクセス

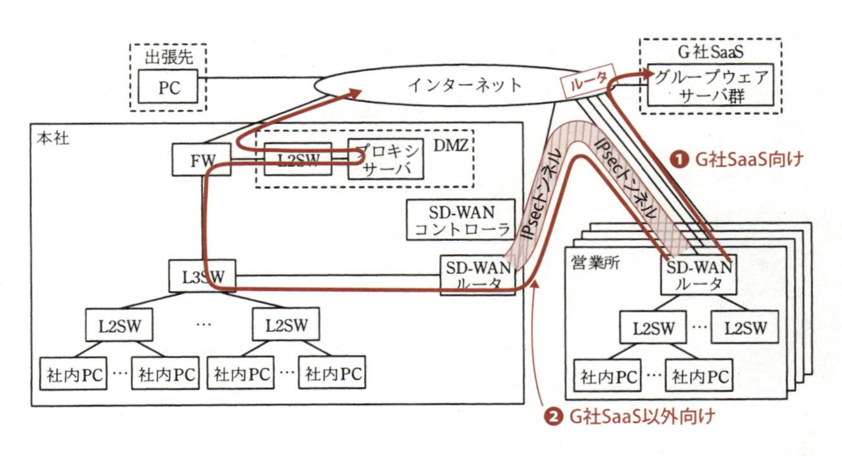

■SD-WANルータの経路

インターネットに直接接続するのは，G社SaaSのIPアドレスのみに限定するため，SD-WANルータでは，ルーティングおよびフィルタリングの設定をしています。だから，G社SaaSのIPアドレスを知る必要があるのです。

L3SWの設定のように，デフォルトゲートウェイをインターネットに向けてはダメですか？ 設定が楽ですよね。

あまりお勧めできません。利用者が設定を変えてしまうと，SD-WANルータからインターネットに直接接続できてしまうからです。具体的には，PCのブラウザで，インターネットへの通信をプロキシ経由にする設定を外します。SD-WANルータでフィルタリングがされていなければ，社内PCから直接インターネットに接続できてしまうのです。

F社は，RSS配信されたIPアドレスブロックを検知するツールを作成して，自動的にツールから［　オ　］に指示を行い，全社のSD-WANルータの設定を変更することにした。

空欄オは設問3（3）で解説します。

さらに，社内PCから参照する④プロキシ自動設定ファイルを作成することにした。

プロキシ自動設定ファイルはPAC（Proxy Auto Config）ファイルと呼ばれるものです。

先ほどの「SD-WANルータのルーティングテーブル」が正しいのであれば，SD-WANルータが，通信を振り分けてくれるのではないのですか？

Q. なぜSD-WANルータで経路を振り分けても，プロキシ自動設定ファイルが必要なのか。

A. ブラウザのプロキシ設定を見てみましょう。以下のようにプロキシサーバを指定すると，すべてのインターネット通信がプロキシ経由になってしまいます。つまり，G社SaaSへもプロキシサーバ経由で通信するのです。

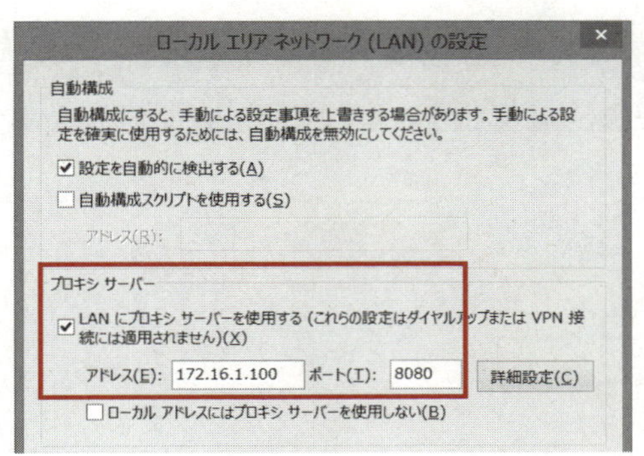

■プロキシの設定

ですから，G社SaaSへはプロキシサーバを経由させないために，設定が必要になります。詳しくは，設問3（4）で解説します。

（4）G社SaaSアクセスログの取得

G社SaaSへのアクセスログは，⑤プロキシサーバからではなく，G社SaaSのAPIにアクセスして取得することにした。

F社は，G社SaaSの本格導入に向けてSD-WANルータを利用したネットワークの構築プロジェクトを立ち上げた。

API（Application Programming Interface）とありますが，単にG社SaaSの管理用のWeb画面と考えてください。この画面にログイン後，Web上でログを確認したり，CSVファイル等でダウンロードができることでしょう。

下線⑤は，設問3（5）で解説します。

設問の解説

設問1

〔F社の現行ネットワーク構成とG社SaaS導入に合わせたセキュリティ対策〕について，(1)，(2)に答えよ。

(1) 本文中の［ ア ］，［ イ ］に入れる適切な字句を答えよ。

問題文の該当部分を再掲します。

> 一般に，プロキシには，［ ア ］プロキシと［ イ ］プロキシがある。F社のプロキシのように［ ア ］プロキシは，社内に対して，アクセス先URLのログ取得や，外部サーバのコンテンツをキャッシュして使用帯域を削減する目的で用いられる。一方，［ イ ］プロキシは，外部から公開サーバのオリジナルコンテンツに直接アクセスさせないことによる改ざん防止，キャッシュによる応答速度の向上，及び複数のサーバでの負荷分散を行う目的で用いられる。

これは知識問題で，用語を知らないと解けない問題でした。一般的に「プロキシサーバ」といえば，フォワードプロキシを指します。プロキシサーバの役割は，社内から外部（インターネット）への通信を代理（プロキシ）します。目的は，ここに記載があるように，キャッシュによる通信の高速化やログの取得などです。

もう一つ，リバースプロキシもあります。「Reverse（リバース：逆）」という言葉のとおり，フォワードプロキシとは通信の流れが逆です。外部（インターネット）から社内への通信を代理（プロキシ）します。

解答　空欄ア：**フォワード**　　空欄イ：**リバース**

リバースプロキシって，リモートアクセスの用語かと思っていました。

いえ，そうとは限りません。通信を代理していればプロキシサーバです。他には，複数のWebサーバへシングルサインオンをするためにリバースプロキシを使う場合もあります。

（2）本文中の下線①について，プロキシサーバで認証を行うことによってアクセスログに付加できる情報を答えよ。

難しい問題ではありません。まず，認証に必要な情報は何でしょうか？問題部の解説でも書きましたが，ユーザID（利用者ID）とパスワードが必要です。

認証をすることで，サーバ側で「利用者ID」「パスワード」を取得できるということですね。

そういうことです。このどちらかの情報をアクセスログに付加できます。

では，どちらがログに書き込まれるでしょうか。それは利用者IDです。問題文にも，「次のログを取得する」として，「アクセス先URLと利用者ID」と記載されています。また，セキュリティの観点から，パスワードをログに保存することはありえません。

解答 利用者ID

設問2

〔G社SaaSの試用〕について，（1），（2）に答えよ。

（1）本文中の下線②について，HTTPSでアクセスするためのHTTPプロトコルのメソッド名を答えよ。

似たような問題が過去にも問われました。過去問をしっかり学習していた人は解けたことでしょう。

プロキシサーバは，HTTPの通信を中継し，送信元IPアドレスを自分のIP

アドレスに書き変えたり，詳細なログを取得したり，場合によってはウイルスチェックなどのセキュリティチェックをします。しかし，HTTPS通信の場合，WebサーバとPCの間は暗号化されています。暗号化の鍵はWebサーバとPCしか持っていないので，通信を中継処理することができません。そこで，PC（ブラウザ）はプロキシサーバに対し，HTTPSのセッションを中継せずに，透過させるように依頼します。このときに利用するメソッドがCONNECTメソッドです。

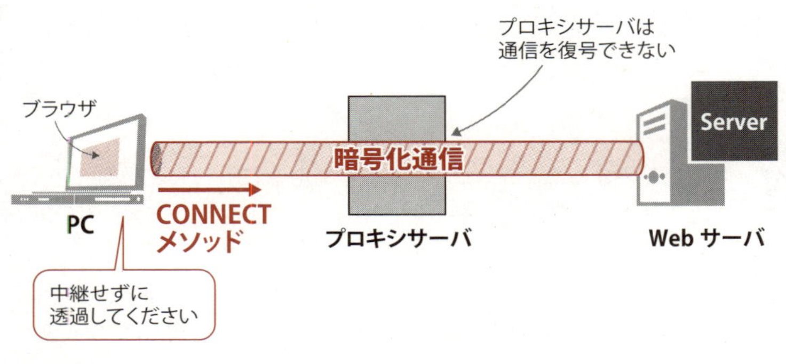

■CONNECTメソッド

解答 CONNECTメソッド

参考 CONNECTメソッド

PCからのHTTP通信とHTTPS通信のパケットを，PC上でキャプチャをしました。以下のように，接続先が非暗号（HTTP）なのか，暗号化（HTTPS）なのかによって，ブラウザがメソッドを変更しています。

①接続先がHTTPの場合はGETメソッド

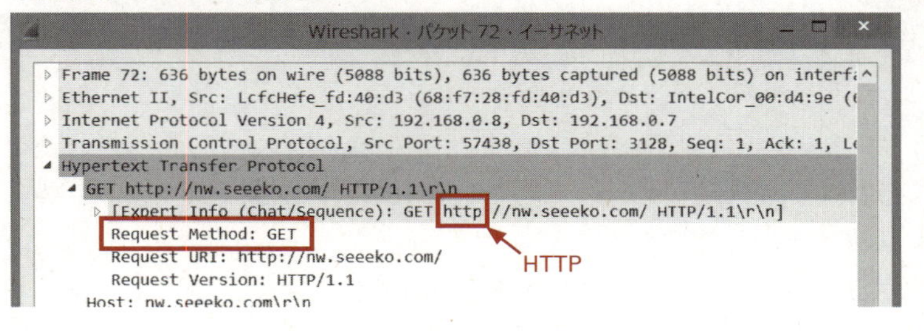

②接続先がHTTPSの場合はCONNECTメソッド

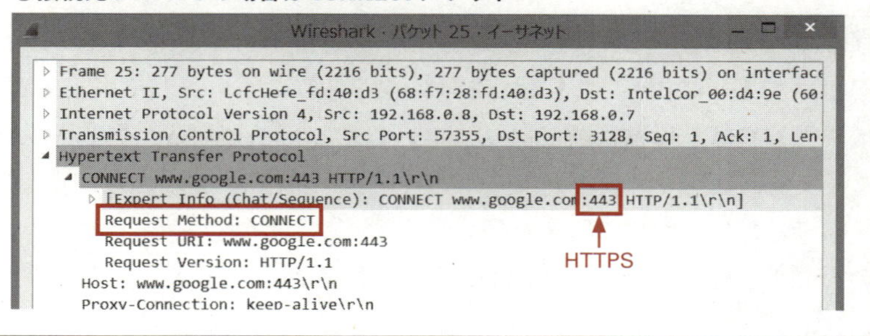

また，このメソッドを用いる場合，社内に侵入したマルウェアによる通信（ただし，HTTPS以外の通信）を遮断するためのプロキシサーバでの対策を，30字以内で述べよ。

（1）の続きです。この問題は，単純に，「CONNECTメソッドで，HTTPS以外の通信を遮断する方法」が問われています。なぜCONNECTメソッドによる不正通信の懸念があるかについては，あとで解説します。

これって，知識問題ですよね。
プロキシサーバの設定をしたことがないので見当もつきません。

採点講評には「正答率は低かった」とあり，多くの方が解けなかったと思います。ですが，「わからないなりに，なんらかの答えを書く」，これを実践してください。どうやって書くかというと，問題文や設問文のヒントを使うのです。今回でいうと，設問文にある「このメソッドを用いる場合」「HTTPS以外の通信」「遮断する」「プロキシサーバ」をそのまま使って解答を組み立ててください。

「このメソッドを用いる場合，プロキシサーバで，HTTPS以外の通信を遮断する」でどうでしょう？
単に並べ替えただけですが…

このメソッドとは，CONNECTメソッドですよね。これを当てはめると，「CONNECTメソッドを用いる場合，プロキシサーバで，HTTPS以外の通信を遮断する（42文字）」となります。文字数がオーバーしていますが，30字にまとめれば，ほぼ正解になります。このように，実際の設定がわかっていなくても，正解または部分点を取ることは可能なのです。

参考として，実際の設定を紹介します。プロキシサーバ（オープンソースのSquidの場合）での設定例は以下のとおりです。

```
acl SSL_ports port 443                ← SSLのポートとして443を指定。複数指定する場合は，443 25 21などと複数ポートを並べて指定
http_access deny CONNECT !SSL_ports   ← 指定した上記のポート以外はCONNECTメソッドの使用を禁止
```

こう指定することで，HTTPSである443の通信以外のCONNECTメソッドによる通信を禁止します。

解答例 **HTTPS以外のポートのCONNECTを拒否する。**（25字）

問題文に「社内PCからインターネットへは，Webアクセスだけが許可」とあります。FWでHTTPS以外はブロックしているのでは？

だから，プロキシサーバでの設定をしなくても安全と思っているのですね。でも，安全とも限りません。セキュリティの試験ですが，過去問（H30年度春期 SC 午後Ⅱ問2）にCONNECTメソッドを使った悪用方法が具体的に記載されています。時間があれば，確認してみてください。

では，悪用の方法を具体例で紹介します。次ページの構成を見てください。FWではプロキシサーバへの8080ポートのみを許可し，それ以外の通信（たとえばFTP21番）を拒否しています（次ページ図❶）。

PCに感染したマルウェアが，悪性サーバ（IPアドレスは203.0.113.1）宛てに，「CONNECT　203.0.113.1:21　HTTP/1.1」として8080番で通信したとします（次ページ図❷）。プロキシサーバ宛ての8080ポートですから，FW

では通信を許可します（下図❸）。また，プロキシサーバでは，CONNECTメソッドですから，何も確認せずにFTP通信を透過させてしまうのです（下図❹）。

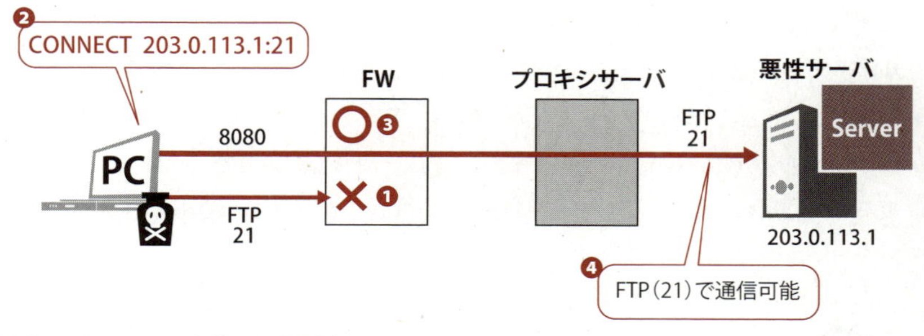

■CONNECTメソッドを使った悪用例

もちろん，プロキシサーバがインターネットに出るときにFWでポート21番を止めれば成功はしません。でも，FWの設定にミスがある場合もあります。この設問で求められている「プロキシサーバでの対策」というのも，確実にやっておくべきなのです。

（2）本文中の［ウ］に入れる適切な字句を，20字以内で答えよ。

問題文の該当部分を再掲します。

そこで，アクセス先のURLを把握するために，プロキシサーバで暗号化通信を一旦復号し，必要な処理を行った上で再度暗号化した。しかし，社内PCでエラーメッセージ“証明書が信頼できない”が表示されたので，社内PCに［ウ］をインストールして解決した。

問題文の解説でも記載しましたが，HTTPSの場合はURLが記載されたデータ部分が暗号化されています。ですから，プロキシサーバでURLを把握することはできません。そこで，ここに記載されているように，プロキシサーバで通信を復号します。

プロキシサーバは復号する鍵を持っていませんよね。
どうやって復号するのですか？

本物のWebサーバの「フリ」をするのです。たとえば，PCが「https://www.example.com」に通信するために，プロキシサーバにCONNECTメソッドを送信したとします（次ページ図❶）。すると，プロキシサーバは，自分が「https://www.example.com」だとして，証明書を自作（次ページ図❷）してPCに提示します（次ページ図❹）。通信の暗号化処理も，PCとプロキシサーバ間で行われます。ですから，プロキシサーバは復号も可能です。

でも，そんな（自作した）偽の証明書で通信できたら
困りますよね。

そうなんです。だから，ブラウザが「怪しい」と考えて「この証明書は偽物かもしれません」と警告を出します。ですが，もちろん偽物ではありません。警告が出ないようにするために，そのサーバ証明書を信頼してあげましょう。

そのためには，クライアントPCに，プロキシサーバのルート証明書（＝CAの証明書）を入れます。

解答例 **プロキシサーバのルート証明書**（14字）

ルート証明書があるということは，
プロキシサーバって，認証局（CA）なんですか？

そうです。この点，もう少し補足します。

Q. プロキシサーバが提示するサーバ証明書は，誰が作成し，誰が署名するか。

A. 作成するのは，プロキシサーバです。そして，証明書は誰かが署名しなければいけません。しかし，公的な認証局（たとえば，旧VeriSign）が，インターネット閲覧のコンマ何秒という時間で，審査から署名までを行うことは不可能です（それに，偽の証明書ですから署名してくれないでしょう）。ですから，この場合，作成した証明書に署名をしているのは，プロキシサーバの中にある認証局（CA）です（下図❸）。

ここまでの流れを図示すると以下のようになります。

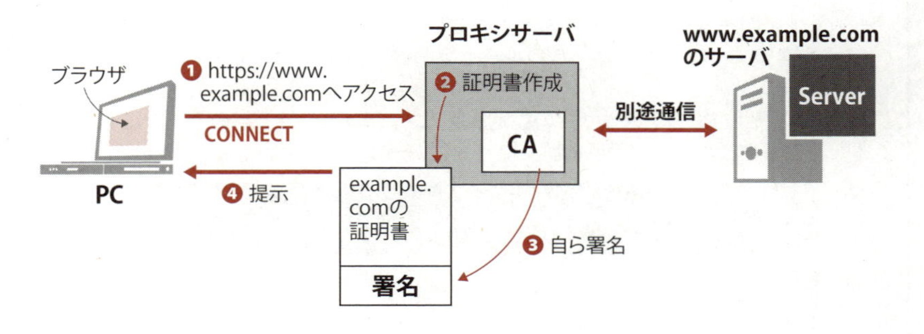

■プロキシサーバで証明書を作成し、署名をする

参考　証明書のエラーとプロキシサーバのルート証明書のインストール

では，ここで解説した内容を実際にやってみましょう。まず，以下が，プロキシサーバで暗号化通信を復号した場合に表示されるエラーです。

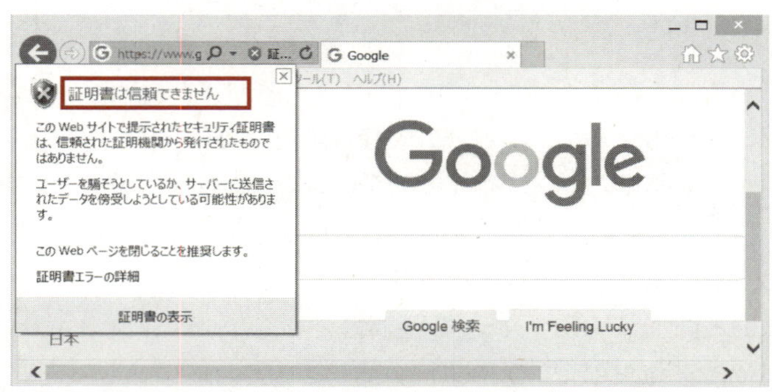

▌PCが表示するエラーメッセージ

「証明書は信頼できません」と警告されています。そこで，この設問にあったように，プロキシサーバのルート証明書をPCのブラウザにインストールします。

以下は，PCのブラウザでの設定画面です。プロキシサーバのルート証明書を，「信頼されたルート証明機関」にインストールします。

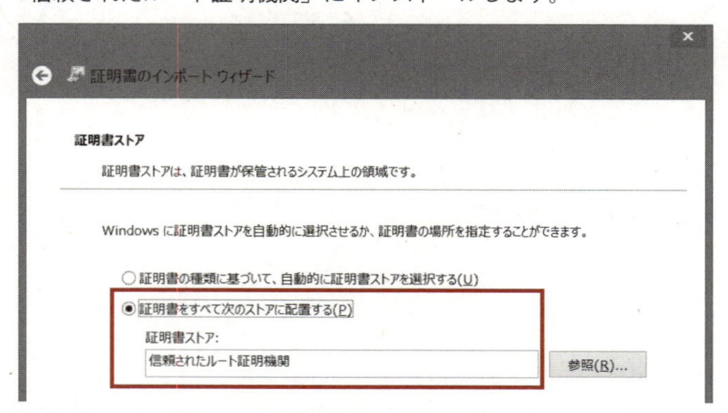

▌プロキシサーバのルート証明書をPCのブラウザにインストールする

これで，先ほどのエラーは表示されなくなります。

〔SD-WANルータの導入〕について，(1)～(5)に答えよ。

(1) 本文中の［　エ　］に入れる適切な字句を答えよ。

問題文の該当箇所を再掲します。

SDNは，利用者の通信トラフィックを転送するデータプレーンと，通信装置を集中制御する［　エ　］プレーンから構成されており，［　エ　］プレーンのソフトウェアでデータ転送を制御する方式である。

こちらは知識問題です。過去に何度もSDNが出題されているので，得意分野にされている方もいることでしょう。

SDNは，トラフィックを転送するデータプレーンと，装置を管理するコントロールプレーンから構成されます。

無線LANの仕組みに似ていますよね！

そうですね。無線LANコントローラがコントロールプレーンのような動きをし，通信を集中制御します。また，無線APがデータプレーンのような動きをし，通信トラフィックを転送します。

解答　コントロール

(2) 本文中の下線③について，設定変更後の静的経路情報を，35字以内で答えよ。

問題文には，「本社の社内PCからG社SaaSへの通信について，③G社SaaSのIPアドレスが変更された場合でもその都度L3SWを設定しなくても済むように，L3SWの静的経路情報を設定変更する」とあります。この設定内容が問われています。

具体例で考えましょう。SaaSのIPアドレスが，192.0.2.183/32， 198.51.100.42/32， 203.0.113.251/32の三つだったとします。では，L3SWにはどのような静的経路を書きますか？

たぶん，こんな感じです。

L3SWに記載する経路情報（直接接続は除く）

宛先	ネクストホップ
SaaSのIPアドレス（192.0.2.183/32）	SD-WANルータ（192.168.1.254）
SaaSのIPアドレス（198.51.100.42/32）	SD-WANルータ（192.168.1.254）
SaaSのIPアドレス（203.0.113.251/32）	SD-WANルータ（192.168.1.254）

そうですね。では，SaaSのIPアドレスが変更されたり，追記されたりしたらどうしますか？

1行ずつ書き変えるしかないと思います。

そうなりますね。でも，これだと，問題文にある「その都度L3SWを設定しなくても済むように」という要件を満たせません。

じゃあどうするか。どんな値になってもいいように，大きな範囲でルーティングを書くしかありません。たとえば，上記のIPアドレスをすべて満たすルートは，192.0.0.0/2です。

でも，グローバルIPアドレスはほぼすべてのIPアドレスですから，この範囲に収まらないIPもあります。となると，0.0.0.0/0，つまり，デフォルトルートで指定するしかないのです。

経路情報は，次のとおりです。

L3SWに記載する経路情報（直接接続は除く）

宛先	ネクストホップ
0.0.0.0/0	SD-WANルータ（192.168.1.254）

この内容を35字以内にまとめると，解答例のようになります。

解答例 ネクストホップがSD-WANルータとなるデフォルトルート（28字）

でも，こんなことしたら，インターネットへのアクセスがSD-WANルータ経由になりませんか？

はい，ですから，プロキシサーバの通信だけはプロキシサーバに向ける必要があります。L3SWのルーティングテーブルは以下のようになります。

L3SWに記載する経路情報（直接接続は除く）

宛先	ネクストホップ
0.0.0.0/0	SD-WANルータ（192.168.1.254）
172.16.1.0/24（プロキシサーバのセグメント）	192.168.1.254（FWのLAN側）

「こんな単純な経路で，インターネット通信が正常にいくの？」と疑問に思われるかもしれません。でも，ブラウザのプロキシ設定をすでに紹介しましたが，HTTP通信はすべて宛先がプロキシサーバになります。なので，この1行でいいのです。

(3) 本文中の［　オ　］に入れる適切な字句を，図2中の機器名で答えよ。

問題文には以下の記載があります。

> F社は，RSS配信されたIPアドレスブロックを検知するツールを作成して，自動的にツールから［　オ　］に指示を行い，全社のSD-WANルータの設定を変更することにした。

この部分の全体的な流れを図にすると，次ページのようになります。G社

SaaSがIPアドレスブロックをRSSで通知します（下図❶）。ツールが空欄オの機器に指示を行い（下図❷），SD-WANルータの設定を変更します（下図❸）。

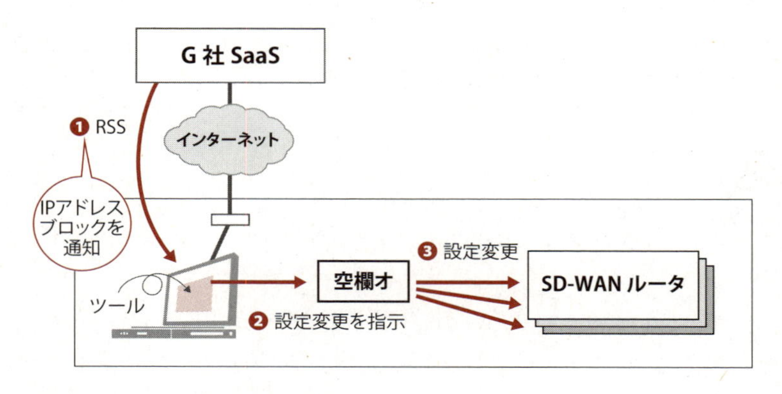

SD-WANルータの設定の変更の流れ

よくわからない問題かもしれませんが，「図2中の機器名」で答えるので，答えとなる選択肢の数は限られます。また，空欄オのあとの「SD-WANルータの設定を変更する」の部分がヒントです。SD-WANルータの設定を変更できるのは，SD-WANコントローラだけです。

解答　SD-WANコントローラ

(4)　本文中の下線④について，このファイルを作成することによってプロキシから除外する通信を，20字以内で答えよ。

問題文を再掲します。

さらに，社内PCから参照する④プロキシ自動設定ファイルを作成することにした。

問題文で概要を説明しました。ただ，本試験の短い時間で解くには難しい問題だったと思います。ですが，合格するためには，必ず答案を書かなければいけません。そこで，設問文に「プロキシから除外する通信」とあるので，どんな通信があるのか，まずは思いつきでもいいので考えてみましょう。

問題文に出てきたのは，「SaaSへのアクセス」と「インターネットへのアクセス」しかありません。

そうです。ですから，どちらかを書けば正解と思いませんか。また，問題文には，「社内PCからG社SaaSへのWebアクセスは，プロキシサーバを経由せず各SD-WANルータを経由する」とあります。ですから，G社SaaSへのアクセスが答えです。

解答例　G社SaaSへのHTTPS通信（15字）

「HTTPS通信」という表現は必要ですか？

問題文には「G社SaaSとの通信は，HTTPSによって暗号化する」と記載されています。なので，わざわざHTTPSと書く必要はないと思います。

参考までに，PCからインターネットやSaaSへのアクセスを整理します。以下の二つの通信がありますが，PACで制御されます。

接続先	PCからの通信経路
インターネット（G社SaaS以外）	プロキシサーバ経由でアクセス（PCのブラウザのPAC設定で，プロキシサーバのIPアドレスを指定する）
G社SaaS	SD-WANルータから直接アクセス（PCのブラウザのPAC設定で，SaaS向けはプロキシサーバを経由しない除外設定をする）

また，プロキシ自動設定ファイル（PACファイル）の具体例も紹介します。SaaSのドメインをsaas.example.comとし，プロキシサーバのIPアドレスを172.16.1.100とした場合のPAC設定は以下のようになります。このファイルをproxy.pacなどと名前を付けてサーバに保存し，PCのブラウザでこのPACファイルを読み込むように設定します。

```
function FindProxyForURL(url, host) {
    // saas.example.comのホストへはプロキシサーバを経由せずに直接接続
    if (shExpMatch(host,"saas.example.com")) {
        return "DIRECT";
    }
    // それ以外のURLは，以下のプロキシサーバ（172.16.1.100）を利用する
      return "PROXY 172.16.1.100:8080";
    }
```

（5） 本文中の下線⑤について，G社SaaSのAPI経由で取得する理由を二つ挙げ，それぞれ40字以内で述べよ。

問題文には，「G社SaaSへのアクセスログは，⑤プロキシサーバからではなく，G社SaaSのAPIにアクセスして取得することにした」とあります。

なぜかって，当たり前ですよね。
だって，プロキシサーバを経由しないからですよね。

はい，それが一つです。もう一つは何でしょうか。

迷ったら問題文に戻ります。それは，図1の注記1にあるように，G社SaaSの導入に伴い，出張先PCを追加するからです。問題文にも，「出張先のPCから直接G社SaaSを利用できるようにする」とあります。つまり，出張先のPCからのG社SaaSへのアクセスログを取得するためです。

解答例

- **社内PCからG社SaaSへのアクセスがプロキシサーバを経由しなくなるから**（36字）
- **出張先のPCからG社SaaSへのアクセスが記録されるから**（28字）

次ページでは，この問題の解答例の一覧と予想配点および，合格者の方からいただいた復元答案と採点結果（予想）を紹介しています。

合格者の採点については，公表された実際の得点をもとに，筆者が予想をしています。文章問題では，解答に幅があることがおわかりいただけると思います。

IPAの解答例

設問		IPAの解答例・解答の要点		予想配点
設問1	(1)	ア	フォワード	3
		イ	リバース	3
	(2)	利用者ID		4
設問2	(1)	メソッド名	CONNECTメソッド	3
		対策	HTTPS以外のポートのCONNECTを拒否する。	5
	(2)	ウ	プロキシサーバのルート証明書	4
設問3	(1)	エ	コントロール	3
	(2)	ネクストホップがSD-WANルータとなるデフォルトルート		6
	(3)	オ	SD-WANコントローラ	3
	(4)	G社SaaSへのHTTPS通信		4
	(5)	①	• 社内PCからG社SaaSへのアクセスがプロキシサーバを経由しなくなるから	6
		②	• 出張先のPCからG社SaaSへのアクセスが記録されるから	6
			合計	50

※予想配点は著者による

IPAの出題趣旨

近年，社内グループウェアをクラウド上のSaaSに移行する事例が増えてきている。それに伴い，ネットワークトラフィックの流れに大きな影響が生じ，ネットワーク構成の変更をしなければならなくなることがある。特に，グループウェアの膨大なセッション数と増加するインターネットトラフィックをさばくためのプロキシサーバやファイアウォール構成は，検討が必要なポイントとなる。

また，機器設定の集中管理のためにSDN（Software-Defined Networking）技術を導入する事例も増加傾向にある。

本問では，SaaSを利用する場合に関連するネットワークやセキュリティの知識及びSDNのIPsec VPNへの応用であるSD-WANについての知識を問う。

IPAの採点講評

問1では，社内グループウェアのクラウドへの移行を題材として，SaaSを利用する場合に密接に関連するネットワークやセキュリティの知識及びSDN（Software-Defined Networking）のIPsec VPNへの応用であるSD-WANについての知識について出題した。

合格者の復元解答

ぽんしゅうさんの解答	正誤	予想採点	ひろさんの解答	正誤	予想採点
フォワード	○	3	通常	×	0
リバース	○	3	リバース	○	3
利用者 ID	○	4	利用者 ID の情報	○	4
CONNECT	○	3	CONNECT	○	3
HTTPS 以外で CONNECT メソッドを使う通信を遮断する。	○	5	HTTPS 以外の通信では CONNECT メソッドを使用しない。	○	5
プロキシサーバの公開鍵証明書	○	4	プロキシサーバのルート証明書	○	4
コントロール	○	3	コントロール	○	3
デフォルトルートのネクストホップを SD-WAN に設定する。	○	6	G 社 SaaS 宛の経路のネクストホップを SD-WAN にする。	○	6
SD-WAN コントローラ	○	3	SD-WAN コントローラ	○	3
G社SaaSへのWebアクセス	○	4	自社SaaSに追加されたサーバへの通信。	○	4
・G 社 SaaS との通信は、プロキシサーバを経由しないから	○	6	・プロキシサーバを経由しないので、利用者 ID が特定できないから。	○	6
・G 社 SaaS との通信は、HTTPS によって暗号化されているから	×	0	・随時追加されたサーバの情報を追加作業をせずに取得できるから。	×	0
予想点合計		44	予想点合計		41

設問2（1）は，暗号化されているHTTPSプロトコルをプロキシサーバで処理するために必要なHTTPのCONNECTメソッドについて出題したが，正答率は低かった。HTTPSの利用が増えてきた今日，CONNECTメソッドは，便利な技術である反面セキュリティホールとなる可能性のある技術であるので，よく理解しておいてほしい。

設問3は，SD-WANによってSaaSへのトラフィックだけを迂回する方法について出題した。アプリケーションの通信先を制御するためには，ルーティングの変更とアプリケーションの経由先変更の両方に目を向ける必要があることに注意してほしい。

■出典
「平成30年度 秋期 ネットワークスペシャリスト試験 解答例」
https://www.jitec.ipa.go.jp/1_04hanni_sukiru/mondai_kaitou_2018h30_2/2018h30a_nw_pm1_ans.pdf
「平成30年度 秋期 ネットワークスペシャリスト試験 採点講評」
https://www.jitec.ipa.go.jp/1_04hanni_sukiru/mondai_kaitou_2018h30_2/2018h30a_nw_pm1_cmnt.pdf

ネットワークSE Column 1 ネットワークスペシャリストはどれだけ価値があるのか

私はこれまで，資格を取ることで，知識や実力を身に付けるだけでなく，自信であったり，周りからの高い評価が得られることをお伝えしてきました。でも，どの資格も一律に同じ価値があるわけではありません（当たり前ですよね）。IT資格の数は100をゆうに超え，初歩的な試験から難関試験までさまざまです。

では，ネットワークスペシャリストはどれだけの価値があるのでしょうか。これを計るのは簡単ではありません。一つの資料でしかありませんが，IT業務に携わる200人に聞いたアンケートを紹介します。質問は,「あなたが一番ほしい資格(すでに持っている場合も含む）はなんですか？」です。なんと3位にネットワークスペシャリストが入っています（パチパチパチ――）。

	資格名	種類	人数	割合
1	プロジェクトマネージャ	国家資格	15	7.5%
2	PMP	民間資格	13	6.5%
3	ネットワークスペシャリスト（旧試験含む）	国家資格	12	6.0%
4	ITストラテジスト（旧試験含む）	国家資格	9	4.5%
5	Oracle Master	民間資格	8	4.0%
6	情報処理安全確保支援士（旧試験含む）	国家資格	8	4.0%
7	応用情報技術者（第1種情報処理技術者含む）	国家資格	8	4.0%
8	基本情報技術者（第2種情報処理技術者含む）	国家資格	6	3.0%
9	エンベデッドスペシャリスト（旧試験含む）	国家資格	5	2.5%
10	技術士	国家資格	4	2.0%

（2018年7月 インターネットを活用した著者の独自調査）

ネットワークスペシャリスト試験は年に1回しかありませんし，非常に難しい試験です。また，SEとして仕事をしていると，ネットワークを知っている前提で話が進むことが多々あります。人気である理由は，このあたりにあるのではないでしょうか（そして，名前がかっこいいのも人気の理由だと思います)。

皆さんは，これだけ価値がある資格を取得しようとされているのです。

nespe30 2.2

平成 30 年度
午後 I 問2

問　　題
問題解説
設問解説

nespe30

2.2 平成30年度 午後Ⅰ 問2

問題 ➡ 問題解説 ➡ 設問解説

問題

問2　ネットワーク監視の改善に関する次の記述を読んで，設問1～4に答えよ。

A社は従業員数200人の流通業者である。A社のシステム部門では，統合監視サーバ（以下，監視サーバという）を構築し，A社のサーバやLANの運用監視を行っている。

監視サーバは，pingによる死活監視（以下，ping監視という）とSYSLOGによる異常検知監視（以下，SYSLOG監視という）を行っている。現在定義されているLANに関するSYSLOG監視は，ポートのリンク状態遷移，STP（Spanning Tree Protocol）状態遷移及びVRRP（Virtual Router Redundancy Protocol）状態遷移の3種類である。

ある日，“従業員が使用するPCからファイルサーバを利用できない”という苦情が，システム部門に多数寄せられた。調査した結果，ケーブルの断線による障害と判明して対処したが，監視サーバで検知できなかったことが問題視された。

〔A社LANの概要〕

A社は，オフィスビルの1フロアを利用している。A社LANの構成を，図1に示す。

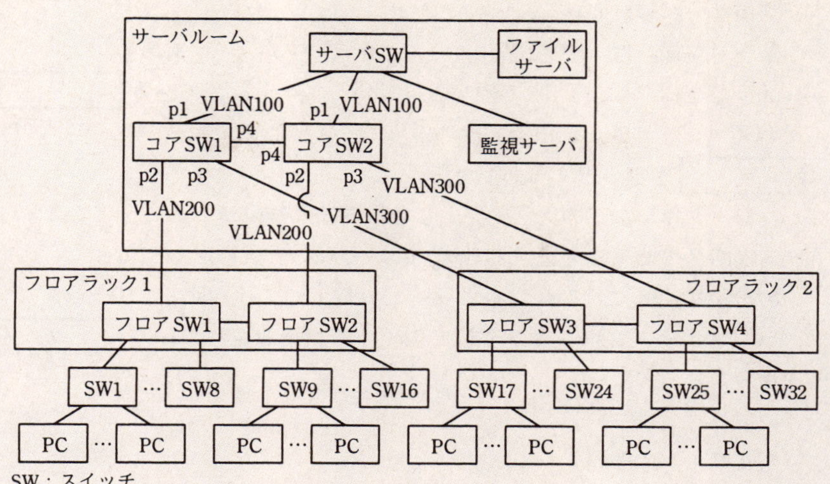

SW：スイッチ
注記1　コアSW1，コアSW2は，レイヤ3スイッチである。
注記2　フロアSW1～フロアSW4，サーバSW，SW1～SW32は，レイヤ2スイッチである。
注記3　p1～p4は，スイッチのポートを示す。
注記4　VLAN100，VLAN200，VLAN300は，スイッチのアクセスポートのVLAN IDを示す。

図1　A社LANの構成（抜粋）

コアSWには，サーバSWとフロアSWが接続されている。サーバSWは，監視サーバとファイルサーバを収容している。フロアSWには，従業員が使用するPCを収容するSWが接続されている。

A社LANは次のように設計されている。

- コアSWには，①VRRPが設定してあり，②正常時は，コアSW1がマスタルータで，コアSW2がバックアップルータとなるように設定している。
- A社LANは，ループ構成を含んでいる。例えば，コアSW1－サーバSW－コアSW2－コアSW1はループ構成の一つである。IEEE 802.1Dで規定されているSTPを用いて，レイヤ2ネットワークのループを防止している。正常時はコアSW1がルートブリッジとなるように設定している。
- コアSWのp1ポート，p2ポート及びp3ポートはアクセスポートで，③p4ポートをIEEE 802.1Qを用いたトランクポートに設定している。

〔監視サーバの概要〕

監視対象機器は，コアSW，サーバSW及びフロアSWである。

ping監視には，RFC 792で規定されているプロトコルである［　ア　］を利用する。echo requestパケットの宛先として，監視対象機器には［　イ　］を割り当てる必要がある。

リンクダウンなどの異常が発生した機器は，監視サーバに対して直ちにSYSLOGメッセージを送信する。監視サーバは，受信したSYSLOGメッセージの分析を直ちに行い，定義に従って異常として検知する。SYSLOGは，トランスポートプロトコルとしてRFC 768で規定されている［　ウ　］を用いている。

〔監視サーバの問題〕

ネットワークに異常が発生した際に，監視サーバで検知できなかった問題について，システム部門のB課長は，部下のCさんに障害発生時の状況確認とネットワーク監視の改善策の立案を指示した。

〔障害発生時の状況確認〕

ケーブルの断線による障害発生時の構成を，図2に示す。

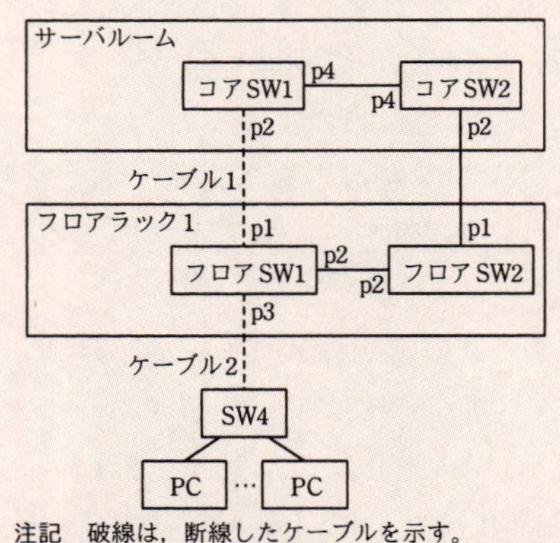

注記　破線は，断線したケーブルを示す。

図2　ケーブルの断線による障害発生時の構成（抜粋）

Cさんが行った状況確認の結果は，次のとおりである。

- 障害発生時，フロアラック1の近くでフロアのレイアウト変更が行われていた。その影響で，フロアSW1のp1ポートとコアSW1のp2ポートを接続するケーブル1～9が断線した。同時に，フロアSW1のp3ポートとSW4を接続するケーブル2が断線した。

- ケーブル1の断線によって，④フロアSW2のp1ポートのSTPのポート状態がブロッキングから，リスニング，ラーニングを経て，フォワーディングに遷移した。

  また，監視サーバでは，SYSLOG監視によって，ケーブル1が接続されているポートのリンク状態遷移が発生したことを検知した。

- ケーブル2の断線に伴って⑤フロアSW1が送信した，リンク状態遷移を示すSYSLOGメッセージが監視サーバに到達できなかった。その結果，監視サーバは，ケーブル2が接続されているポートのリンク状態遷移を検知できなかった。

〔ネットワーク監視の改善策の立案〕

Cさんは，ネットワーク監視の改善策として，新たにSNMP（Simple Network Management Protocol）を使って監視することを検討した。Cさんは，監視対象機器で利用可能なSNMPv2cについて調査を行った。

SNMPは機器を管理するためのプロトコルで，⑥SNMPエージェントとSNMPマネージャで構成される。SNMPエージェントとSNMPマネージャは，同じグループであることを示す［　エ　］を用いて，機器の管理情報（以下，MIBという）を共有する。

SNMPの基本動作として，ポーリングとトラップがある。ポーリングは，SNMPマネージャが，SNMPエージェントに対して，例えば5分ごとといった定期的にMIBの問合せを行うことによって，機器の状態を取得できる。一方，トラップは，MIBに変化が起きた際に，SNMPエージェントが直ちにメッセージを送信し，SNMPマネージャがメッセージを受信することによって，機器の状態を取得できる。

Cさんは，⑦5分間隔のポーリング，又はトラップを使用して監視しても，今回発生したネットワークの異常においてはそれぞれ問題があることが分かった。しかし，SNMPのインフォームと呼ばれるイベント通知機能を利用すれば，これらの問題に対応できると考えた。

SNMPのインフォームでは，MIBに変化が起きた際に，SNMPエージェントが直ちにメッセージを送信し，SNMPマネージャからの確認応答を待つ。確認応答を受信できない場合，SNMPエージェントは，SNMPマネージャがメッセージを受信しなかったと判断し，メッセージの再送信を行う。Cさんは，⑧今回と同様なネットワークの異常が発生した場合に備えて，SNMPマネージャがインフォームの受信を行えるよう，SNMPエージェントの設定パラメタを考えた。

その後，CさんはSNMPのインフォームを用いたネットワーク監視の改善策をB課長に報告し，その内容が承認された。

設問1　本文中の［ア］～［エ］に入れる適切な字句を答えよ。

設問2　〔A社LANの概要〕について，(1)～(3)に答えよ。

(1) 本文中の下線①について，PC及びサーバに設定する情報に着目して，VRRPによる冗長化対象を15字以内で答えよ。

(2) 本文中の下線②について，バックアップルータはあるメッセージを受信しなくなったときにマスタルータに切り替わる。VRRPで規定されているメッセージ名を15字以内で答えよ。

(3) 本文中の下線③について，p4ポートでトランクポートに設定するVLAN IDを全て答えよ。

設問3　〔障害発生時の状況確認〕について，(1)，(2)に答えよ。

(1) 本文中の下線④について，BPDU（Bridge Protocol Data Unit）を受信しなくなったフロアSW2のポートを，図2中の字句を用いて答えよ。

(2) 本文中の下線⑤について，フロアSW1が送信したSYSLOGメッセージが監視サーバに到達できなかったのはなぜか。“スパニングツリー”の字句を用いて25字以内で述べよ。

設問4　〔ネットワーク監視の改善策の立案〕について，(1)～(3)に答えよ。

(1)本文中の下線⑥について，SNMPエージェントとSNMPマネージャに該当する機器名を，図1中の機器名を用いてそれぞれ一つ答えよ。

(2) 本文中の下線⑦について，ポーリングとトラップの問題を，それぞれ35字以内で述べよ。

(3) 本文中の下線⑧について，SNMPエージェントが満たすべき動作の内容を，40字以内で述べよ。

問題文の解説

問2は，「ネットワーク監視の改善を題材として，企業ネットワークの冗長化や監視に用いられる基本的な技術の理解とネットワーク監視の問題に対してどのように考え，改善できるかについて（採点講評より）」の出題でした。この問題は，ネットワークの基本的な用語で構成され，問題文は読みやすいと感じました。しかし，設問は簡単ではありません。採点講評には「正答率が低かった」という言葉が多いので，多くの受験生が苦戦した問題だったことでしょう。

問2 ネットワーク監視の改善に関する次の記述を読んで，設問1～4に答えよ。

A社は従業員数200人の流通業者である。A社のシステム部門では，統合監視サーバ（以下，監視サーバという）を構築し，A社のサーバやLANの運用監視を行っている。

監視サーバは，pingによる死活監視（以下，ping監視という）とSYSLOGによる異常検知監視（以下，SYSLOG監視という）を行っている。現在定義されているLANに関するSYSLOG監視は，ポートのリンク状態遷移，STP（Spanning Tree Protocol）状態遷移及びVRRP（Virtual Router Redundancy Protocol）状態遷移の3種類である。

監視サーバにて，ping監視とSYSLOG監視の二つの監視をしています。両者の違いの一つは，監視に関するパケットの方向です。左の図のように，ping監視は，監視サーバから監視対象の機器に対して通信を行います。一方，SYSLOG監視は逆で，監視対象機器が異常を検知すると，その情報を監視サーバに送信します。

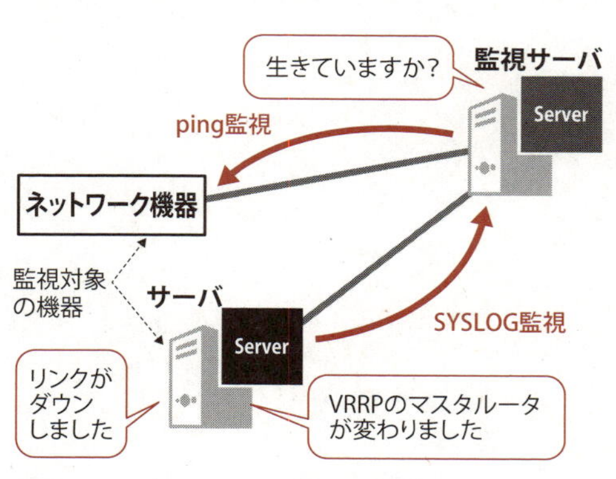

■監視サーバによるping監視とSYSLOG監視

ある日，“従業員が使用するPCからファイルサーバを利用できない”という苦情が，システム部門に多数寄せられた。調査した結果，ケーブルの断線による障害と判明して対処したが，監視サーバで検知できなかったことが問題視された。

Q. **ケーブルの断線による障害は，ping監視とSYSLOG監視のどちらで検知するべき内容か。**

A. 問題文に，「SYSLOG監視は，ポートのリンク状態遷移，STP（Spanning Tree Protocol）状態遷移及びVRRP（Virtual Router Redundancy Protocol）状態遷移の3種類である」とあります。ケーブル断線によって，ポートのリンク状態がUP（正常）からDOWN（リンクダウン）という状態に変化します。よって，SYSLOG監視で検知できます。また，pingによる死活監視の場合，検知できる場合もあれば，できない場合もあります（今回は検知できていません）。この点は後述します。

〔A社LANの概要〕

A社は，オフィスビルの1フロアを利用している。A社LANの構成を，図1に示す。

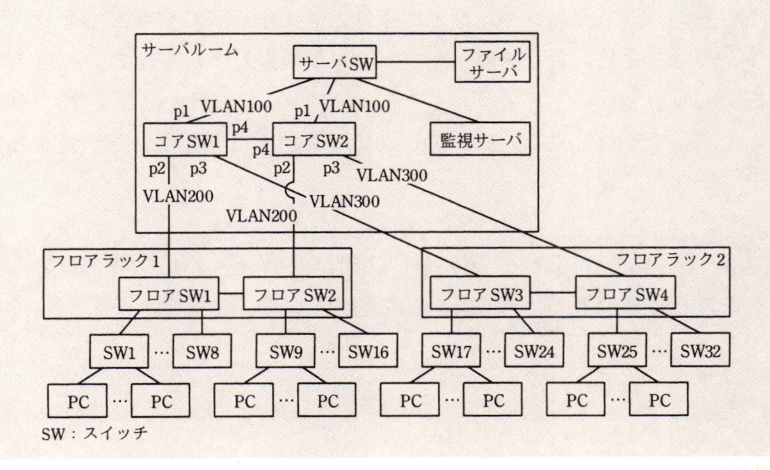

注記1　コアSW1，コアSW2は，レイヤ3スイッチである。
注記2　フロアSW1〜フロアSW4，サーバSW，SW1〜SW32は，レイヤ2スイッチである。
注記3　p1〜p4は，スイッチのポートを示す。
注記4　VLAN100，VLAN200，VLAN300は，スイッチのアクセスポートのVLAN IDを示す。

図1　A社LANの構成（抜粋）

コアSWには，サーバSWとフロアSWが接続されている。サーバSWは，監視サーバとファイルサーバを収容している。フロアSWには，従業員が使用するPCを収容するSWが接続されている。

A社LANは次のように設計されている。

- コアSWには，①VRRPが設定してあり，②正常時は，コアSW1がマスタルータで，コアSW2がバックアップルータとなるように設定している。

A社のLAN構成が記載されています。基本的な内容とはいえ，ここに書いてある内容はしっかりと理解したいものです。

構成図は，読むだけならなんとなくわかるのですが，
自分で書いてみると，書けないんですよねー。

そうなんです。皆さんも，200台のPCと仮定して何も見ずに図1のLAN構成を書いてみてください。構成の条件としては，フロアが二つあり，コアスイッチは冗長化，各サーバはサーバSWに接続している，この程度の情報で書いてみるといいでしょう。もちろん，VLANの設計も必要です。

さて，話がそれたので，少し戻します。問題文に記載された情報をもとに，IPアドレス設計をしてみましょう。

Q. 図1のLAN構成のIPアドレス設計を行え。特にVRRPの実IPアドレスと仮想IPアドレスを具体的に設定してみること。

A. まず，セグメントから考えていきましょう。A社には，100，200，300のVLANがあります。よって，それぞれのネットワークを10.1.10.0/24，10.1.20.0/24，10.1.30.0/24の三つとします。

図にすると，以下のようになります。

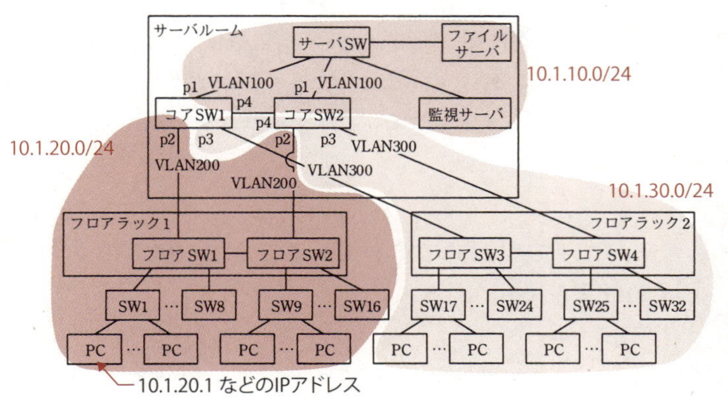

■三つのセグメント

各PCやネットワーク機器には，そのセグメント内のIPアドレスを割り当てます。たとえば，SW1に接続されているPCであれば，10.1.20.1などのIPアドレスになります。

次に，コアSW1とコアSW2の具体的なIPアドレスを考えましょう。実IPアドレス以外に，VRRPで仮想IPアドレスを割り当てます（以下の図）。

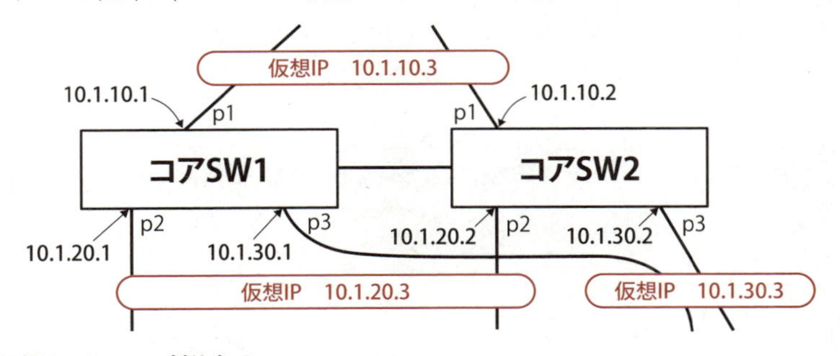

■仮想IPアドレスの割り当て

上記の図を補足説明します。まず，コアSW1を見てみましょう。コアSW1のp1はVLAN100ですから，10.1.10.1の実IPアドレスを割り当てます。

コアSW2のp1もVLAN100なので，10.1.10.2の実IPアドレスを割り当てます。そして，両者を同じVRRPのグループに入れて，仮想IPアドレスとして10.1.10.3を設定します（仮想IPアドレスは，実IPアドレスと同じものを設定することも可能です)。また，ファイルサーバのデフォルトゲートウェイには，VRRPの仮想IPアドレス（10.1.10.3）を設定します。

同様に，VLAN200のVRRPの仮想IPアドレスとして10.1.20.3，VLAN300のVRRPの仮想IPアドレスとして，10.1.30.3を割り当てます。

※このIPアドレスはあくまでも私が想定で割り当てたものです。割り当て方は人それぞれです。

皆さんも実際に手を動かして書いてみることで，IPアドレスやVLAN，VRRPに関する理解を深めてください。

- A社LANは，ループ構成を含んでいる。例えば，コアSW1－サーバSW－コアSW2－コアSW1はループ構成の一つである。IEEE 802.1Dで規定されているSTPを用いて，レイヤ2ネットワークのループを防止している。正常時はコアSW1がルートブリッジとなるように設定している。

最近はあまり出題されなかったSTPに関する記述です。STPではループを防ぐために，ネットワークの状態（トポロジーといいます）をツリー構造として把握します。ツリー構造の根（ルート）に存在するのがルートブリッジです。

Q. **STPにおいて，ループの検知などに利用される制御フレームを何というか。**

A. STPでは，BPDU（Bridge Protocol Data Unit）と呼ばれる制御フレームを使い，複数のブリッジ間で情報を交換します。そして，ループ発生や障害時の迂回ルートの決定などを行います（BPDUのBはBride（ブリッジ）

ですが，スイッチングハブのことと考えてください）。

Q. **今回の構成において，ブロックされるポートはどこになると想定されるか。**

A. STPでブロックされるポートは，そこそこ複雑な計算で求められます。具体的には，各スイッチにてルートポートや指定ポートを決定したあと（この二つの言葉は覚える必要ありません），ブロックポートが決定されます。

ただ，考え方そのものはとてもシンプルです。ルートブリッジに最も遠いところがブロックされます。よって，今回でいうと，コアSW2のp1か，サーバSWのコアSW2に接続されているポートのどちらかがブロックされます。

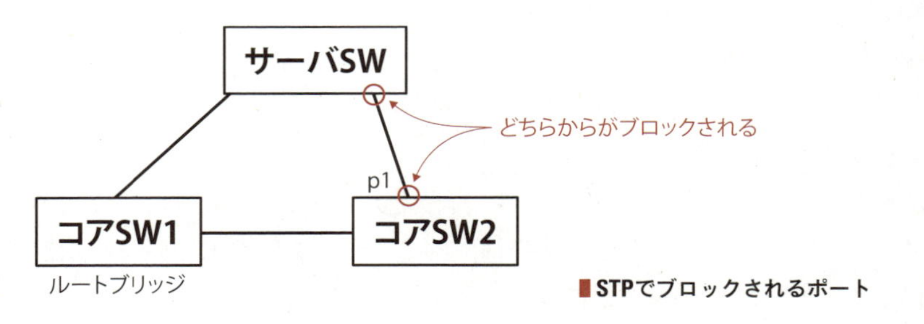

■STPでブロックされるポート

- コアSWのp1ポート，p2ポート及びp3ポートはアクセスポートで，③p4ポートをIEEE 802.1Qを用いたトランクポートに設定している。

Q. **空欄a，bに当てはまる字句を答えよ。**

［ a ］VLANが設定されたポートをアクセスポートといい，
［ b ］VLANが設定されたポートをトランクポートといいます。

a：　　　　　　b：

A. 正解は，aが「ポート」，bが「タグ」です。

下線③は設問に関連します。設問2（3）で解説します。

〔監視サーバの概要〕

監視対象機器は，コアSW，サーバSW及びフロアSWである。

ping監視には，RFC 792で規定されているプロトコルである［　ア　］を利用する。echo requestパケットの宛先として，監視対象機器には［　イ　］を割り当てる必要がある。

リンクダウンなどの異常が発生した機器は，監視サーバに対して直ちにSYSLOGメッセージを送信する。監視サーバは，受信したSYSLOGメッセージの分析を直ちに行い，定義に従って異常として検知する。SYSLOGは，トランスポートプロトコルとしてRFC 768で規定されている［　ウ　］を用いている。

監視サーバの概要が記載されています。

空欄は設問1で解説します。

〔監視サーバの問題〕

ネットワークに異常が発生した際に，監視サーバで検知できなかった問題について，システム部門のB課長は，部下のCさんに障害発生時の状況確認とネットワーク監視の改善策の立案を指示した。

〔障害発生時の状況確認〕

ケーブルの断線による障害発生時の構成を，図2に示す。

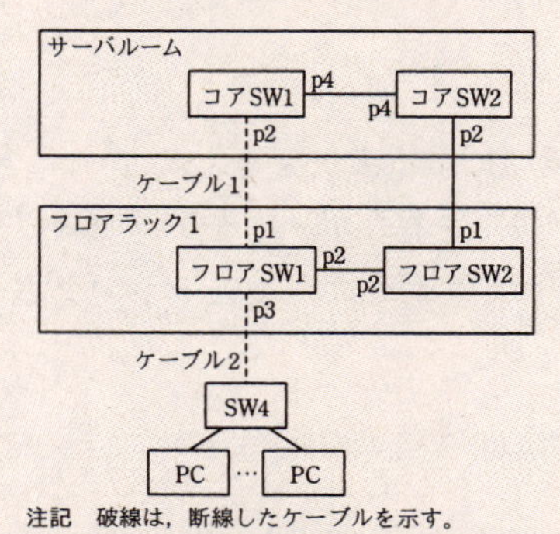

図2　ケーブルの断線による障害発生時の構成（抜粋）

Cさんが行った状況確認の結果は，次のとおりである。

- 障害発生時，フロアラック1の近くでフロアのレイアウト変更が行われていた。その影響で，フロアSW1のp1ポートとコアSW1のp2ポートを接続するケーブル1が断線した。同時に，フロアSW1のp3ポートとSW4を接続するケーブル2が断線した。
- ケーブル1の断線によって，④フロアSW2のp1ポートのSTPのポート状態がブロッキングから，リスニング，ラーニングを経て，フォワーディングに遷移した。

障害の様子が詳細に記載されています。図2と照らし合わせて問題文を丁寧に読んでください。

STPに関する内容は，設問3で解説します。ここで重要になるのは，STPのポート状態が，ブロッキングから順にフォワーディングに遷移するのにかかる時間です。この遷移が完了するには，約50秒かかります。これが，設問3（2）を解く鍵です。

また，監視サーバでは，SYSLOG監視によって，ケーブル1が接続されているポートのリンク状態遷移が発生したことを検知した。

ケーブル1が接続されているポートは，二つあります。一つはコアSW1のp2，もう一つはフロアSW1のp1です。

この二つのうち，SYSLOG監視によって検知できたのは，前者のコアSW1のp2だけです。後者のフロアSW1のp1に関しては，このあとの問題文の記述からすると，検知できていません（理由は，設問3（2））。

なお，リンク状態遷移だけでなく，STP状態遷移も起こっています。STP状態遷移でもSYSLOGメッセージを送信していると思われます。

- ケーブル2の断線に伴って⑤フロアSW1が送信した，リンク状態遷移を示すSYSLOGメッセージが監視サーバに到達できなかった。その結果，監視サーバは，ケーブル2が接続されているポートのリンク状態遷移を検知できなかった。

次はケーブル2の断線です。こちらも，p3のリンクがダウンしたので，リンク状態遷移を示すSYSLOGメッセージが送信されます。（なお, p3側はループがないので，STPの状態変化はありません。STP状態遷移によるSYSLOGメッセージは送信されていません。）

整理すると，p3のリンクダウンを検知はしたけど，検知したメッセージのパケットが，監視サーバに届かなかったということですかね。

そうです。なぜ届かなかったのかは，下線⑤に関連して設問3（2）で解説します。

SYSLOG監視がダメでも，pingの死活監視でも通信が正常かどうかをファイルサーバに確認できますよね？

監視サーバからファイルサーバへのping監視で検知できるはず，という考えですね。残念ながら, 今回の場合は, その方法では検知できませんでした。

Q. **「PCからファイルサーバを利用できない」という苦情が発生したときに，なぜpingの死活監視では検知できなかったのか。**

A. 図1を見るとわかりますが，監視サーバとファイルサーバは同一SW（サーバSW）につながっています。この経路の障害は起きていないので, この経路上の機器に対するping監視は成功します。なので, 利用者がファイルサーバを使えないことを検知できなかったのです。

もう一問，考えてみてください。

Q. **フロアSWのポートリンクダウンは，ping監視で検知できるか。**

A. 基本的にはできないと考えてください。フロアSWは，レイヤ2スイッチであり，IPアドレスを一つしか持てません。ですから，スイッチがダウンしているかどうかはping監視で検知できます。ですが，たとえば24ポートのSWにおいて，どのポートがダウンしたかを検知することはできません。

〔ネットワーク監視の改善策の立案〕

Cさんは，ネットワーク監視の改善策として，新たにSNMP（Simple Network Management Protocol）を使って監視することを検討した。Cさんは，監視対象機器で利用可能なSNMPv2cについて調査を行った。

SNMPは，Simple（簡易な）という名が付いていますが，多くの企業で標準的に利用される管理のプロトコルです。

Q. **ping監視やSYSLOG監視に比べて，SNMPを使う利点は何か。**

A. ping監視と比べた優位性は，SNMPのほうが取得できる情報が多いことです。ping監視だと，サーバが生きているか死んでいるかの死活監視くらいしかできません。また，先に解説しましたが，SWのポート単位での障害検知ができません。一方，SNMPは各種の情報が取得できます。SWのポート単位での障害検知もできます。

参考までに，過去問（H16年度テクニカルエンジニア（ネットワーク）午後Ⅰ問2）には，以下の記載があります。

ネットワーク機器やサーバの監視は，pingによる確認だけでは十分ではない。サーバのCPUやハードディスクの使用率，ネットワーク機器のトラフィックやインターフェースの状況も見たいときがある。このような要求に対応できるのが，SNMPというわけだ。

次にSYSLOG監視との比較ですが，SYSLOG監視は，監視対象機器から監視サーバへの1方向の通知のみです。監視サーバから監視対象機器への能動的な情報取得ができません。

参考 SNMPのバージョンについて

問題文には，「SNMPv2c」の表記がありました。SNMPのバージョンには，大きく分けてSNMPv1，SNMPv2c，SNMPv3の三つがあり，バージョンが上がるにつれて機能を拡張しています。たとえば，v3では平文でやりとりされるコミュニティ名を廃止して認証を強化しています。

実は，SNMPv2は，強化したセキュリティ機能が実情に即していませんでした。そこでv2の仕様において，セキュリティ機能だけをv1と同様のコミュニティ名での簡易認証に変更したのです。これを，Community-based SNMPv2として，SNMPv2cといいます。

現在でも広く普及しているのは，問題文にも記載があるSNMPv2cです。バージョンの違いによる機能差は覚える必要はありません。SNMPの基本機能だけをしっかり覚えておきましょう。

SNMPは機器を管理するためのプロトコルで，⑥SNMPエージェントとSNMPマネージャで構成される。SNMPエージェントとSNMPマネージャは，同じグループであることを示す［　エ　］を用いて，機器の管理情報（以下，MIBという）を共有する。

SNMPの基本動作として，ポーリングとトラップがある。ポーリングは，SNMPマネージャが，SNMPエージェントに対して，例えば5分ごとといった定期的にMIBの問合せを行うことによって，機器の状態を取得できる。一方，トラップは，MIBに変化が起きた際に，SNMPエージェントが直ちにメッセージを送信し，SNMPマネージャがメッセージを受信することによって，機器の状態を取得できる。

問題文に記載があるように，SNMPに対応したネットワーク機器を，SNMPマネージャで管理します。SNMPマネージャには，サーバにZabbixなどのSNMPのソフトウェアを入れたものや，専用のアプライアンス機器のものがあります。

ポーリングとトラップは，本文に解説があるとおりです。図にすると，以下のようになります。

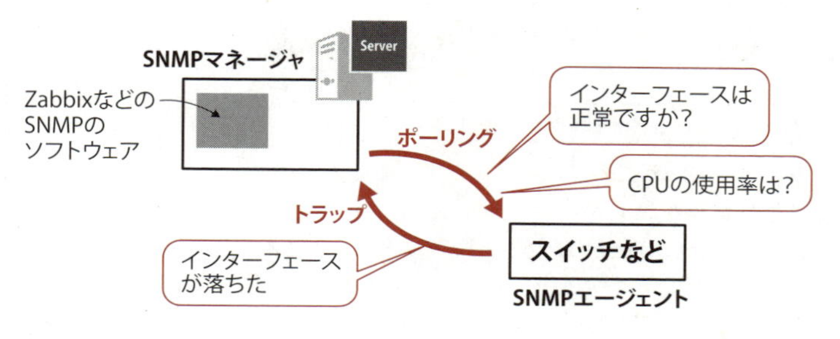

■ポーリングとトラップ

また，MIBは，機器の各種情報が確認できます。設問には直接関係ありませんので，SNMPでMIBを参照する具体例は参考解説に記載しました。

参考 SNMPの設定例

Catalystスイッチに SNMPの設定をしてみます。設定を確認しながら，SNMPに関する理解を深めてください。

```
Switch(config)#snmp-server community a_sha_community ro
Switch(config)#snmp-server enable traps
Switch(config)#snmp-server host 10.1.100.99 a_sha_community
```

1行目は，SNMPのポーリングの設定です。コミュニティ名として，「a_sha_community」を設定しました。その後ろにあるroはRead Onlyという意味で，SNMPマネージャからは読み取りしかできません。（読み書き可能なrwに設定することも可能です。ただ，設定を書き換え可能ということは，不正な第三者によって書き換えられるリスクもあります。）

2行目と3行目はトラップの設定です。2行目でトラップを有効にし，3行目でトラップを送信するSNMPサーバのIPアドレスと，コミュニティ名を設定しています。

参考 MIBの取得例

Catalystのスイッチングハブの MIB をSNMPサーバから取得してみましょう。前ページの参考解説で述べたように，Catalystにて，SNMPのポーリングを受け付ける設定をします。コミュニティ名をpublicにしました。

```
Switch(config)#snmp-server community public ro
```

ここではスイッチのインターフェースの情報を取得してみます。MIBは，階層構造で情報を保持しています。インターフェースの情報は，.1.3.6.1.2.1.2.2.1.のOID（Object ID）配下に存在します。たとえば，.1.3.6.1.2.1.2.2.1.2はインターフェースの「説明」，.1.3.6.1.2.1.2.2.1.5は，インターフェースの「スピード」，.1.3.6.1.2.1.2.2.1.8は，インターフェースの「状態」です。

では，順に確認していきましょう。

SNMPの管理ソフトがあれば見やすいでしょうが，ここではLinuxサーバで，snmpgetコマンドで簡単に実行します。1行目が実行したコマンド，2行目がその結果です。

①インターフェースの説明

```
#snmpget -v2c -c public 192.168.0.10 .1.3.6.1.2.1.2.2.1.2.10001
IF-MIB::ifDescr.10001 = STRING: FastEthernet0/1
```

→10001で指定されたIFがFastEthernet0/1であることがわかります。

②インターフェースのスピード

```
#snmpget -v2c -c public 192.168.0.10 .1.3.6.1.2.1.2.2.1.5.10001
IF-MIB::ifSpeed.10001 = Gauge32: 10000000
```

→インターフェースのスピードが10000000（＝10Mbps）であることがわかります。

③インターフェースの状態

```
#snmpget -v2c -c public 192.168.0.10 .1.3.6.1.2.1.2.2.1.8.10001
IF-MIB::ifOperStatus.10001 = INTEGER: down(2)
```

→インターフェースの状態がdownであることがわかります。upしていれば，up(1)と表示されます。

Cさんは，⑦5分間隔のポーリング，又はトラップを使用して監視しても，今回発生したネットワークの異常においてはそれぞれ問題があることが分かった。

下線⑦に関しては，設問4（2）で解説します。

しかし，SNMPのインフォームと呼ばれるイベント通知機能を利用すれば，これらの問題に対応できると考えた。

SNMPのインフォームでは，MIBに変化が起きた際に，SNMPエージェントが直ちにメッセージを送信し，SNMPマネージャからの確認応答を待つ。確認応答を受信できない場合，SNMPエージェントは，SNMPマネージャがメッセージを受信しなかったと判断し，メッセージの再送信を行う。Cさんは，⑧今回と同様なネットワークの異常が発生した場合に備えて，SNMPマネージャがインフォームの受信を行えるよう，SNMPエージェントの設定パラメタを考えた。

その後，CさんはSNMPのインフォームを用いたネットワーク監視の改善策をB課長に報告し，その内容が承認された。

SNMPのインフォームの説明が記載されています。

「SNMP インフォームなんて聞いたことない！」
と言ってはダメなんですね。

そうです。多くの受験生も初耳でしょう。SNMPインフォームは，情報処理技術者試験では初めて問われたと思われます。でも，新しい技術や多く受験生が知らないような技術の場合は，このように問題文にとても丁寧な解説があります。SNMPインフォームに関して，ここで補足することもほとんどありません。ポイントとなるのは，「SNMPマネージャからの確認応答を待つ」「メッセージの再送信を行う」の部分です。

詳しくは，設問4（3）で解説します。

設問の解説

設問1

本文中の［ア］～［エ］に入れる適切な字句を答えよ。

空欄ア，空欄イ

問題文の該当部分は以下のとおりです。

> ping監視には，RFC 792で規定されているプロトコルである［ア］を利用する。echo requestパケットの宛先として，監視対象機器には［イ］を割り当てる必要がある。

ネットワーク機器の接続状態を調べるためのコマンドpingが用いるプロトコルは「ICMP」（Internet Control Message Protocol）です。pingコマンドでは，監視対象のIPアドレスを指定します。よって，監視対象機器には「IPアドレス」を割り当てる必要があります。

以下は，10.1.20.1のIPアドレスにpingを送信（echo request）したときの様子です。10.1.20.1からは「Reply from 10.1.20.1: ……」として，正常な応答（echo reply）があります。

```
C:¥>ping 10.1.20.1
Pinging 10.1.20.1 with 32 bytes of data:

Reply from 10.1.20.1: bytes=32 time=8ms TTL=64
Reply from 10.1.20.1: bytes=32 time=4ms TTL=64
Reply from 10.1.20.1: bytes=32 time=5ms TTL=64
Reply from 10.1.20.1: bytes=32 time=11ms TTL=64

Ping statistics for 10.1.20.1:
    Packets: Sent = 4, Received = 4, Lost = 0 (0% loss),
Approximate round trip times in milli-seconds:
    Minimum = 4ms, Maximum =  11ms, Average =  7ms
```

pingの実行結果

解答　空欄ア：ICMP　　空欄イ：IPアドレス

当たり前すぎて，「これでいいの？」と不安になったかもしれません。そう感じても，問題文の事実や知識を積み上げて，自信をもって書きましょう。今回は「パケットの宛先」というヒントが問題文にあります。「宛先」に該当するのは，宛先MACアドレスか，宛先IPアドレスしかありませんね。

空欄ウ

問題文には，「SYSLOGは，トランスポートプロトコルとしてRFC 768で規定されている［ウ］を用いている」とあります。

RFC768で答えがわかる人はいないと思います。ヒントは「トランスポートプロトコル」です。トランスポート層のプロトコルといえば，TCPかUDPです。（それ以外にもありますが，知っている必要はありません。）

さて，SYSLOGがTCPかUDPのどちらを使っているのかを知らない人がほとんどです。ですから，本試験では，考えるしかありません。

まず，TCPとUDPの違いは何だったでしょうか。

Q. TCPとUDPの違いを，信頼性の観点で述べよ。

A. TCPはコネクション型通信で，再送制御，順序制御などの機能を持つ信頼性が高い通信プロトコルです。信頼性を重視するHTTPやSMTPなどで利用されます。

一方のUDPは，コネクションレス型通信で，信頼性よりも高速性を重視しています。動画配信などで利用されます。

さて，SYSLOGの場合は信頼性を重視する必要があるのでしょうか。信頼性が必要かというのは，判断が難しいですね。ただ，今回の場合は，SYSLOG監視でメッセージが届いていません。もしSYSLOGがTCPであれば確認応答と再送をしたはずです。その観点から，「UDP」と正答を書けた受験生もいることでしょう。

参考までに，Catalystのスイッチのインターフェースをダウンさせ，SYSLOGサーバにログを転送したパケットをキャプチャしました。このように，SYSLOGはUDPを使っています。

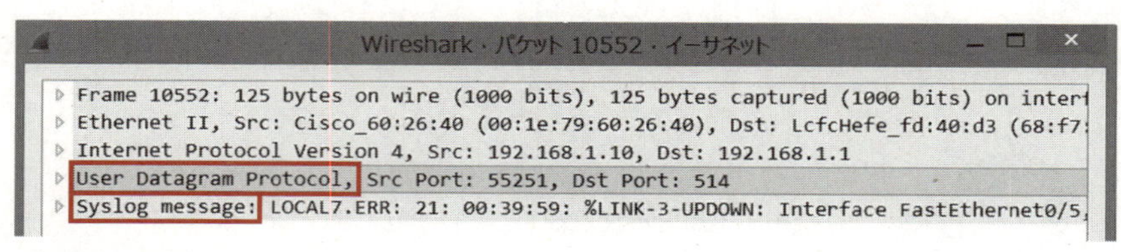

■SYSLOGのパケットの例

解答 UDP

空欄エ

問題文には，「SNMPエージェントとSNMPマネージャは，同じグループであることを示す［　エ　］を用いて，機器の管理情報（以下，MIBという）を共有する」とあります。

空欄エのキーワードは，少し古いですが，H23年度NW 午後Ⅰ問3でも問われました。そのときの問題文は以下のとおりです。

> SNMPにおいて，監視対象となる機器は，SNMP v1/v2c対応の機器を導入する。監視の対象範囲に［　カ　］名を付け，監視SVがこれを指定して，対象機器に問い合わせる。

正解はコミュニティです。コミュニティ名は，特に意図がなければ「一般大衆」を意味する「public」が設定されます。しかし，コミュニティ名は，機器をグループ化する意味に加え，簡易な認証（パスワード）としての意味を持ちます。コミュニティ名が一致しなければ，情報のやりとりができません。ですから，public以外の名を付けることが推奨されています。

解答　コミュニティ

〔A社LANの概要〕について，(1)～(3)に答えよ。

(1)　本文中の下線①について，PC及びサーバに設定する情報に着目して，VRRPによる冗長化対象を15字以内で答えよ。

「冗長化対象」というのが，何を問われているのか，わかりにくい問題でした。

冗長化の対象機器はコアSW1とコアSW2ですよね。

私もそれ（つまり，コアSW1とコアSW2）を答えるのかと思いました。でも，問題文には「**コアSW**には，①VRRPが設定してあり」と記載されています。すでに「コアSW」と書いてあるので，コアSWが答えにはなりませんね。

ヒントは，設問文にある「PC及びサーバに設定する情報に着目して」の部分です。そこで，PC（またはサーバ）に設定する内容で，VRRPが関連するものを考えます。VRRPはネットワーク層の冗長化技術なので，PCでの設定も，ネットワークに関する設定が該当します。

PCのネットワークの設定画面を見てみましょう。設定するのは，IPアドレス，サブネットマスク，デフォルトゲートウェイ，DNSです。

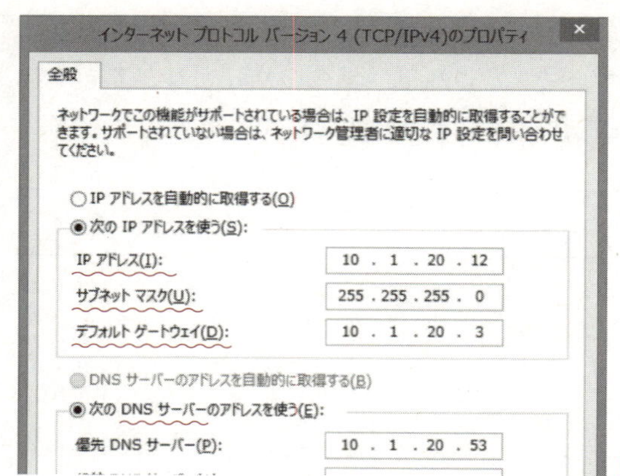

■PCのネットワークの設定画面

VRRPに関連するのは，デフォルトゲートウェイです。具体的にいうと，デフォルトゲートウェイのIPアドレスには，コアSW1とコアSW2のVRRPの仮想IPアドレスを設定します。

VRRPが設定されていない場合は，コアSW1のIPアドレスを設定し，コアSW1に障害が発生した場合は，コアSW2にIPアドレスを再設定する必要があります。よって，VRRPがコアSW1とコアSW2のデフォルトゲートウェイのIPアドレスを冗長化しているといえます。

解答例　デフォルトゲートウェイ（11字）

（2）本文中の下線②について，バックアップルータはあるメッセージを受信しなくなったときにマスタルータに切り替わる。VRRPで規定されているメッセージ名を15字以内で答えよ。

採点講評には，「設問2（2）では，VRRPについての説明を求めたが，VRRPと異なるプロトコルについて述べた解答が目立った。VRRPは冗長化設計で用いられる基本的な技術であり，正しく理解しておいてほしい」という厳しいコメントがあります。ですが，解けなくても気にする必要はありません。難しい問題ですし，知らないと解けません。

ただ，かなり古い問題（H16年度テクニカルエンジニア（ネットワーク）午後Ⅰ問3）ですが「予備機は，VRRPにおける死活監視情報（ハートビート）である[d]によって，現用機が稼働していることを認識します」という穴埋め問題が出題されました。このときの解答は，「VRRP Advertisement 又はVRRP広告」です。

別の過去問（H23年度NW午後Ⅱ問2）では，問われている穴埋めの箇所は違いますが，「VRRPでは，VRRPメッセージ（VRRP advertisement）がマスタルータから[イ：バックアップ]ルータへ送信され，マスタルータの稼働状態が報告される」とありました。

つまり，過去にも何度か登場しているキーワードなのです。ですから，今後も出題される可能性があります。VRRPアドバタイズメントに限らず，VRRPに関連するキーワードは覚えておきましょう。

解答例 VRRPアドバタイズメント（13字）

VRRPのメッセージの種類は，
VRRPアドバタイズメント以外に何があるのですか？

実は，VRRPのメッセージの種類は，VRRPアドバタイズメントの1種類のみです。ですので，VRRPのメッセージといえば，「VRRPアドバタイズメント」と覚えてしまいましょう。ちなみに，Cisco独自のVRRPの機能であるHSRPの場合，4つのメッセージがあります。

(3) 本文中の下線③について，p4ポートでトランクポートに設定するVLAN IDを全て答えよ。

問題文には，「・コアSWのp1ポート，p2ポート及びp3ポートはアクセスポートで，③p4ポートをIEEE 802.1Qを用いたトランクポートに設定している」とあります。

この記述にあるように，p4ポートには，トランクポートを設定します。

トランクポートではなく，アクセスポートに設定してはダメですか？

Q. 今回の設計において，アクセスポートにすると，どんなデメリットがあるか。

A. アクセスポートにするということは，VLANを一つだけ設定するということです。仮にp4にVLAN200を設定したとしましょう。以下のようになります。

■VLANの設定

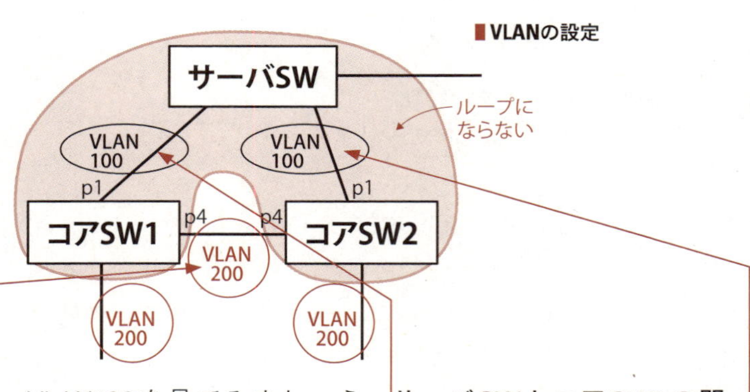

VLAN100を見てみましょう。**サーバSWとコアSW1の間**，**サーバSWとコアSW2の間**がVLAN100になりますが，**コアSW1とコアSW2の間にVLAN100はありません**。よって，VLAN100に関しては，ループが作成されません。つまり，冗長化されないのです。よって，たとえば，サーバSWとコアSW1の間のケーブルが切断されると，サーバSWとコアSW1が通信できなくなります。このことから，コアSW1とコアSW2の間は，すべてのVLANを許可するべき（＝トランクポート）です。そうすれば，それぞれのVLANでコアSWを含んだループが作成され，コアSWの冗長化になります。

解答 VLAN100，VLAN200，VLAN300

〔障害発生時の状況確認〕について，(1)，(2) に答えよ。

(1) 本文中の下線④について，BPDU（Bridge Protocol Data Unit）を受信しなくなったフロアSW2のポートを，図2中の字句を用いて答えよ。

問題文には，「ケーブル1の断線によって，④フロアSW2のp1ポートのSTPのポート状態がブロッキングから，リスニング，ラーニングを経て，フォワーディングに遷移した」とあります。

では，STPの状態を改めて確認しましょう。

障害発生前は，コアSW1，コアSW2，フロアSW1，フロアSW2でループ構成になっています。また，問題文の記述から，コアSW1がルートブリッジで，フロアSW2のp1がブロッキングポートであることがわかります。

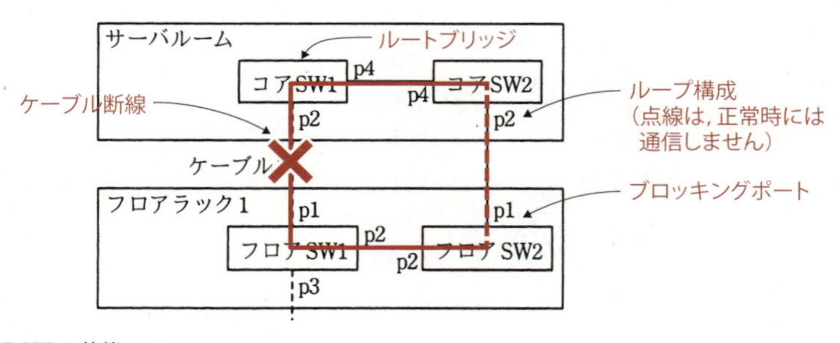

STPの状態

この図を参考に，ケーブル1の断線によってBPDUを受信しなくなったフロアSW2のポートはどれかを考えます。

フロアSW2のポートはp1とp2の二つだけです。ケーブル1が断線したので，なんとなくp2のような気がします。

そういう感覚は本試験ではとても大事です。答案に思考プロセスや理由は書かないので，理屈をわかっていなくても正解できます。

では，詳しく説明します。STPでは，ルートブリッジ（今回はコアSW1）が2秒間隔でBPDUをループ内の全てのスイッチに送ります。これは，ブロッキングポート（今回はp1）にも届きます。

今回，ケーブル1が断線しました。これにより，コアSW1からのBPDUがp1には届きますが，p2には届かなくなります。

よって，正解はp2です

解答 p2

ループがなくなったので，STPは動作しませんよね。つまり，p1にもBPDUが届かなくなるのでは？

いえ，実は届くんです。ループがなくても，STPが動いているスイッチ間ではBPDUを交換しています。コアSW1がルートブリッジであることには変わらないので，コアSW1からのBPDUがp1に届きます。

（2） 本文中の下線⑤について，フロアSW1が送信したSYSLOGメッセージが監視サーバに到達できなかったのはなぜか。“スパニングツリー”の字句を用いて25字以内で述べよ。

難しい問題ですね。ヒントは，「“スパニングツリー”の字句を用いて」の部分です。スパニングツリーが原因で通信できない状態を考えます。

スパニングツリーが無効になって，ループしてしまったとか，スパニングツリーで監視サーバへ送信するポートがブロックされたか，そんなのでしょうか。

残念ながら，どちらも違います。ケーブル1の断線でループはなくなりました。また，p1は「フォワーディングに遷移した」とあり，ブロックされていません。

解答に困ったら，問題文に戻りましょう。ヒントは，「④フロアSW2のp1ポートのSTPのポート状態がブロッキングから，リスニング，ラーニングを経て，フォワーディングに遷移した」の部分です。ブロッキングから，リスニング，ラーニングの状態では，データ転送が行われません。データ転送が行われるのはフォワーディング状態だけです。なお，これらのスパニングツリーの再構築（ブロッキング，リスニング，ラーニング）が完了するまでに，約50秒の時間がかかります。この間は通信ができないので，フロアSW1からのメッセージが，監視サーバに送信されなかったのです。

解答例 **スパニングツリーが再構築中だったから**（18字）

設問4

〔ネットワーク監視の改善策の立案〕について，(1)～(3)に答えよ。

(1) 本文中の下線⑥について，SNMPエージェントとSNMPマネージャに該当する機器名を，図1中の機器名を用いてそれぞれ一つ答えよ。

［SNMPエージェント］

SNMPエージェントは，監視されるNW機器ですから，コアSWやフロアSWが該当します。今回は，コアSWやフロアSWがいくつもあって，どれを書けばいいか迷います。実は，どれを書いても正解でした。

ただ，問題文に「監視対象機器は，コアSW，サーバSW及びフロアSWである」とあります。それ以外のSW1やSW2やPCなどは対象外になります。

［SNMPマネージャ］

SNMPマネージャは監視対象機器を監視する装置です。今回は，監視サーバが該当します。

問題文から忠実に答えるようにしていますが，監視サーバがSNMPマネージャであるという記載はありましたか？

いえ，問題文には見当たりません。問題文の「統合監視サーバ（以下，監視サーバという）を構築し，A社のサーバやLANの運用監視を行っている」という記述から，監視サーバがその役割だと判断しました。また，設問文に「図1中の機器名を用いて」とあり，SNMPマネージャになりえそうな機器が他にないことも判断材料になったでしょう。

> **解答例** SNMPエージェント：**コアSW1　又は　コアSW2　又は**
> **フロアSW1　又は　フロアSW2　又は　フロアSW3　又は**
> **フロアSW4　又は　サーバSW**
> SNMPマネージャ：**監視サーバ**

(2)　本文中の下線⑦について，ポーリングとトラップの問題を，それぞれ35字以内で述べよ。

問題文には，「Cさんは，⑦5分間隔のポーリング，又はトラップを使用して監視しても，今回発生したネットワークの異常においてはそれぞれ問題があることが分かった」とあります。

SNMPによるポーリングとトラップの問題を答えます。ネスペ試験の解答は，基本的には問題文のヒントから導きます。一般論ではなく，問題文のヒントを使って答えを導きましょう。ヒントの一つは，問題文の「SNMPのインフォームと呼ばれるイベント通知機能を利用すれば，これらの問題に対応できる」の部分です。SNMPインフォームで解決できるかどうかも重要なポイントです。

[ポーリング]

問題文のヒントは，「5分間隔のポーリング」です。5分間隔ですから，検知までに最大5分かかります。それが問題点です。何が問題かというと，異常をすぐに検知できない点です。ネットワークが切断されると，すべての業務がストップする場合があります。ですから，障害の検知に5分もかかっては，遅すぎです。この点を解答にまとめます。ちなみにSNMPインフォームでは，MIBに変化が起きると直ちにメッセージを送信します。

解答の書き方ですが，「問題」が問われているので，問題が何かがわかるように答えを書きます。

解答例 **5分ごとに状態を取得するので多くの場合異常検知が遅れる。**（28字）

たしかに，そうすれば，検知までの時間を短くすることができます。ですが，ポーリングを増やせば，ネットワークのトラフィックが増えますし，また，ネットワーク機器やSNMPマネージャのCPU負荷も上がります。最善策とはいえません。

［トラップ］

こちらも，問題文のヒントから答えを導きます。ヒントとなるのは，「今回発生したネットワークの異常においては」の部分です。

今回，SYSLOG監視でなぜ異常を検知できなかったかというと，STPの再構築に時間がかかり，SYSLOGメッセージが監視サーバに届かなかったことです。これは，SNMPのトラップに変更しても同じです。これが問題点です。

解答例 **到達確認がないのでメッセージが失われる可能性がある。**（26字）

今後はトラップの改善として，SNMPのインフォームを使います。SNMPのインフォームの「確認応答を待つ」という利点と比較しての言葉でしょう。必ずしも解答例のとおりに書かなくても，正解になったと思います。

(3)　本文中の下線⑧について，SNMPエージェントが満たすべき動作の内容を，40字以内で述べよ。

毎度のことですが，何を聞かれているのか，
よくわからない問題ですね。

はい，SNMPエージェントの「動作」という漠然とした質問ですから，何を解答すればいいのか，迷ったことでしょう。採点講評にも，「正答率が低かった。問題文をよく読み，設問で何か問われているかを正しく理解し，注意深く解答してほしい」とあります。設問の聞き方が悪いような気もしますが……。

さて，こういう漠然とした設問に解答するときの注意点があります。それは，問題文の記述から逸脱しないことです。受験生がそれぞれ感じたことが，どれも正解になることはありません。なぜなら，この試験の正答は一つだけで，別解はないからです。

今回，SYSLOGメッセージが届かなかった原因は，STPが再構築を行う約50秒間にメッセージが失われてしまったことです。この点は，問題文に記載があるSNMPのインフォームで解決できます。具体的には，「SNMPのインフォームでは，（中略），SNMPマネージャからの確認応答を待つ。確認応答を受信できない場合，（中略），メッセージの再送信を行う」の部分です。

設問で問われている「SNMPエージェントが満たすべき動作」も，この「再送信」の部分です。STPが再構築中のためにメッセージが失われたのであれば，SNMPマネージャに届くまで（つまり，確認応答を受け取るまで），再送信を繰り返せばいいのです。

解答例は以下のとおりですが，大事なのは「再送信を繰り返す」ことです。「SNMPマネージャから確認応答を受け取るまで，再送信を繰り返す」などと答えても，正解になったことでしょう。

解答例　**スパニングツリーが再構築するまでインフォームの再送信を繰り返す。**（32字）

ネットワーク SE Column 2

捨てることも大事

アップルの創業者，故スティーブ・ジョブズ氏は，こう言っています。

「やってきたことと同じぐらい，やらなかったことにも誇りを持っている」

何かに集中するということは，他の優先度が低いことをやらないということでもあります。私の場合は，出世を早くにあきらめました（人の上に立つ能力がなかっただけですが……）。しかし，そのおかげで，本を出せたと考えています。業務終了後のプライベートの時間は，会社の飲み会やゴルフなどではなく，本を書くための技術研鑽や資格取得の学習に時間を費やすことができました。これがとても大きかったのです。

さて，前置きが長くなりましたが，ネスペの勉強に関しても同様と考えています。勉強においても，無駄は捨てていきましょう。

無駄にもいろいろな種類がありますが，私が思う“無駄”を記載します。

- **スマホを触る時間** ➡ 非常に無駄です。
- **テレビ，パチンコ，ゲーム** ➡ 試験が終わったらたっぷり遊びましょう。
- **無駄な飲み会** ➡ 3回に1回くらいはお断りしてもいいのではないでしょうか。
- **無駄なこだわり** ➡ たとえば，ノート作成やテキスト学習での完璧主義です。ノートをきれいに書く必要はないですし，すべての分野を均等に学習する必要もありません。出るところに絞って重点的に行いましょう
- **応用技術や最新技術の学習** ➡ 最新技術や応用的な技術を幅広く身に付けようとするのはやめましょう。基礎を身に付けるほうが大事ですし，IT業界は時代の進化が速いので，キリがありません。
- **答えをノートに書かない過去問演習** ➡ 過去問を読んでるだけでは合格できません。
- **お金をケチる考え** ➡ たとえば，お金がもったいないから，本は立ち読みで済まそうなどという考えは，時間の無駄です。必要な投資は行いましょう。
- **自分の答えが正しいという考え** ➡ 自分の考えにこだわる時間は無駄です。試験センターの答えしか正解になりません。作問者は神様なのです。

松下幸之助さんは「3％のコストダウンは難しいが，3割ならばすぐにできる」と言っていました。大胆な無駄の削減は，意外に簡単かもしれません。

IPAの解答例

<table>
<tr><th colspan="2">設問</th><th colspan="2">IPAの解答例・解答の要点</th><th>予想配点</th></tr>
<tr><td colspan="2" rowspan="4">設問1</td><td>ア</td><td>ICMP</td><td>2</td></tr>
<tr><td>イ</td><td>IPアドレス</td><td>2</td></tr>
<tr><td>ウ</td><td>UDP</td><td>2</td></tr>
<tr><td>エ</td><td>コミュニティ</td><td>2</td></tr>
<tr><td rowspan="3">設問2</td><td>(1)</td><td colspan="2">デフォルトゲートウェイ</td><td>4</td></tr>
<tr><td>(2)</td><td colspan="2">VRRPアドバタイズメント</td><td>4</td></tr>
<tr><td>(3)</td><td colspan="2">VLAN100，VLAN200，VLAN300</td><td>4</td></tr>
<tr><td rowspan="2">設問3</td><td>(1)</td><td colspan="2">p2</td><td>3</td></tr>
<tr><td>(2)</td><td colspan="2">スパニングツリーが再構築中だったから</td><td>5</td></tr>
<tr><td rowspan="5">設問4</td><td rowspan="2">(1)</td><td>SNMPエージェント</td><td>コアSW1又はコアSW2又はフロアSW1又はフロアSW2又はフロアSW3又はフロアSW4又はサーバSW</td><td>3</td></tr>
<tr><td>SNMPマネージャ</td><td>監視サーバ</td><td>3</td></tr>
<tr><td rowspan="2">(2)</td><td>ポーリング</td><td>5分ごとに状態を取得するので多くの場合異常検知が遅れる。</td><td>5</td></tr>
<tr><td>トラップ</td><td>到達確認がないのでメッセージが失われる可能性がある。</td><td>5</td></tr>
<tr><td>(3)</td><td colspan="2">スパニングツリーが再構築するまでインフォームの再送信を繰り返す。</td><td>6</td></tr>
<tr><td colspan="4">合計</td><td>50</td></tr>
</table>

※予想配点は著者による

IPAの出題趣旨

企業ネットワークを運営する際には，要件に合わせて設計構築するだけではなく，業務が滞りなく実施できるよう，適切に運用管理を行う必要がある。運用中においては，当初想定しえなかった問題に遭遇し，改善を求められることもある。

本問では，ある企業ネットワークを想定し，VRRP（Virtual Router Redundancy Protocol）やSTP（Spanning Tree Protocol）といった冗長化に用いられる基本的な技術の理解，ICMPやSYSLOG，SNMP（Simple Network Management Protocol）といった監視に利用される基本的な技術の理解，及び，ネットワーク監視の問題に対してどのように考え，改善できるか，について問う。

IPAの採点講評

問2では，ネットワーク監視の改善を題材として，企業ネットワークの冗長化や監視に用いられる基本的な技術の理解とネットワーク監視の問題に対してどのように考え，改善できるかについて出題した。

合格者の復元解答

あーるさんの解答	正誤	予想採点	ぽんしゅうさんの解答	正誤	予想採点
ICMP	○	2	ICMP	○	2
IP アドレス	○	2	IP アドレス	○	2
UDP	○	2	UDP	○	2
クラス	×	0	MIB ID	×	0
コア SW1 とコア SW2	×	0	デフォルトゲートウェイ	○	4
HELLO パケット	△	3	VRRP HELLO	△	3
VLAN100, VLAN200, VLAN300	○	4	VLAN100, VLAN200, VLAN300	○	4
p2	○	3	p2	○	3
スパニングツリーのツリー構成が変化したから	△	2	スパニングツリーの切換え中にメッセージを送ったため	○	5
コア SW1	○	3	フロア SW1	○	3
監視サーバ	○	3	監視サーバ	○	3
ポーリングする間隔の合間に障害が起きたときに検知するまで時間差ができる	○	5	最長 5 分間も障害を検知できない可能性がある。	○	5
監視サーバ側で一度正常にトラップ受信ができない場合に検知できない	△	3	メッセージが SNMP マネージャに届かなくても再送を行わない。	○	5
SNMP マネージャからの確認応答を受信するまでメッセージの再送信を行う	○	6	スパニングツリーの状態を判断し、遷移中であれば切換え後直ちにメッセージを送る。	×	0
	予想点合計	38		予想点合計	41

設問1のエは，SNMPの基本的な用語だが，正答率が低かった。

設問2（2）では，VRRPについての説明を求めたが，VRRPと異なるプロトコルについて述べた解答が目立った。VRRPは冗長化設計で用いられる基本的な技術であり，正しく理解しておいてほしい。

設問4（2）ではSNMPポーリングとSNMPトラップの特徴を踏まえての解答を期待したが，的外れな解答が目立った。監視に用いられる技術の特徴を正しく把握することは，ネットワーク監視を設計する上で非常に重要である。ネットワーク技術者として是非知っておいてもらいたい。

設問4（3）は正答率が低かった。問題文をよく読み，設問で何が問われているかを正しく理解し，注意深く解答してほしい。

■出典
「平成30年度 秋期 ネットワークスペシャリスト試験 解答例」
https://www.jitec.ipa.go.jp/1_04hanni_sukiru/mondai_kaitou_2018h30_2/2018h30a_nw_pm1_ans.pdf
「平成30年度 秋期 ネットワークスペシャリスト試験 採点講評」
https://www.jitec.ipa.go.jp/1_04hanni_sukiru/mondai_kaitou_2018h30_2/2018h30a_nw_pm1_cmnt.pdf

nespe30 2.3

平成 30 年度
午後 I 問3

問　題
問題解説
設問解説

2.3 平成30年度 午後Ⅰ 問3

問題 ➡ 問題解説 ➡ 設問解説

問題

問3 企業内ネットワーク再構築に関する次の記述を読んで，設問1～4に答えよ。

D社は，東京の本社，名古屋支店及び大阪支店の3拠点にオフィスを構える出版会社である。D社の社内ネットワークは，3拠点をそれぞれ専用線で結ぶWANと，拠点内LANで構成されている。各拠点内の業務にはそれぞれ拠点内の業務サーバを使用し，全社的な業務には本社の業務サーバを使用している。また，各拠点では本社のプロキシサーバを経由してインターネットを利用している。D社の現行ネットワーク構成を図1に示す。

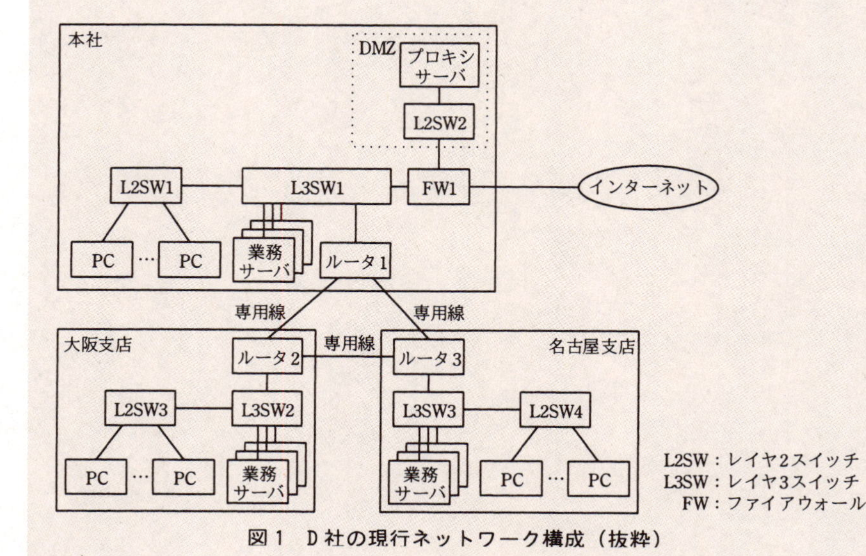

図1　D社の現行ネットワーク構成（抜粋）

D社では，拠点間で利用しているルータの更改時期を迎えたことから，将来を見据えてWAN構成を見直すことになり，情報システム部のEさんが検討することになった。

〔WAN構成の検討〕

(1) WAN構成の見直し方針案

Eさんは，WAN構成の見直しについてコストも含めて検討し，次の方針案を立てた。

- IP-VPNを利用して3拠点間を接続する。
- IP-VPNへのアクセス回線は，安価なイーサネット回線サービスを利用する。
- 通常時は拠点間通信にIP-VPNを用いるが，IP-VPNの障害時にはインターネットVPNをバックアップ回線として用いる。
- インターネットVPNは，FWに備わるIPsec方式のVPN機能を用いる。
- 名古屋支店と大阪支店には，インターネットVPN専用のインターネット回線を敷設し，FWを設置する。
- 各拠点からのインターネットアクセスは，これまでと同様に本社のプロキシサーバ経由で行う。

(2) IP-VPN及びIPsecの概要

Eさんは，方針案のIP-VPN及びIPsecについて調査し，その結果を次のようにまとめた。

(i) IP-VPN

- IP-VPNは，通信事業者が運営する閉域IPネットワーク（以下，事業者閉域IP網という）を利用者のトラフィック交換に提供するサービスである。
- IP-VPNは，<u>①事業者閉域IP網内で複数の利用者のトラフィックを中継するのに，RFC 3031で規定された方式</u>が用いられる。
- 利用者のネットワークと事業者閉域IP網との接続点において，利用者が設置するCE（Customer Edge）ルータから送られたパケットは，通信事業者のPE（Provider Edge）ルータで［　ア　］と呼ばれる短い固定長のタグ情報が付与される。
- 事業者閉域IP網内では，<u>②タグ情報を参照して中継</u>され，

　ア　は対向側の　イ　で取り除かれる。

(ii) IPsec

- IPsecは，暗号技術を利用してノード間通信を行うためのプロトコルであり，IPパケット通信の完全性・機密性を確保する。
- IPsecは，OSI基本参照モデルの　ウ　レイヤで動作する。
- 3拠点間には，バックアップ回線として3本のIPsecトンネルが必要である。

これらの検討を基に，Eさんが考えたD社のネットワーク構成を，図2に示す。

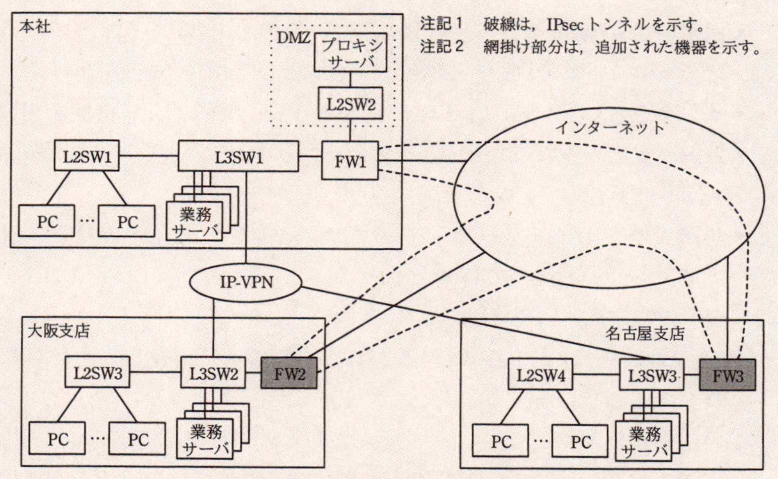

図2　Eさんが考えたD社のネットワーク構成（抜粋）

〔冗長化ルーティングの検討〕

図2のネットワーク構成で拠点間通信を行う場合，正常時は　エ　を利用するが，　エ　の障害時は　オ　に切り替える必要がある。Eさんはそのための方策の検討を行い，次のルーティング方式を考えた。

- 各拠点間のIPsecトンネル及び各拠点内LANのルーティングは，OSPFを利用する。

- 各拠点間のIPsecトンネル接続では，③GRE over IPsecを利用する。
- CEルータでもある各拠点のL3SWは，IP-VPN側で隣接するPEルータとBGP4で経路交換する。具体的には，各拠点のL3SWは，自拠点の経路情報をPEルータに広告するとともに，④PEルータから経路情報を受信する。

この方式で，本社，名古屋支店，大阪支店のL3SWからそれぞれの別拠点への経路の冗長化を行う。各拠点のL3SWは，⑤複数のルーティングプロトコルから得た同一宛先への異なる経路情報から，適切な経路を選択する。

〔拠点追加の場合のIPsecトンネル接続追加の検討〕

Eさんは，IPsecトンネル接続の追加について，今後拠点が追加になった場合を想定した検討を始めた。図2のような⑥フルメッシュのIPsecトンネルのネットワーク構成に，追加拠点向けIPsecトンネルを手動で追加設定するネットワーク拡張方式は望ましくないと考え，ネットワーク機器ベンダの技術者に改善案を相談した。その結果，FWのIPsec方式のVPN機能のオプションである，IPsecトンネルを動的に確立する機能（以下，自動トンネル機能という）を活用した方式を提案された。そこで，Eさんは，その方式を前提として次の設計方針を立てた。

- 本社をハブ拠点，支店の2拠点をスポーク拠点とするハブアンドスポーク構成とし，ハブ拠点とスポーク拠点間のIPsecトンネルを従来どおり固定的に設定する。
- スポーク拠点間IPsecトンネル（以下，S-Sトンネルという）については，拠点間のトラフィックの発生に応じてトンネルを動的に確立させる。
- S-Sトンネルは，一定時間トラフィックがなければ自動的に切断するようにする。
- 動的にS-Sトンネルを確立するために，NHRP（Next Hop Resolution Protocol）を用いる。

NHRPは，IPsecトンネル確立に必要な対向側IPアドレス情報を，トンネル確立時に動的に得るのに利用される。IPsecトンネルの確立は，スポーク拠点間での通信の発生を契機にして行われる。例えば，名古屋支店内のPCから大阪支店内のサーバへの通信が行われる場合，⑦名古屋支店のFW3はNHRPによって得られた情報を利用してS-Sトンネルを確立する。このように，自動トンネル機能を利用すれば，フルメッシュ構成のトンネルを手動で設定する必要がない。

Eさんは，それまでの設計方針をまとめ，ネットワーク機器ベンダの技術者に確認を依頼した。ネットワーク機器ベンダの技術者からは，OSPFと自動トンネル機能を組み合わせて利用する場合の留意点の指摘があった。その指摘の内容は，“スポークとなる機器がOSPFの代表ルータに選出されてしまうと，スポーク拠点間のIPsecトンネルが解放されなくなってしまうので，それを防ぐために，スポークとなる機器のOSPFに追加の設定が必要になる”というものであった。そこで，Eさんは，防止策として⑧追加すべき設定内容を定めた。

その後，Eさんが考えたネットワーク構成が情報システム部で承認され，Eさんを構築プロジェクトリーダとして，WANの再構築が開始された。

設問1　本文中の［ア］～［オ］に入れる適切な字句を答えよ。

設問2　〔WAN構成の検討〕について，(1)，(2)に答えよ。

(1) 本文中の下線①について，IP-VPNサービス提供のために事業者閉域IP網内で用いられるパケット転送技術を答えよ。

(2) 本文中の下線②について，事業者閉域IP網内の利用者トラフィック中継処理において，タグ情報を利用する目的を，25字以内で述べよ。

設問3　〔冗長化ルーティングの検討〕について，(1)～(3)に答えよ。

(1) 本文中の下線③について，GRE over IPsecを利用する目的を，25字以内で述べよ。

(2) 本文中の下線④について，各拠点のCEルータが受信する経路情報を，15字以内で答えよ。

(3) 本文中の下線⑤について，Eさんが検討したルーティング方式において，L3SWでの経路の優先選択の考え方を，25字以内で述べよ。

設問4　〔拠点追加の場合のIPsecトンネル接続追加の検討〕について，(1)～(3) に答えよ。

(1) 本文中の下線⑥について，望ましくない理由を，30字以内で述べよ。

(2) 本文中の下線⑦について，NHRPから得られる情報を，25字以内で答えよ。

(3) 本文中の下線⑧について，追加設定が必要な機器を，図2中の機器名で全て答えよ。また，追加すべきOSPFの設定を，25字以内で述べよ。

問題文の解説

問3は,「IP-VPNとインターネットVPNの両方式のVPNと複数のルーティングプロトコルを利用した冗長ネットワーク構築技術について（採点講評より）」の出題です。「全体として，正答率は低かった」とあります。設問の半分近くがIP-VPNに関する出題で，これが解けたかどうかが，得点に大きく影響したと考えられます。IP-VPNに関する出題は基本的な問題が中心であったため，IP-VPNを勉強していた人にとっては，難しくなかったと考えられます。

問3　企業内ネットワーク再構築に関する次の記述を読んで，設問1～4に答えよ。

D社は，東京の本社，名古屋支店及び大阪支店の3拠点にオフィスを構える出版会社である。D社の社内ネットワークは，3拠点をそれぞれ専用線で結ぶWANと，拠点内LANで構成されている。各拠点内の業務にはそれぞれ拠点内の業務サーバを使用し，全社的な業務には本社の業務サーバを使用している。また，各拠点では本社のプロキシサーバを経由してインターネットを利用している。D社の現行ネットワーク構成を図1に示す。

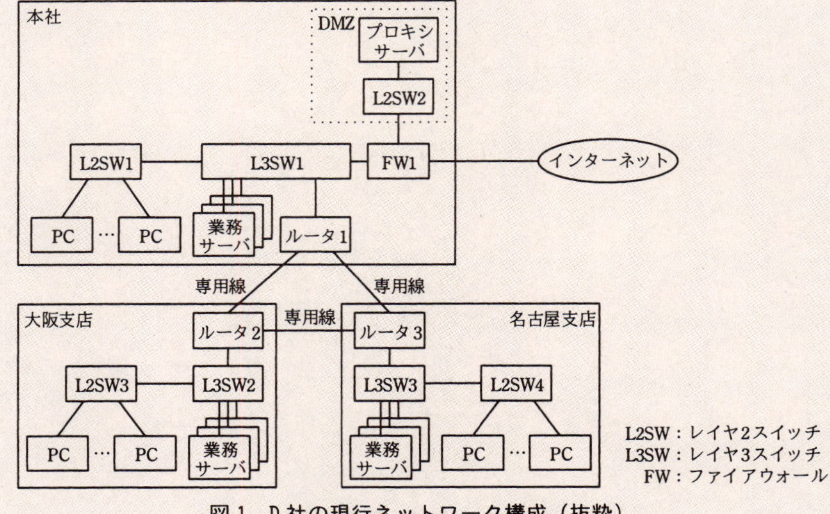

図1　D社の現行ネットワーク構成（抜粋）

D社のネットワーク構成図が記載されています。毎回のことですが，ネットワーク構成図は重要ですから，すべての機器を丁寧に確認しましょう。特筆するほどの内容はありませんが，現在は専用線でWANが構成されています。

D社では，拠点間で利用しているルータの更改時期を迎えたことから，将来を見据えてWAN構成を見直すことになり，情報システム部のEさんが検討することになった。

〔WAN構成の検討〕

(1) Eさんは，WAN構成の見直しについてコストも含めて検討し，次の方針案を立てた。

・IP-VPNを利用して3拠点間を接続する。

まず，現在は専用線で構成しているWANをIP-VPNに変更します。

Q. 専用線をIP-VPNに変更する利点は何か。

A. 専用線は，その企業で専用する回線ですが，IP-VPNは，通信網内は他社と設備を共用します。設備費用を割り勘することによって，専用線に比べて安価にネットワークを構築できます。問題文にある「WAN構成の見直しについて**コストも含めて検討**」という点に関連します。

また，多くの拠点でWANを構成する際，専用線接続に比べてネットワークを構築しやすいという利点もあります。専用線の場合，1対1での回線契約になるので，他拠点すべてと接続すると，回線の契約本数が増えてしまうのです。

専用線でWANを構成

メリット D社専用
デメリット 高価
デメリット 拠点が増えると回線が増え，構成が複雑
拠点1
2
4
3

IP-VPNでWANを構成

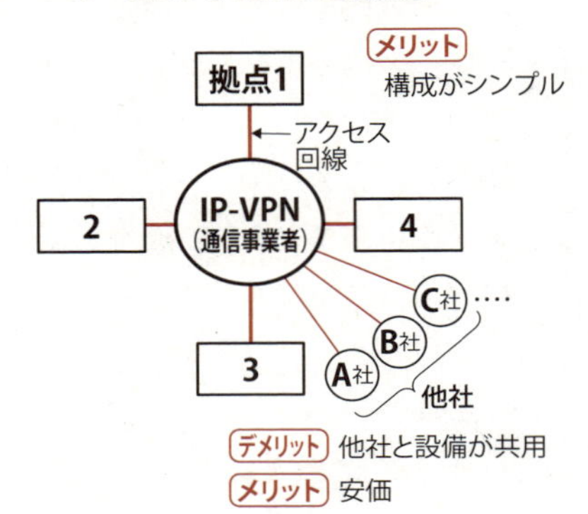

■専用線とIP-VPNのメリット・デメリット

- IP-VPNへのアクセス回線は，安価なイーサネット回線サービスを利用する。

IP-VPNへのアクセス回線というのは，D社からIP-VPNの通信事業者と接続する回線です。上の図にも記載しています。

この回線は，帯域を保証された専用線や，ベストエフォート回線，他事業者の回線などから，自由に選択できます。今回は，安価な回線を選択しています。

- 通常時は拠点間通信にIP-VPNを用いるが，IP-VPNの障害時にはインターネットVPNをバックアップ回線として用いる。
- インターネットVPNは，FWに備わるIPsec方式のVPN機能を用いる。
- 名古屋支店と大阪支店には，インターネットVPN専用のインターネット回線を敷設し，FWを設置する。

新しいWAN構成の解説が続きます。図2と見比べながら読むことで，理解を深めましょう。

今回は，IP-VPNに比べて安価なインターネットVPNを活用して，バックアップ回線も構築することになりました。

- 各拠点からのインターネットアクセスは，これまでと同様に本社のプロキシサーバ経由で行う。

各拠点にもインターネット回線がありますが，インターネットアクセスは本社経由のようです。

各拠点から直接インターネットに出たほうが，高速に通信できますよね？

確かにそうです。でも，多くの企業では，D社のように，インターネットの出口を一つにしています。

Q. **なぜ，各拠点から直接インターネットに接続させないのか。**
（H29年度 NW 午後Ⅰ問2設問2（3）で類題あり）

A. 理由は二つあります。一つは，セキュリティ対策を一箇所で集中管理できるからです。インターネットへの出口は，ウイルスやSPAMメール，不正侵入など，セキュリティを脅かすものであふれています。プロキシサーバでは不正サイトへのフィルタリングやログ管理などもしていることでしょう（一般論です）。出口を一箇所にすることでセキュリティ対策および管理を，一元的に実施できます。H29年度 NW 午後Ⅰ問2の過去問の解答例では，「情報セキュリティ対策を本社で集中的に行うことができる」とあります。

もう一つは，コスト面です。プロキシサーバなどのセキュリティ機器を各拠点に設定すると，初期費用だけでなく，保守・運用の費用がかかります。

（2）IP-VPN及びIPsecの概要

Eさんは，方針案のIP-VPN及びIPsecについて調査し，その結果を次のようにまとめた。

(i) IP-VPN

- IP-VPNは，通信事業者が運営する閉域IPネットワーク（以下，事業者閉域IP網という）を利用者のトラフィック交換に提供するサービスである。
- IP-VPNは，①事業者閉域IP網内で複数の利用者のトラフィックを中継するのに，RFC 3031で規定された方式が用いられる。
- 利用者のネットワークと事業者閉域IP網との接続点において，利用者が設置するCE（Customer Edge）ルータから送られたパケットは，通信事業者のPE（Provider Edge）ルータで［ア］と呼ばれる短い固定長のタグ情報が付与される。
- 事業者閉域IP網内では，②タグ情報を参照して中継され，［ア］は対向側の［イ］で取り除かれる。

IP-VPNに関する説明があります。IP-VPNサービスの概要を含めて，設問1，2で解説します。

(ii) IPsec

- IPsecは，暗号技術を利用してノード間通信を行うためのプロトコルであり，IPパケット通信の完全性・機密性を確保する。
- IPsecは，OSI基本参照モデルの［ウ］レイヤで動作する。
- 3拠点間には，バックアップ回線として3本のIPsecトンネルが必要である。

IPsecに関する解説です。IPsecは定期的に出題される頻出問題といえますが，今回はIPsecの技術に関しては深いところまでは問われませんでした。「3本のIPsecトンネルが必要」という記述は，このあとの図2と照らし合わせて確認をしておきましょう。また，この記述は，設問4（1）に関連します。

空欄ウは，設問1で解説します。

これらの検討を基に，Eさんが考えたD社のネットワーク構成を，図2に示す。

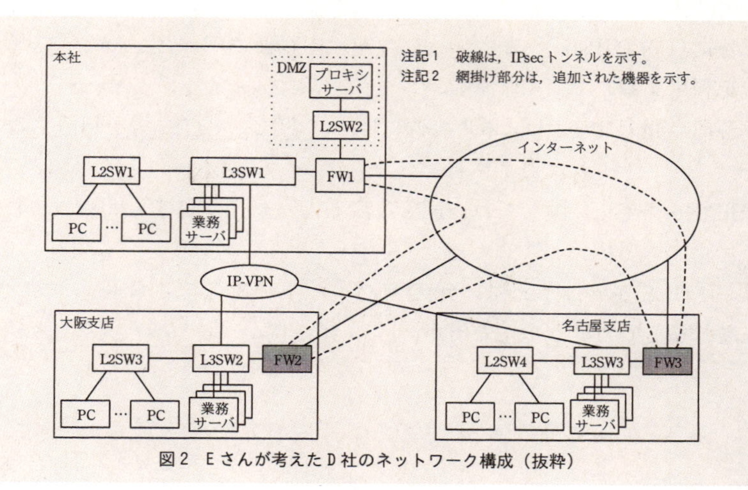

図2　Eさんが考えたD社のネットワーク構成（抜粋）

先の解説の内容が，図2に示されています。しっかりと見ておきましょう。

また，IP-VPNにはL3SWから，インターネットVPNにはFWから接続しています。

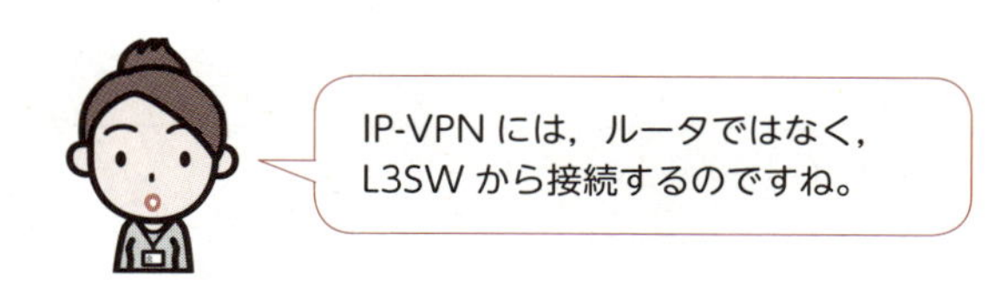

はい。このあとの問題文にありますが，ルーティングプロトコルとしてBGP4を使います。BGP4が動作するのであれば，L3SWでも問題ありません。

〔冗長化ルーティングの検討〕

図2のネットワーク構成で拠点間通信を行う場合，正常時は［　エ　］を利用するが，［　エ　］の障害時は［　オ　］に切り替える必要がある。Eさんはそのための方策の検討を行い，次のルーティング方式を考えた。

IP-VPNとインターネットVPNの二つの回線によって，WANを冗長化します。空欄エ，オは，設問1で解説します。

- 各拠点間のIPsecトンネル及び各拠点内LANのルーティングは，OSPFを利用する。
- 各拠点間のIPsecトンネル接続では，③GRE over IPsecを利用する。

GRE over IPsecに関しては，H28年度NW午後Ⅱ問2でも問われました。

Q. GRE over IPsecは，元のIPパケットに対して，GREかIPsecの先にどちらでカプセル化するか。

A. GRE over IPsecのパケット形式を，この過去問から引用します。

元のパケットの構成

項目名	IP ヘッダ	TCP/UDP ヘッダ	データ

カプセル化されたパケットの構成

項目名	IP ヘッダ1	ESP ヘッダ	GRE ヘッダ	IP ヘッダ2	TCP/UDP ヘッダ	データ	ESP トレーラ	ESP 認証データ
バイト数	20	8	4	20	20	可変	不定	不定

図7 GRE over IPsecのパケット形式

この図にあるように，元のパケットに，まずはGREでカプセル化し（図のGREヘッダを付与），その後，IPsecでカプセル化（図のESPヘッダやESPトレーラなど）します。カプセル化とは，「ヘッダを付けること」くらいに考えてください。

下線③は，設問3（1）で解説します。

- CEルータでもある各拠点のL3SWは，IP-VPN側で隣接するPEルータとBGP4で経路交換する。具体的には，各拠点のL3SWは，自拠点の経路情報をPEルータに広告するとともに，④PEルータから経路情報を受信する。

  この方式で，本社，名古屋支店，大阪支店のL3SWからそれぞれの別拠点への経路の冗長化を行う。各拠点のL3SWは，⑤複数のルーティングプロトコルから得た同一宛先への異なる経路情報から，適切な経路を選択する。

ルーティングに関する記載です。ここに記載があるとおり，IP-VPNでは，一般的にBGP4を使います。

内容が難しくなってきましたね……

たしかに。ただ，設問はそれほど難しくはありません。
下線④は設問3（2），下線⑤は設問3（3）で解説します。

〔拠点追加の場合のIPsecトンネル接続追加の検討〕
Eさんは，IPsecトンネル接続の追加について，今後拠点が追加になった場合を想定した検討を始めた。図2のような⑥フルメッシュのIPsecトンネルのネットワーク構成に，追加拠点向けIPsecトンネルを手動で追加設定するネットワーク拡張方式は望ましくないと考え，ネットワーク機器ベンダの技術者に改善案を相談した。

午後Ⅰ問1に「ハブアンドスポーク構成」とありましたが，ここでは「フルメッシュ」の記載があります。

Q. 4拠点をVPNで接続する場合，ハブアンドスポーク構成とフルメッシュ構成で，IPsecトンネルはそれぞれいくつになるか。

A. 図にするとわかりやすいと思います。次ページのように，ハブアンドスポーク構成の場合，IPsecトンネルは3つ，フルメッシュ構成の場合は6つになります。さらにもう1拠点が増えた場合には，それぞれ，4つと10になります。

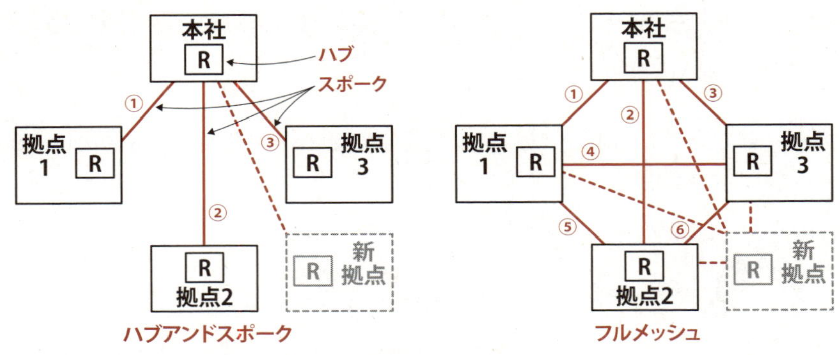

■ハブアンドスポーク構成とフルメッシュ構成のIPsecトンネルの数

拠点がさらに増えると，フルメッシュ構成のほうは，
IPsecの数が非常に多くなりますね。
では，フルメッシュ構成はあまり使われませんか？

そうとも限りません。フルメッシュ構成にも利点があります。

Q. フルメッシュ構成の利点を述べよ。

A. フルメッシュ構成の利点は，拠点間の通信がハブを通らないので，遅延なく高速な通信が可能になることです。一般的には，拠点間通信はあまり多くありません。でも，各拠点間で大容量のファイル転送やTV会議などをする場合には，フルメッシュ構成を使います。

フルメッシュ構成のデメリットは，下線⑥に関連します。設問4（1）で解説します。

その結果，FWのIPsec方式のVPN機能のオプションである，IPsecトンネルを動的に確立する機能（以下，自動トンネル機能という）を活用した方式を提案された。そこで，Eさんは，その方式を前提として次の設計方針を立てた。

- 本社をハブ拠点，支店の2拠点をスポーク拠点とするハブアンドスポーク構成とし，ハブ拠点とスポーク拠点間のIPsecトンネルを従来どおり固定的に設定する。
- スポーク拠点間IPsecトンネル（以下，S-Sトンネルという）については，拠点間のトラフィックの発生に応じてトンネルを動的に確立させる。
- S-Sトンネルは，一定時間トラフィックがなければ自動的に切断するようにする。

先の結論で，フルメッシュ構成において，手動で追加設定する方式は望ましくないと判断されました。そこで，自動トンネル機能が提案されました。

この問題文の内容を図示すると以下のようになります。

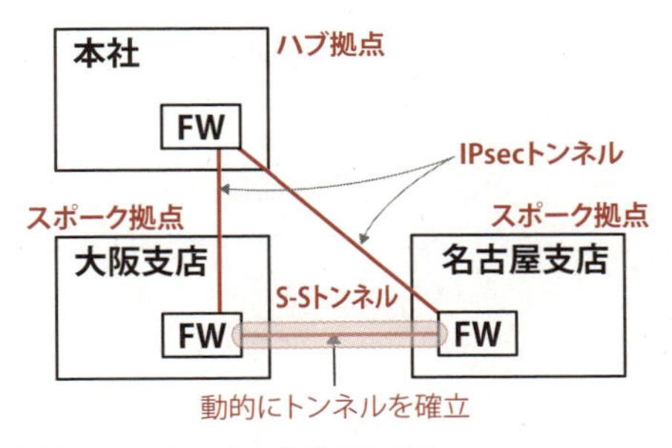

■拠点間にIPsecトンネルを動的に確立

この図のように，拠点間のIPsecを自動で確立します。

- 動的にS-Sトンネルを確立するために，NHRP（Next Hop Resolution Protocol）を用いる。

NHRPは，IPsecトンネル確立に必要な対向側IPアドレス情報を，トンネル確立時に動的に得るのに利用される。

自動トンネル機能を実現するための技術にNHRPがあります。NHRPはRFC2332として標準化されている技術ですが，すべての機器で搭載されている機能ではありません。知らなくても落ち込む必要はありません。

さて，NHRPですが，問題文に記載があるように対向側のIPアドレス情報を知るための技術です。

対向側のIPアドレスって，すでに知っているのでは？

知っている場合もありますが，知らなくてもいいのです。フルメッシュ構成であれば，拠点同士もIPsecを確立するので，全拠点が固定IPアドレスである必要があります。一方，ハブアンドスポーク構成は，本社さえ固定IPアドレスであれば，拠点側は動的IPアドレスでもかまいません。拠点側から本社に向かってIPsecを接続すればいいからです。

ですから，今回の場合は，ハブアンドスポーク構成であり，拠点は固定IPアドレスではなく，動的IPアドレスを使っていると考えてください。

IPsecトンネルの確立は，スポーク拠点間での通信の発生を契機にして行われる。例えば，名古屋支店内のPCから大阪支店内のサーバへの通信が行われる場合，⑦名古屋支店のFW3はNHRPによって得られた情報を利用してS-Sトンネルを確立する。このように，自動トンネル機能を利用すれば，フルメッシュ構成のトンネルを手動で設定する必要がない。

NHRPによって，動的IPアドレスを持つ支店のIPアドレスを知ることができました。そのIPアドレス情報をもとに，S-Sトンネルを確立します。

トンネルの確立は，NHRPの機能ではありません。トンネル確立の仕組みは，CiscoではDMVPN（Dynamic Multipoint VPN），FortiGateやJuniper社では，ADVPN（Auto Discovery VPN）といいます。（※これらの用語は覚える必要はありません。）

下線⑦は，設問4（2）で解説します。

Eさんは，それまでの設計方針をまとめ，ネットワーク機器ベンダの技術者に確認を依頼した。ネットワーク機器ベンダの技術者からは，OSPFと自動トンネル機能を組み合わせて利用する場合の留意点の指摘があった。その指摘の内容は，“スポークとなる機器がOSPFの代表ルータに選出されてしまうと，スポーク拠点間のIPsecトンネルが解放されなくなってしまうので，それを防ぐために，スポークとなる機器のOSPFに追加の設定が必要になる”というものであった。

代表ルータに関して，念のため復習しましょう。OSPFでは，経路情報交換の際の無駄なトラフィックを減らすために，代表ルータ（DR：Designated Router），バックアップ代表ルータ（BDR：Backup DR）を定め，その二つが中心となって経路情報を交換します。

Q. **DRとBDRはどの単位で選定されるか？**

A. DRとBDRは，セグメント単位で選定されます。同一セグメント内に，DRとBDRが一つずつ存在します。OSPFのエリア単位ではありません。

DRは，経路交換の中心的な役割を果たします。よって，問題文にあるように，DRになるべきは，スポーク側の拠点ルータではなく，ハブとなる本社ルータであるべきです。

そこで，Eさんは，防止策として⑧追加すべき設定内容を定めた。
　その後，Eさんが考えたネットワーク構成が情報システム部で承認され，Eさんを構築プロジェクトリーダとして，WANの再構築が開始された。

下線⑧は，設問4（3）で解説します。

設問の解説

設問1

本文中の［ア］～［オ］に入れる適切な字句を答えよ。

空欄ア

問題文の該当箇所は以下のとおりです。

- 利用者のネットワークと事業者閉域IP網との接続点において，利用者が設置するCE（Customer Edge）ルータから送られたパケットは，通信事業者のPE（Provider Edge）ルータで［ア］と呼ばれる短い固定長のタグ情報が付与される。

問題文の解説で，IP-VPNの利点について解説しました。そこで説明したとおり，IP-VPNは複数の会社が設備を共同利用します。他社のパケットが混ざらないように，利用者（会社）を区別する「ラベル」をIPパケットに付けます。

解答	ラベル

少し補足します。PEルータで付与するラベルには2種類あります。一つはすでに紹介した利用者を識別するVPN識別ラベル，もう一つはIP-VPN網内での経路情報のための転送ラベルです。

また，参考なので覚える必要はありませんが，VPN識別ラベルは，IP-VPN網内で転送される間は常に同じですが，転送ラベルは，網内のルータを経由するたびに付け替えられます。

以下は，PEルータでラベル付けをする前のパケットと，ラベル付けをしたあとのパケットの様子を図にしたものです。

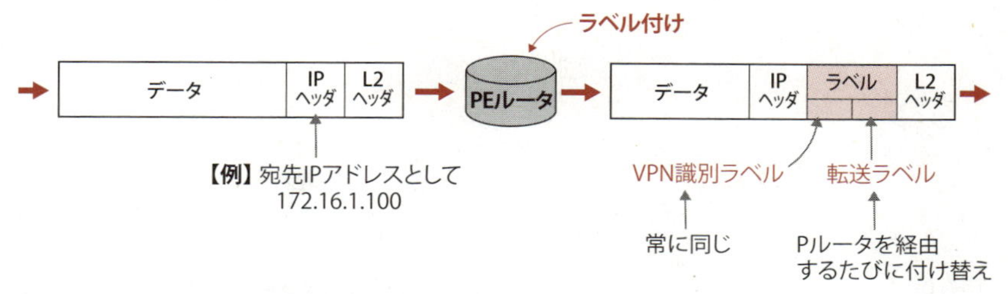

■PEルータによるラベル付け前後のパケット

空欄イ

問題文の該当箇所は以下のとおりです。

> ・事業者閉域IP網内では，②タグ情報を参照して中継され，[ア]は対向側の[イ]で取り除かれる。

これは，PEルータやCEルータの位置関係がわかっていれば解ける問題です。

Q. 今回の図1におけるCEルータが何かも含めて，本社のPCから支店のPCまでの経路を図にせよ。

A. 情報をたくさん詰め込んでいますが，図にすると次ページのようになります。

まず，問題文にある「利用者が設置するCE（Customer Edge）ルータ」とは，今回の場合は本社や支店にあるL3SWです。この点は問題文にも記載があります。

また，問題文にある「通信事業者のPE（Provider Edge）ルータ」は，通信事業者のIP-VPN網と，利用者の接点に設置されるルータです。加えて，IP-VPN網内にもルータが多数存在します（図では，P（Provider）ルータと記載しています）。

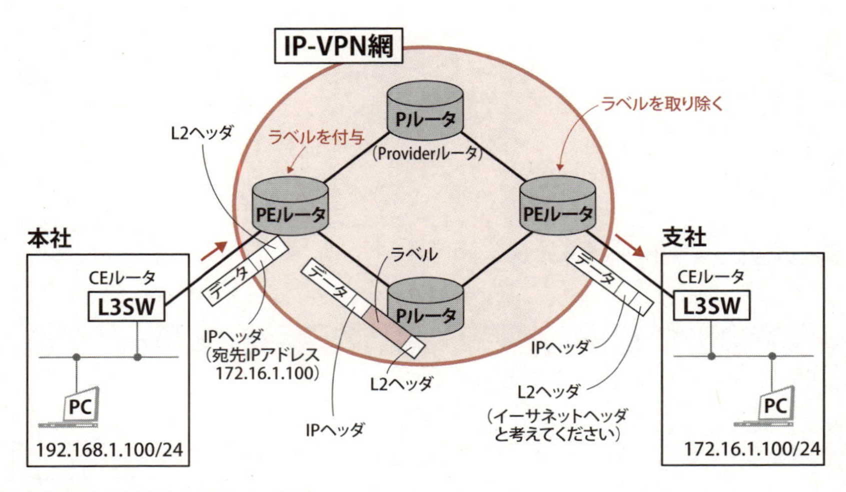

■本社のPCから支店のPCまでの経路

さて，設問に戻りましょう。問題文には，PEルータでタグ（＝ラベル）を付与していることが記載されています。

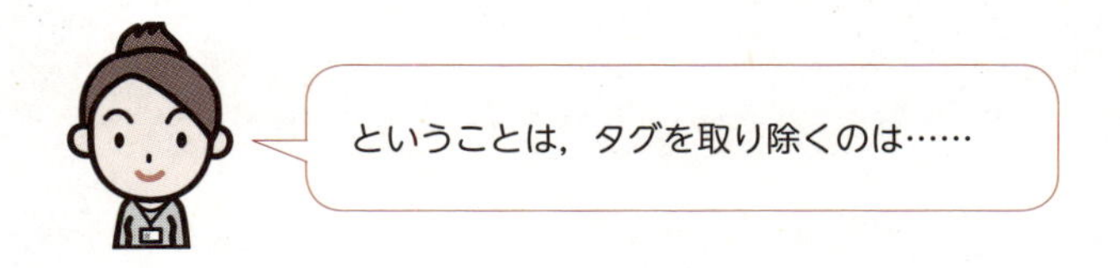

先のような図が描けていればわかりますよね。対向側の「PEルータ（空欄イ）」です。

解答 PEルータ

空欄ウ

問題文には，「IPsecは，OSI基本参照モデルの［ ウ ］レイヤで動作する」とあります。IP（インターネットプロトコル）がネットワーク層なので，「ネットワーク層」と即答できた人もいるでしょう。

参考までに，トンネルモードのIPsecのパケット構造（IPアドレス中心）

は以下のようになっています。192.168.x.xのアドレスは，IPsecでカプセル化する前のIPヘッダの情報です。

宛先IPアドレス	送信元IPアドレス	ESPヘッダ	宛先IPアドレス	送信元IPアドレス	データ
203.0.113.2	203.1.113.1		192.168.2.110	192.168.1.110	

←ESPのヘッダ→ ←IPsecによる暗号化データ→

トンネルモードのIPsecのパケット構造

また，IPsecのパケットのプロトコルは，TCPやUDPではなく，ESPです。

TCPやUDPと違い，ポート番号がないんですよね。

そうです。トランスポート層のヘッダはありません。このことからも，IPsecがネットワーク層で動作することがわかったことでしょう。

解答　ネットワーク

Q. ESPパケットに，トランスポート層のヘッダであるUDPヘッダを付与する技術を何というか。

A. ESPパケットはポート番号がないため，NAT機器を通過できなくなる可能性があります。そこで，ESPパケットにUDPヘッダを付与して，NAT機器を通過させます。この仕組みをNATトラバーサルといいます。

空欄エ，空欄オ

問題文の該当箇所は次のとおりです。

〔冗長化ルーティングの検討〕

図2のネットワーク構成で拠点間通信を行う場合，正常時は［　エ　］を利用するが，［　エ　］の障害時は［　オ　］に切り替える必要がある。Eさんはそのための方策の検討を行い，次のルーティング方式を考えた。

これは簡単な問題でした。問題文には，「**通常時**は拠点間通信に**IP-VPN**を用いるが，IP-VPNの**障害時にはインターネットVPN**をバックアップ回線として用いる」というヒントがあります。

ここにあるように，正常時（通常時）は「IP-VPN」（空欄エ），障害時には「インターネットVPN」（空欄オ）に切り替えます。

「インターネットVPN」ではなく，「IPsec」と書いては正解にならないですよね？

はい，なりません。たしかに，問題文には「IP-VPN及びIPsec」という表現もあります。しかし，IPsecはインターネットVPNを実現する方式（というか技術）を指すので適切ではありません。

解答　空欄エ：**IP-VPN**　　空欄オ：**インターネットVPN**

設問2

〔WAN構成の検討〕について，(1)，(2)に答えよ。

(1) 本文中の下線①について，IP-VPNサービス提供のために事業者閉域IP網内で用いられるパケット転送技術を答えよ。

問題文の該当部分は以下のとおりです。

- IP-VPNは，①事業者閉域IP網内で複数の利用者のトラフィックを中継するのに，RFC 3031で規定された方式が用いられる。

ここにあるように，IP-VPNの網内では，複数の事業者のトラフィックが流れます。それらのトラフィックが混在しないように，パケットにラベル付けをするMPLS（Multi Protocol Label Switching）の技術を使います。

この問題は，完全な知識問題でしたね。

そうです。IP-VPNサービスのキーワードは「MPLS」と「ラベル」の二つです。この用語をしっかりと覚えておきましょう！

解答 MPLS

（2）本文中の下線②について，事業者閉域IP網内の利用者トラフィック中継処理において，タグ情報を利用する目的を，25字以内で述べよ。

IP-VPNの基本問題が続きます。

設問1の空欄アで解説しましたが，タグ（MPLSのラベル）には2種類のラベルがあります。一つは利用者を識別するVPN識別ラベル，もう一つはIP-VPN網内での経路情報のための転送ラベルです。個人的には，どちらのラベルの目的を書いても正解だと思うのですが，解答例では，前者になっています。つまり，複数の利用者（事業者）を区別するためです。

転送ラベルを使うことで，
通信の高速化にも寄与していると聞きましたが……

はい，通常のルーティングですと，大規模なネットワークになるにつれてルーティング処理に時間がかかります。そこで，MPLSでは，宛先情報をシンプルに記載した転送ラベルを活用しました。この仕組みは，高速化にも寄与していました。ですが，今ではネットワーク機器の高スペック化により，高速化にはほとんど寄与していません。この事実から，「トラフィックを区別する」ことだけが正解になっているのかもしれません。

解答例 利用者ごとのトラフィックを区別するため（19字）

設問3

〔冗長化ルーティングの検討〕について，（1）～（3）に答えよ。

（1）本文中の下線③について，GRE over IPsecを利用する目的を，25字以内で述べよ。

これも知識問題で，知らないと解けなかったと思います。採点講評にも「正答率は低かった。IPsecトンネル上でのGRE over IPsecの利用はOSPFネットワークでは必要な技術であるので，理解しておいてほしい」とあります。

厳しいコメントですね。

はい。ですが，ほぼ同じ問題が，H28年度 NW 午後Ⅱ問2の設問2（3）で出題されています。簡単に紹介すると，「OSPFの通常の設定では，リンクステート情報の交換パケットをカプセル化できない」「IPsecによってインターネットVPNを構築したとき，OSPFを稼働することができない」とあり，その理由が問われています。この過去問の解答例は，「OSPFのリンクステート情報交換は，IPマルチキャスト通信で行われるから」です。そして，その対処策として「OSPFのリンクステート情報の交換パケットをGRE又はL2TPでカプセル化する」とあり，GRE over IPsecの説明につながっています。

わずか2年前の過去問ですから，しっかり学習した人にはラッキーな問題でした。

まとめるとこうなります。OSPFのリンクステートの情報交換はマルチキャストを使います。しかし，IPsecはユニキャストしか通信できず，マルチキャストは使えません。そこでマルチキャストフレームをカプセル化するためにGREを使い，ユニキャストにします。

通信の流れを図にすると，以下のようになります。左側がIPsecの場合で，右側がGRE over IPsecの場合です。

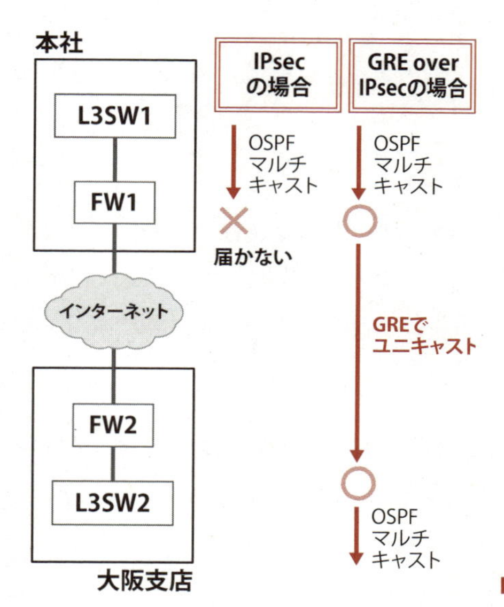

■GREでマルチキャストフレームをカプセル化

では，答案を書いてみましょう。

「OSPF のリンクステート情報の交換が行えないから」という解答ではどうですか？

それだと，「なぜIPsecではダメなのか」という設問の答えになります。今回の設問は，「GRE over IPsecを利用する目的」です。ですから，文末を変えて，「OSPFのリンクステート情報の交換を行うため」としましょう。これなら，正解になります。

少し細かい話ですが，「理由」を問われたら，「（～である）から」，「目的」を問われたら，「（～する）ため」という文末にするといいでしょう。

解答例 **OSPFのマルチキャスト通信を通すため**（19字）

（2） 本文中の下線④について，各拠点のCEルータが受信する経路情報を，15字以内で答えよ。

問題文の該当部分を再掲します。

- CEルータでもある各拠点のL3SWは，IP-VPN側で隣接するPEルータとBGP4で経路交換する。具体的には，各拠点のL3SWは，自拠点の経路情報をPEルータに広告するとともに，④PEルータから経路情報を受信する。

ここにあるように，「自拠点の経路情報」をPEルータに広告します。代わりにPEルータからは，「他拠点への経路情報」をもらいます。

具体的にはどの経路ですか？
IP-VPN内の経路情報ですか？

IP-VPNのPEルータと経路情報を交換しますが，受信する経路情報はIP-VPN内に限りません。たとえば大阪支店であれば，本社であったり，名古屋支店の経路情報も受信します。

解答例 **ほかの拠点への経路情報**（11字）

「ほかの拠点への」とありますが，
「ほかの拠点の経路情報」としても正解になりますか？

おそらく正解になったことでしょう。ただ，この作問者は「への」にこだわりがあると感じます。たとえば，大阪支店が非常に大規模なネットワークであった場合，大阪支店内の経路情報は大量になります。しかし，受信側は，それらの経路情報をすべて必要としているわけではありません。多くの場合は，経路集約されて，「大阪支店内のセグメントへはこのPEルータ」などのシンプルな情報だけを受け取ります。

(3) 本文中の下線⑤について，Eさんが検討したルーティング方式において，L3SWでの経路の優先選択の考え方を，25字以内で述べよ。

問題文の該当部分は以下のとおりです。

各拠点のL3SWは，⑤複数のルーティングプロトコルから得た同一宛先への異なる経路情報から，適切な経路を選択する。

大阪支店を例に考えてみましょう。大阪支店のL3SW2から，本社のPCセグメント（IPアドレスを192.168.1.0/24と仮定）への経路情報は，どうなるでしょうか。

具体的に書いたほうがイメージがわきやすいと思います。そこで，図2のめぼしいところにIPアドレスを割り当ててみました。

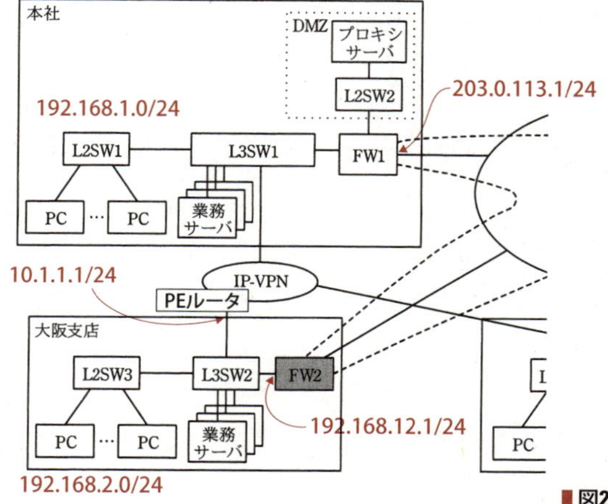

■図2のIPアドレス例

Q. 以下のルーティングテーブルの表を埋めよ。問題文にあるように，複数のルーティングプロトコルから経路情報をもらうとする。

ルーティングプロトコル	宛先ネットワーク	ネクストホップ（のルータのIPアドレス）
	192.168.1.0/24（本社のPCセグメント）	
	192.168.1.0/24（本社のPCセグメント）	

■L3SW2のルーティングテーブル

A. 問題文には，「各拠点のL3SWは，IP-VPN側で隣接するPEルータとBGP4で経路交換する」とあります。なので，一つめは，IP-VPNに向けた経路で，BGP4による経路情報を受け取ります。本社へのネクストホップとなるルータは，図のPEルータ（10.1.1.1）です。

また，問題文には，「各拠点間のIPsecトンネル及び各拠点内LANのルーティングは，OSPFを利用する」とあります。なので，もう一つの経路は，インターネットVPNに向けた経路で，OSPFによる経路情報を受け取ります。この経路では，本社へのネクストホップとなるルータは，図のFW2（192.168.12.1）です。

よって，L3SW2のルーティングテーブルは以下のようになります。

ルーティングプロトコル	宛先ネットワーク	ネクストホップ（のルータのIPアドレス）	備考
BGP4	192.168.1.0/24（本社のPCセグメント）	10.1.1.1（PEルータ）	WAN回線はIP-VPN
OSPF	192.168.1.0/24（本社のPCセグメント）	192.168.12.1（FW2）	WAN回線はインターネットVPN

■L3SW2のルーティングテーブル（完成）

では，設問で問われていることを確認しましょう。設問には，「L3SWでの経路の優先選択の考え方を，25字以内で述べよ」とあります。

たしか，正常時は「IP-VPN」を利用しますよね。

そうです。ですから，IP-VPN向けの経路，つまりBGP4を優先します。

解答例 BGP4から得られた経路を優先する。（18字）

具体的には，どうやって設定するのですか？

実は，特に設定は必要ありません。一般的に，OSPFよりもBGPが優先されているからです。たとえば，Ciscoの場合，同じ経路情報が複数のルーティングプロトコルで届いた場合の優先度（アドミニストレーティブディスタンスといいます）は，以下のように決まっています。

ルーティングプロトコル	アドミニストレーティブディスタンス
直接接続	0
スタティックルート	1
BGP	20
OSPF	110
RIP	120

■Ciscoルータのアドミニストレーティブディスタンス

BGPはOSPFより値が小さいので，優先的に利用されます。

〔拠点追加の場合のIPsecトンネル接続追加の検討〕について，(1)～(3)に答えよ。

(1) 本文中の下線⑥について，望ましくない理由を，30字以内で述べよ。

問題文には，以下の記載があります。

Eさんは，IPsecトンネル接続の追加について，今後拠点が追加になった場合を想定した検討を始めた。図2のような⑥フルメッシュのIPsecトンネルのネットワーク構成に，追加拠点向けIPsecトンネルを手動で追加設定するネットワーク拡張方式は望ましくないと考え，ネットワーク機器ベンダの技術者に改善案を相談した。

また，問題文の続きとして，「IPsecトンネルを動的に確立する機能（以下，自動トンネル機能という）を活用した方式を提案」し，「自動トンネル機能を利用すれば，フルメッシュ構成の**トンネルを手動で設定する必要がない**」という記載があります。

ヒントは，「拠点が追加になった場合」「トンネルを手動で設定する必要がない」などの部分です。このヒントを活用して解答を考えます。

問題文のヒントを素直に使って，「拠点が追加になった場合に，トンネルを手動で設定する必要があるから」で，どうでしょう。

いいと思います。部分点はもらえると思います。ただ，ハブアンドスポーク構成と違った，フルメッシュ構成ならではの理由を書くべきです。なぜなら，「トンネルを手動で設定する」のは，ハブアンドスポーク構成でも同じだからです。解答のポイントは，フルメッシュ構成の場合は，「**全拠点**」で設定変更が必要だということです。

この点をまとめると，解答例のようになります。

解答例 **新拠点追加のときに全拠点の設定変更が必要になるから**（25字）

（2）本文中の下線⑦について，NHRPから得られる情報を，25字以内で答えよ。

問題文の該当箇所は以下のとおりです。

名古屋支店内のPCから大阪支店内のサーバへの通信が行われる場合，⑦名古屋支店のFW3はNHRPによって得られた情報を利用してS-Sトンネルを確立する。

また，問題文のヒントとして，「NHRPは，IPsecトンネル確立に必要な**対向側IPアドレス情報**を，トンネル確立時に動的に得るのに利用される」とあります。

ほぼ答えですね。
解答は，「対向側 IP アドレス」でいいですか？

今回は25字で答える必要があるので，もう少し具体的に書きましょう。

そのために，「対向側」とはどこの何なのか，IPアドレスとはどんなIPアドレスなのか，この点を明確にしましょう。

今回は，名古屋支店が大阪支店と通信をします。また，S-Sトンネル（＝スポーク拠点間のIPsecトンネル）は，大阪支店のFW2と構築します。IPsecで接続する際に利用するIPアドレスは，FW2のプライベートIPアドレスでも，トンネル用のIPアドレスでもありません。グローバルIPアドレスです。

解答例　大阪支店のFW2のグローバルIPアドレス（20字）

参考　NHRPによるIPアドレスの取得

NHRPによってIPアドレスが通知される仕組みを簡単に紹介します。NHRPでは，スポーク側のルータがハブ側のルータに自分のIPアドレスを通知します。こうして，ハブ側のルータに拠点のIPアドレス情報が蓄積されます。

簡単な構成で紹介します。以下の図を見てください。

本社ルータの実IPアドレスは，203.0.113.1で，支店ルータの実IPアドレスは203.0.113.2です。支店ルータは本社ルータの実IPアドレスを知っていますが，本社ルータは支店の実IPアドレスを知りません。（※支店では動的IPアドレスで設定されている前提です。）

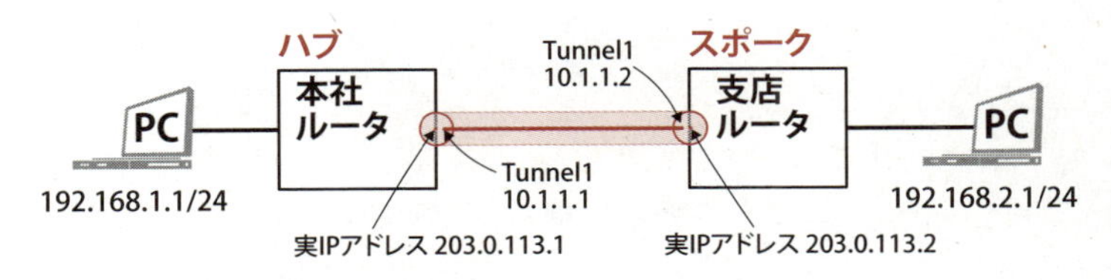

■本社と支社のIPアドレス

本社のグローバルIPアドレスを知っている支店は，本社に通信をして，自分のIPアドレスを伝えるのですね。

そのとおりです。では，Ciscoルータの場合で，NHRPの状態確認コマンドを実行してみましょう。

①NHRPが設定されていない状態

```
Honsya#sh ip nhrp    ←NHRPの状態確認コマンド
Honsya#               ←何も表示されません。
```

何も表示されていないことがわかります。

②NHRPの設定をして，支店からの通信が発生した場合

```
Honsya#sh ip nhrp
10.1.1.2/32 via 10.1.1.2    ←支店向けの情報が表示される
   Tunnel1 created 00:00:41, expire 01:59:18
   Type: dynamic, Flags: unique registered
   NBMA address: 203.0.113.2    ←支店のIPアドレスは203.0.113.2
Router#
```

NHRPによって，支店ルータのグローバルIPアドレス（203.0.113.2）が本社ルータに通知されました。

(3) 本文中の下線⑧について，追加設定が必要な機器を，図2中の機器名で全て答えよ。また，追加すべきOSPFの設定を，25字以内で述べよ。

問題文の該当箇所を再掲します。

“スポークとなる機器がOSPFの代表ルータに選出されてしまうと，スポーク拠点間のIPsecトンネルが解放されなくなってしまうので，それを防ぐために，スポークとなる機器のOSPFに追加の設定が必要になる”というものであった。そこで，Eさんは，防止策として⑧追加すべき設定内容を定めた。

この記述から，スポークとなる機器がDR（代表ルータ）に選定されないようにすればいいのです。では，DRの選定方法を思い出してください。

Q. **DRはどのように選定されるか。選定される基準を述べよ。**

A. OSPFでは，ルータのPriority（優先度）が高い（＝値が大きい）順に，DR，BDRになります。なお，Priorityが等しいときは，ルータIDの大きい順で決まります。

さて，ルータのPriorityは，0から255までの任意の値を設定できます。初期値は1です。

では，ハブとなる機器（FW1）の優先度を高くし，スポークとなる機器（FW2，FW3）の優先度を下げればいいと思います。

考え方はそうなのですが，実はそう単純でもありません。

Q. **優先度が高いルータ本社ルータがダウンして，一時的に優先度が低い支店ルータがDRになった。優先度の高い本社ルータが起動したら，DRは本社ルータに切り替わるか？**

A. 実は，DRが選定されたあとに，あとから優先度が高いルータが加わっても，それがDRにはなりません。なので，スポークとなる支店ルータがDRになったままで，切り替わりません。

設問に戻ります。問題文には，「スポークとなる機器がOSPFの代表ルータに選出されてしまうと，スポーク拠点間のIPsecトンネルが解放されなくなってしまう」とあります。この問題を回避するために追加設定をします。この目的を達成するには，スポーク側であるFW2とFW3は，DRには**絶対に**ならないようにするべきです。

その方法は，OSPFのPriorityを0にすることです。0にすれば，OSPFの仕様で，DR/BDRにはなりません。

参考までに，Ciscoルータでの設定を紹介します。OSPFを広告するWANのインターフェースで，以下のコマンドを実行します。

```
Router(config-if)#ip ospf priority 0
```

解答例 機器：**FW2，FW3**
設定：**OSPFのプライオリティを0に設定する。**（20字）

また，完全な余談ですが，Priorityを0に設定すると，スポークとなる支店のルータはDRにもBDRにも，どちらにもなれません。すると，本社だけがDRになり，BDRは無しになります。ですが，通信上は問題ありません。

ネットワークSE Column 3 うまくいかないから面白い

「人生において最も耐えがたいことは，悪天候が続くことではなく，雲ひとつない晴天が続くことである」

これはスイスの哲学者ヒルティの言葉です。小さい頃から転校ばかりでいじめられっ子だった幼少期から始まり，受験，部活，恋愛，仕事などなど，人生がうまくいっているとはまったく思えない私からすると，晴れ続きの人生を一度でいいから味わってみたいと思うばかりです。

しかし，名言として後世に伝えられているわけですから，これにはきっと一理あるのでしょう。たしかに，よくよく考えてみると，この言葉のとおりかもしれません。ヒーローマンガだって，ドラマだって，主人公が全部うまくいっているストーリーはまったく面白くありません。どん底に突き落とされるようなことがあって，そこから這い上がる。だから見ているほうもスカッとするのです。

私の場合，仕事に関していえば，若手の頃に周りから見下され，バカにされた期間が長くありました。だから，「なにくそー」と必死になって勉強をしました。そんな経験があったからこそ，初めて一人で案件をやり遂げたときとか，自分で仕事を受注したときなどは（金額規模は小さかったですが），とても嬉しかったものです。毎日，たくさん受注している晴れの日ばかりの人では，そんな小さなことでは喜びは得られないはずです。

資格に関していうと，特に高度系の試験は難しいですし，簡単には受かりません。ネットワークスペシャリスト試験のときは，私は2回不合格となり，2年間のくやしい時期を経てつかみ取った合格でした。そのときの喜び，そして，そのときに食べた回転ずしの大トロの美味しさは，2回の失敗が大きくしてくれたのでしょう。

毎日のように起こる失敗や怒られる出来事，努力しなければならない悪天候の日々は，その後に待ち構える成功という晴天の日々への序章にすぎないのかもしれませんね。

IPAの解答例

設問			IPAの解答例・解答の要点	予想配点
設問1		ア	ラベル	2
		イ	PEルータ	2
		ウ	ネットワーク	2
		エ	IP-VPN	2
		オ	インターネットVPN	2
設問2	(1)		MPLS	3
	(2)		利用者ごとのトラフィックを区別するため	5
設問3	(1)		OSPFのマルチキャスト通信を通すため	5
	(2)		ほかの拠点への経路情報	4
	(3)		BGP4から得られた経路を優先する。	5
設問4	(1)		新拠点追加のときに全拠点の設定変更が必要になるから	5
	(2)		大阪支店のFW2のグローバルIPアドレス	4
	(3)	機器	FW2，FW3	4
		設定	OSPFのプライオリティを0に設定する。	5
			合計	50

※予想配点は著者による

IPAの出題趣旨

企業内ネットワークにおいて，複数の拠点間を接続する方法には様々な方法があるが，効率性や安定性や運用容易性，その他の様々な要件を考慮しながら，利用可能な回線サービスとネットワーク技術を組み合わせて，最適な拠点間接続構成をとることが求められている。そうした中，特定のWANサービスを利用しながら，別のWANサービスをバックアップ回線として利用することで，信頼性の高いネットワークを構築することが，一般的に行われている。

本問では，専用線を基本的に利用している企業内ネットワークから，IP-VPNとインターネットVPNの両方式を活用した企業内ネットワークへの再構築を通じて，複数回線サービス利用の信頼性の高いネットワークを構築する能力を問う。

IPAの採点講評

問3では，企業内ネットワーク再構築を題材として，IP-VPNとインターネットVPNの両方式のVPNと複数のルーティングプロトコルを利用した冗長ネットワーク

合格者の復元解答

左女牛さんの解答	正誤	予想採点	ひろさんの解答	正誤	予想採点
ラベル	○	2	MPLS	○	2
PE ルータ	○	2	PE ルータ	○	2
ネットワーク	○	2	ネットワーク層	○	2
IP-VPN	○	2	IP-VPN	○	2
インターネット	×	0	インターネット VPN	○	2
MPLS	○	3	フレームリレー	×	0
複数の利用者の通信をそれぞれの中継先で識別するため	○	5	他の利用者のトラフィックと識別するため。	○	5
各拠点間のトンネリングと、暗号化通信を行うため	△	2	他拠点間のルーティングに OSPF を使用するから。	○	5
別拠点側 PE ルータへの経路情報	△	3	各拠点間同士の経路情報。	○	4
宛先までのコストが最小の経路を優先的に選ぶ。	×	0	障害発生時以外は、安価なアクセス回線を使用する。	×	0
拠点が増加するにつれ、設定する情報も増加し複雑になるから	○	5	FW に設定する IPsec の内容が複雑かつ多くなりやすいため。	△	4
通信相手が S-S トンネルで使用する IP アドレス情報	×	0	大阪支店の FW2 の IP アドレス情報	○	4
FW2, FW3	○	4	FW2, FW3	○	4
ハブとなる機器よりもコストを高く設定する。	×	0	優先度を自拠点内の一番小さい値に設定する。	△	4
予想点合計		30	予想点合計		40

構成技術について出題した。全体として，正答率は低かった。

設問1および設問2は，主にMPLSの基本事項について出題したが，正答率は低かった。MPLSはIP-VPNサービスの中核を成す技術であり，MPLSを理解することは，VPN技術を理解するためにも役立つので基本は押さえておいてほしい。

設問3（1）は，OSPFネットワーク内のIPsecトンネル上でのGRE over IPsecの利用についてその目的を出題したが，正答率は低かった。IPsecトンネル上でのGRE over IPsecの利用はOSPFネットワークでは必要な技術であるので，理解しておいてほしい。

設問4（1）は，フルメッシュなIPsecトンネルのネットワークにおける課題を出題したが，正答率は高かった。ネットワークトポロジに関する基本的な理解がうかがわれた。

■出典
「平成30年度 秋期 ネットワークスペシャリスト試験 解答例」
https://www.jitec.ipa.go.jp/1_04hanni_sukiru/mondai_kaitou_2018h30_2/2018h30a_nw_pm1_ans.pdf
「平成30年度 秋期 ネットワークスペシャリスト試験 採点講評」
https://www.jitec.ipa.go.jp/1_04hanni_sukiru/mondai_kaitou_2018h30_2/2018h30a_nw_pm1_cmnt.pdf

nespe30

第3章

過去問解説

平成30年度
午後Ⅱ

難問でも，問題文を丁寧に読み解くことが大事

午後Ⅱ，特に問１は難易度がとても高かった問題です。何が難しいって，まず，設問にたどり着く前に，問題文を読み解くのが困難です。しかし，問われている設問とその解答は意外に単純だったりします。

これまでにもお話をしましたが，この試験は，高スキル者だけが受かるわけではありません。学生でも経験が浅い人でも合格しています。ですから，たとえ難しい問題であっても，難しいなりに，問題文を丁寧に読み解くことが大事です。

私の試験対策セミナーでの受講生のアンケートに，「図に書き，問題を読めば，ほとんどの問題が解けるということがわかった」という感想がありました。このアンケートのとおり，難しい試験であっても，「求められているのは基礎知識だけ」と考えてください。今回の試験の合格者のアンケートにも，「午後Ⅱについては，これも過去問演習の中で，初出題の分野の問題はよく読めばわかるという感覚があり，こちらは積極的にIoTの問題を選択しました」とあります。

皆さんが身に付けた「基礎知識」を武器に，問題文を丁寧に，そして諦めずに最後までやりきる決意で，合格ラインの６割を突破してください。

nespe30 3.1

平成 30 年度
午後Ⅱ 問1

問　　題
問題解説
設問解説

nespe30 3.1

平成30年度 午後Ⅱ 問1

問題 → 問題解説 → 設問解説

問題

問1 ネットワークシステムの設計に関する次の記述を読んで，設問1～4に答えよ。

機械メーカのX社は，顧客に販売した機械の運用・保守と，機械が稼働している顧客の工場の自動化支援に関する新事業を拡大しようとしている。

機械は工作装置及び通信装置の2種類である。工作装置には，センサ，アクチュエータなどを制御する機構（以下，デバイスという），及びレイヤ2スイッチが内蔵されている。通信装置は，デバイスをインターネットに接続するための機器で，エッジサーバ，ファイアウォール及びレイヤ3スイッチが内蔵されている。

X社の情報システム部は，新事業用のサービス基盤システム（以下，Xシステムという）を計画中である。情報システム部に所属するネットワーク担当のWさんが，Xシステムの構想について，検討を行っている。

〔Xシステムの構想〕

Xシステムは，X社が運用・保守を行う顧客の工場内の機器，X社内のサーバ，及びそれらを接続するためのネットワーク機器から構成されている。

Xシステムの導入構成例を図1に示す。

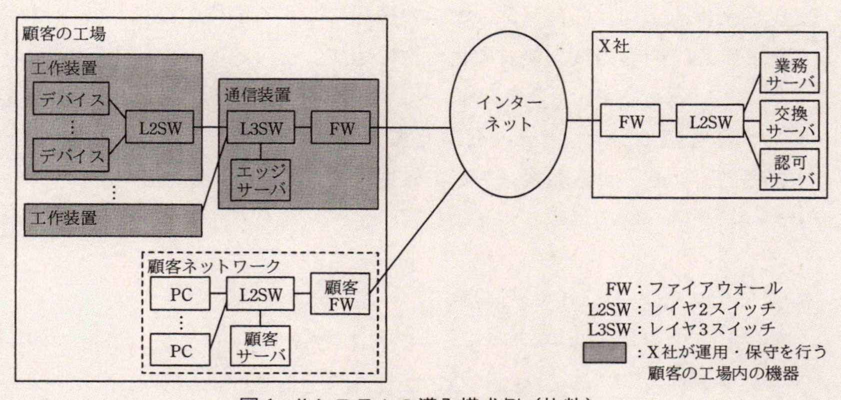

図1　Xシステムの導入構成例（抜粋）

Xシステムの業務アプリケーションプログラムは，エッジサーバと業務サーバ上で動作する。これらのサーバとデバイスは，デバイスの運用・保守に関する情報を，自動的に交換する。この情報交換に関する説明を次に示す。

- 工作装置と通信装置を接続し，顧客の工場内にXシステム専用のネットワークを構成する。顧客ネットワークは利用しない。
- publish/subscribe型のメッセージ通信プロトコルMQTT（Message Queuing Telemetry Transport）を使って，交換サーバを介して，デバイス，エッジサーバ及び業務サーバの間でメッセージを交換する。
- デバイス，エッジサーバ及び業務サーバにMQTTクライアント機能を，交換サーバにMQTTサーバ機能をそれぞれ実装する。

業務サーバは，顧客向けにAPI（Application Programming Interface）を提供する。顧客は，インターネット経由でAPIにアクセスし，デバイスの運用・保守に関する情報を参照する。このAPIに関する説明を次に示す。

- X社の業務サーバと認可サーバにHTTPサーバ機能をそれぞれ実装する。
- 顧客は，顧客サーバに，APIアクセス用のWebアプリケーション（以下，WebAPという）とHTTPサーバ機能を実装する。
- 顧客は，PCのWebブラウザを使い，顧客サーバを経由して，APIにアクセスする。
- X社の認可サーバは，顧客サーバからAPIへのアクセスを認可する。

Wさんは，上司から，Xシステムの構想に関する四つの技術検討を指示されている。四つの技術検討項目を次に示す。

- ネットワークセキュリティ対策
- MQTTを使ったメッセージ交換方式
- APIにアクセスする顧客サーバの管理
- エッジサーバを活用する将来構想

〔ネットワークセキュリティ対策〕

Xシステムは，インターネット及び顧客の工場内のXシステム専用のネットワークを利用するので，これらのX社外の通信区間に関するネットワークセキュリティ対策が必要となる。Wさんが検討したネットワークセキュリティ対策を次に示す。

- 情報の漏えい及び改ざん対策のためにTLSを利用する。TLSには，情報を［ ア ］する機能，情報の改ざんを［ イ ］する機能，及び通信相手を［ ウ ］する機能がある。
- 工場内の機器とX社内の機器との通信は，いずれもクライアントサーバ型の通信であり，機器間の［ エ ］コネクションの確立要求は，工場からX社の方向に行われる。それを踏まえて，次の侵入及びなりすまし対策を採用する。
  - X社に設置されたFWを使った対策
  - ①通信装置内のFWを使った対策
  - ②TLSの機能を使った，デバイス及びエッジサーバに関する対策

〔MQTTを使ったメッセージ交換方式〕

Wさんは，MQTTを使ったメッセージ交換方式を調査した。

このメッセージ交換方式では，固定ヘッダ，可変ヘッダ及びペイロードから構成されたMQTTコントロールパケットを使う。MQTTコントロールパケットの種別を表1に示す。

表1　MQTTコントロールパケットの種別（抜粋）

種別	用途	固定ヘッダ，可変ヘッダ又はペイロードに含まれる情報
CONNECT	クライアントからサーバへの接続要求	（省略）
CONNACK	CONNECTに対する確認応答	（省略）
PUBLISH	メッセージの送信	QoSレベル[1]，トピック名[2]，パケットID[3]，メッセージ
PUBREC	メッセージ受信の通知	パケットID[3]
PUBREL	メッセージリリースの通知	パケットID[3]
PUBCOMP	メッセージ送信終了の通知	パケットID[3]
SUBSCRIBE	クライアントからサーバへの購読要求	QoSレベル[1]，トピック名[2]，パケットID[3]
SUBACK	SUBSCRIBEに対する確認応答	パケットID[3]

注 1)　QoSレベルは，送信者と受信者間のメッセージの送達確認手順を指定する識別子である。
　2)　トピック名は，メッセージの種類を表す識別子である。
　3)　パケットIDは，PUBLISH又はSUBSCRIBEに付与する識別子である。

MQTTを使ったメッセージ交換方式の通信シーケンス例を図2に示す。

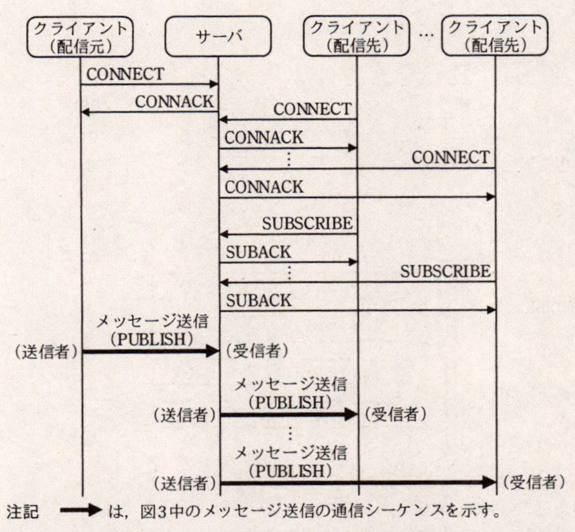

図2　MQTTを使ったメッセージ交換方式の通信シーケンス例

図2中の通信シーケンスでは，配信元から複数の配信先へメッセージが配信されている。通信シーケンスの説明を次に示す。

- クライアントは，サーバのTCPポート8883番にアクセスし，TCPコネクションを確立する。このTCPコネクションは，メッセージ交換の間は常に維持される。
- クライアントはCONNECTを送信し，サーバはCONNACKを返信する。

- 配信先となるクライアントは，サーバにSUBSCRIBEを送信し，購読対象のメッセージを，トピック名を使って通知する。サーバはクライアントにSUBACKを返信し，購読要求を受け付けたことを通知する。
- 配信元クライアントは，PUBLISHを使ってサーバにメッセージを送信する。
- メッセージを受信したサーバは，PUBLISHに含まれるトピック名について購読要求を受け付けている全てのクライアントに，そのメッセージを送信する。

PUBLISHを使ったメッセージ送信では，QoSレベルを使って送達確認手順を指定する。QoSレベルとメッセージ送信の通信シーケンスを図3に示す。

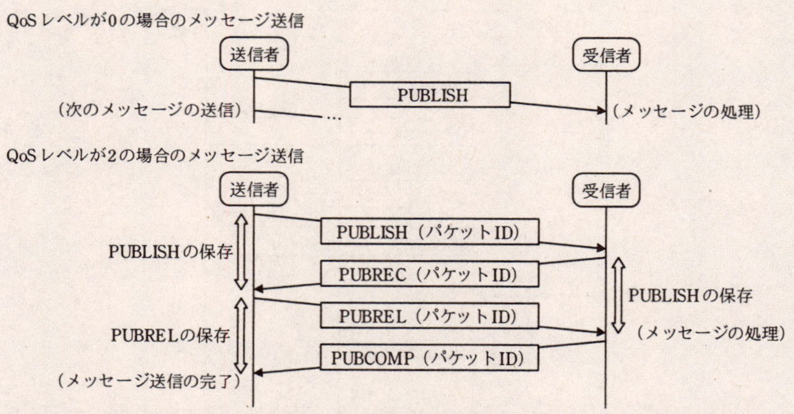

注記1　QoSレベルが2の場合，送達確認を行うPUBLISHを識別するために，パケットIDが付与される。
注記2　QoSレベルが2の場合，受信者は，メッセージの処理を開始した以降に受信したPUBLISHは，パケットIDの重複にかかわらず新しいパケットとみなす。

図3　QoSレベルとメッセージ送信の通信シーケンス

図3中の通信シーケンスの説明を次に示す。

- QoSレベルが0の場合，MQTT層におけるPUBLISHの送達確認は行わない。TCP層による送達確認だけが行われる。
- QoSレベルが2の場合，MQTT層においてもPUBLISHの送達確認が行われる。MQTT層の送達確認の説明を次に示す。
  - TCPコネクションが切断された場合のために，PUBLISH及び

PUBRELは送信者によって保存され，送信者から受信者への再送に利用される。

- ③PUBLISHを受信した受信者は，メッセージの処理を始める前に送信者にPUBRECを送信し，その応答であるPUBRELを受信してからメッセージの処理を開始する。
- PUBRELを送信した送信者は，その応答であるPUBCOMPを受信してから，メッセージ送信を完了する。

次にWさんは，Xシステムの2種類のメッセージ交換について，トピック名，QoSレベル，及び配信元と配信先を整理した。

Xシステムのメッセージ交換を図4に示す。

項番	メッセージ交換の概要	QoSレベル	トピック名	メッセージ
1	業務サーバから，特定のデバイス Di に対して，設定情報を送信する。 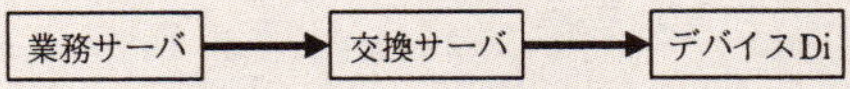 業務サーバ → 交換サーバ → デバイスDi	2	config/Di	デバイス Di の設定情報
2	全てのデバイス Di（i=1，2，…，m）から，業務サーバ及び同じ工場のエッジサーバに対して，稼働情報を定期的に送信する。 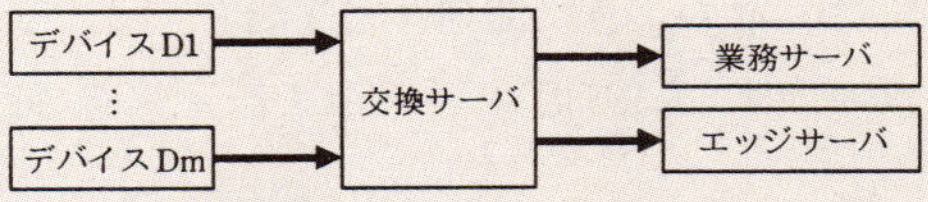 デバイスD1 … デバイスDm → 交換サーバ → 業務サーバ，エッジサーバ	0	status/Di	デバイス Di の稼働情報

注記　Di は，デバイスの識別子を表す。

図4　Xシステムのメッセージ交換

図4の説明を次に示す。

- 項番1では，デバイスDiは，あらかじめ［　オ　］を交換サーバに送信し，トピック名が［　カ　］のPUBLISHが送信されるようにする。
- 項番1では，QoSレベルとして2が使用されている。交換サーバからデバイスDiへのPUBLISH送信中に［　キ　］が電源断などで非稼働になった場合，そのPUBLISHは，［　ク　］の中に保存され，稼働再開後に再送される。
- 項番2では，QoSレベルとして0が使用されている。これは，［　ケ　］及びエッジサーバは安定した稼働が見込めるからである。

Wさんは，1台の業務サーバが6,000台のデバイスの設定を変更する場合の送信時間（T）を概算した。

WさんがTの概算に用いた通信シーケンスを図5に示す。

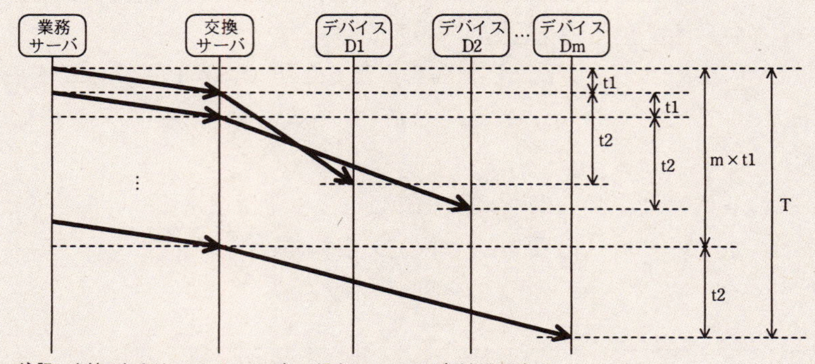

注記　太線の矢印は，QoSレベルが2の場合のメッセージ送信を表す。

図5　WさんがTの概算に用いた通信シーケンス

図5中の装置の処理時間を無視し，図5中のt1及びt2は，それぞれの装置間のRTT（Round Trip Time）の2倍に等しいとし，LANのRTTを20ミリ秒，WANのRTTを200ミリ秒とすると，Tは次のように概算できる。

T＝m×t1＋t2＝6,000×2×20＋2×200（ミリ秒）≒4（分）

この概算を基に，Wさんは，次のように報告することにした。

- TCPコネクションが正常であれば，全デバイスへの設定情報の送信は4分間程度で完了する。
- ただし，図1に示すように，［　コ　］は同一拠点に設置されている必要がある。

〔APIにアクセスする顧客サーバの管理〕

Wさんは，顧客サーバからのAPIアクセスに関する検討を行った。

Xシステムでは，認可サーバを使って，顧客サーバからのAPIアクセスを認可する。契約及びサービス仕様の変更が顧客ごとに発生するので，それらを前提とした認可の仕組みが必要になる。Wさんは，認可コード，アクセストークン，及びリフレッシュトークンを使った，認可の仕組みを採用することにした。

XシステムのAPIアクセスの通信シーケンスを図6に示す。

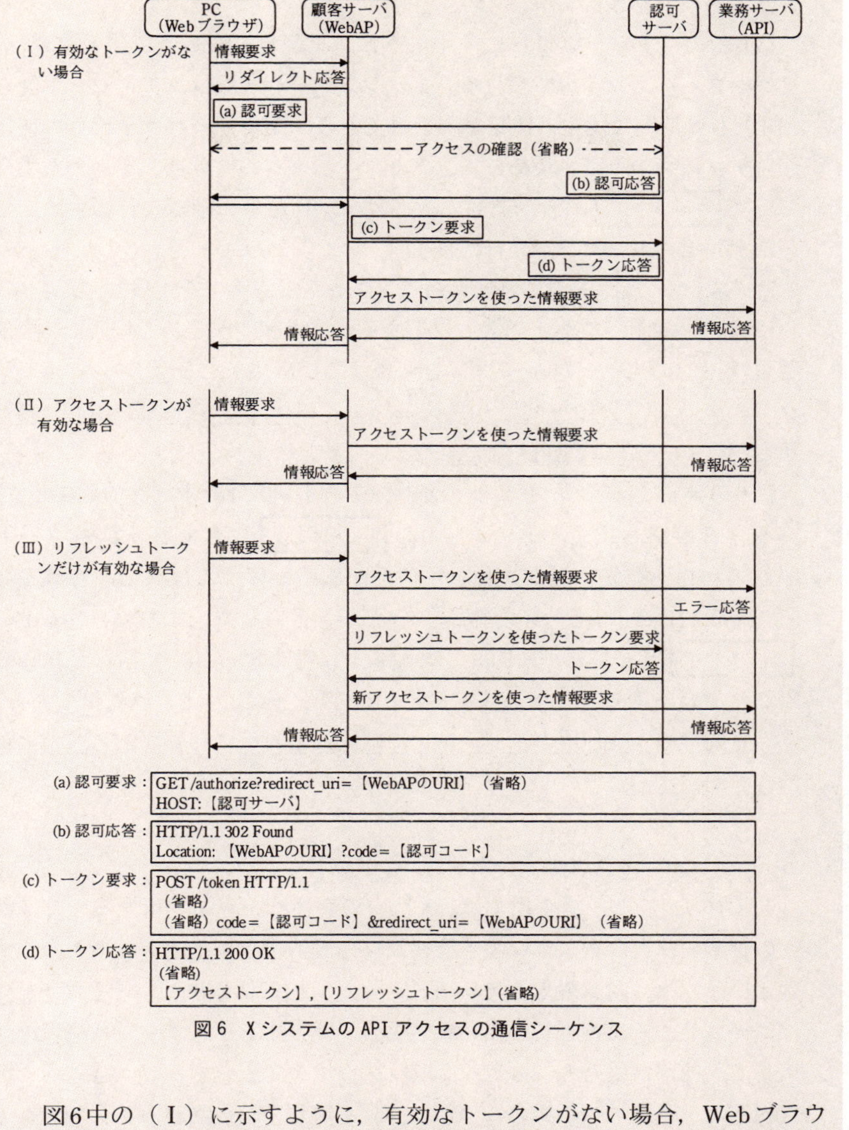

図6　Xシステムの APIアクセスの通信シーケンス

図6中の(Ⅰ)に示すように,有効なトークンがない場合,Webブラウザから WebAPへの情報要求は, サ サーバにリダイレクトされる。認可応答では,認可要求で通知された URIを用いたリダイレクトによって, シ に認可コードが通知される。続いて,認可コードを用いたトークン要求とトークン応答が行われ,WebAPはアクセストークンとリフレッ

シュトークンを獲得する。

図6中の（Ⅰ）～（Ⅲ）に示すように，業務サーバへの情報要求には，アクセストークンが用いられる。アクセストークンには，アクセス可能なAPIと有効期間に関する情報が含まれており，業務サーバはそれらの情報からアクセスの可否を決める。アクセストークンの有効期間を過ぎた場合でも，[ス]の有効期間内であれば，利用者の確認を行わずに，新しいアクセストークンが発行される。

Xシステムでは，顧客ごとに異なるアクセストークンを定義し，認可サーバに格納しておく。ある顧客に提供するAPIの範囲が変わる場合，X社は認可サーバのアクセストークンを変更する。Wさんは，④アクセストークンの有効期間を10分間，リフレッシュトークンの有効期間を60分間と想定し，トークンの運用を確認した。

図6の通信シーケンスでは，図6中の“(a) 認可要求”のredirect_uriパラメタが書き換えられ，図6中の[セ]に含まれる認可コードが意図しない宛先に送信される可能性がある。Wさんは，その対策として“redirect_uriパラメタの確認”を行うことにした。これは，図6中の[ソ]サーバに，HTTPリクエストに含まれるURIとあらかじめ登録されている絶対URIが一致することを確認させる，という対策である。⑤顧客向けのAPI利用ガイドラインには，この対策に必要な顧客への依頼内容を明記することにした。

〔エッジサーバを活用する将来構想〕

図4中のメッセージ交換では，X社内の交換サーバを利用するので，顧客の企業秘密を含むような設定情報及び稼働情報（以下，これらを内部情報という）は，対象外としている。しかし，内部情報についても図4と同様にメッセージ交換を行いたい顧客も多い。X社では，エッジサーバを活用して，内部情報もXシステムに取り込む将来構想をもっている。

顧客サーバが一つの場合について，将来構想で追加されるXシステムのメッセージ交換例を図7に，Wさんが考えた将来構想におけるネットワーク構成案を図8に，それぞれ示す。

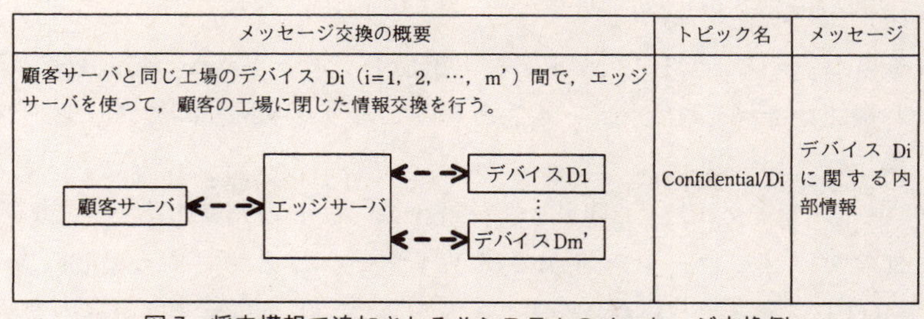

メッセージ交換の概要	トピック名	メッセージ
顧客サーバと同じ工場のデバイス Di（i=1，2，…，m'）間で，エッジサーバを使って，顧客の工場に閉じた情報交換を行う。	Confidential/Di	デバイス Di に関する内部情報

図7　将来構想で追加されるXシステムのメッセージ交換例

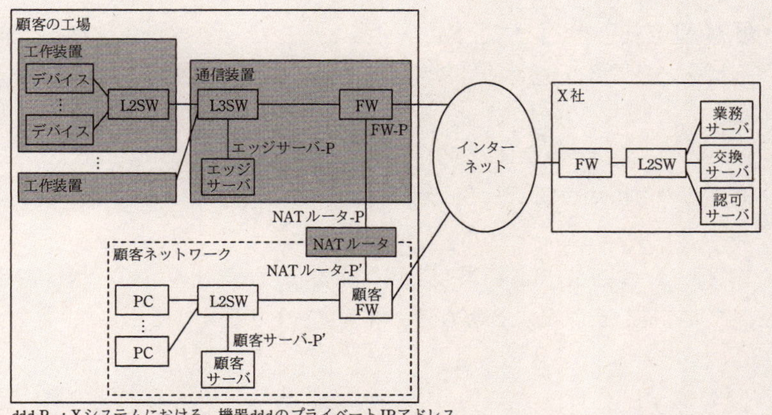

ddd-P　：Xシステムにおける，機器dddのプライベートIPアドレス
ddd-P'：顧客ネットワークにおける，機器dddのプライベートIPアドレス

図8　Wさんが考えた将来構想におけるネットワーク構成案（抜粋）

図8に示すように，Wさんは，NATルータを使って，顧客ネットワークとXシステムを接続する案を考えた。NATルータは，1：1静的双方向NATとして動作させ，図8中のNATルータ-PとNATルータ-P'を利用して，宛先IPアドレスと送信元IPアドレスの両方を変換させる。

Wさんが考えた将来構想におけるメッセージの流れを図9に示す。

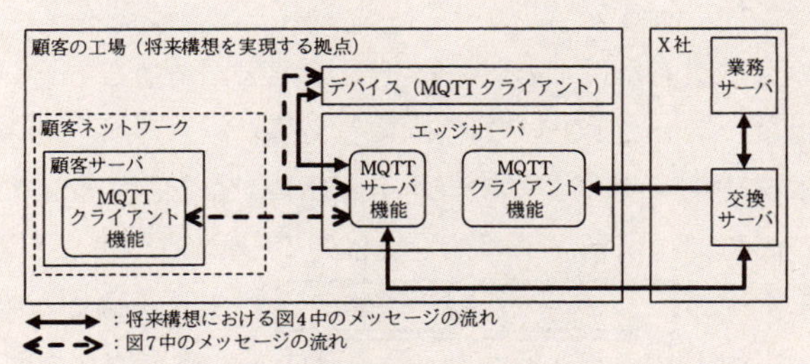

図9　Wさんが考えた将来構想におけるメッセージの流れ

図9の説明を次に示す。

- 顧客サーバにMQTTクライアント機能を，エッジサーバにMQTTサーバ機能をそれぞれ実装し，顧客サーバとエッジサーバ間でメッセージ交換を行う。
- エッジサーバのMQTTサーバ機能は，通常のMQTTサーバ機能に加えて，メッセージをほかのMQTTサーバと送受信する機能（以下，MQTTブリッジという）をもつ。Xシステムのデバイスは複数の機器とTCPコネクションを確立できないので，このMQTTブリッジを利用する。
- ⑥MQTTブリッジには，トピック名をあらかじめ定義しておき，そのトピック名のメッセージを交換サーバと送受信させる。

Wさんは，図7～9を使って，ネットワークの動作について検討し，将来構想への対応が可能であると判断した。

Wさんは，以上の検討結果を上司に報告した。X社の情報システム部は，Xシステム構想を実現するためのプロジェクトを発足させた。

設問1 〔ネットワークセキュリティ対策〕について，(1)～(3)に答えよ。

(1) 本文中の［ア］～［エ］に入れる適切な字句を答えよ。

(2) 本文中の下線①の対策を，50字以内で述べよ。

(3) 本文中の下線②の対策を，30字以内で述べよ。

設問2 〔MQTTを使ったメッセージ交換方式〕について，(1)～(4)に答えよ。

(1) 図3中のQoSレベルが0の場合のメッセージ送信について，TCPの再送機能だけではメッセージの消失が防げないのはどのような場合か。45字以内で具体的に答えよ。

(2) 本文中の下線③について，PUBRELを受信するまで，メッセージの処理を保留する目的を，20字以内で述べよ。

(3) 本文中の［オ］～［ケ］に入れる適切な字句を答えよ。

(4) 本文中の［コ］に入れる適切な機器名を全て答

えよ。

設問3 〔APIにアクセスする顧客サーバの管理〕について，(1)～(3)に答えよ。

(1) 本文中の[サ]～[ソ]に入れる適切な字句を答えよ。

(2) 本文中の下線④について，提供するAPIの範囲を変更する場合，変更が有効になるのは，X社がアクセストークンを変更してから最長で何分後かを答えよ。

(3) 本文中の下線⑤について，顧客への依頼内容を，40字以内で述べよ。

設問4 〔エッジサーバを活用する将来構想〕について，(1)～(4)に答えよ。

(1) 図8中のNATルータについて，顧客ネットワークからXシステムの方向の通信におけるアドレス変換の内容を，60字以内で具体的に述べよ。

(2) 図8中の顧客FWについて，Xシステムとの接続のために，新たに許可が必要になる通信を40字以内で答えよ。

(3) 本文中の下線⑥について，定義するトピック名を全て答えよ。

(4) 図7～9中の顧客サーバを1台追加する場合，Xシステム側で必要となる対応を二つ挙げ，それぞれ30字以内で述べよ。

問題文の解説

IoTを題材とした出題です。この問題を解く鍵は，MQTTプロトコルの理解です。この知識がないと，問題文を読み進めることも難しかったと思います。1章にて，MQTTの基本解説をしていますので，まずはそちらを確認してください。

また，IoTのネットワークは，これまでの試験で出題されたことがありません。イメージがわきにくかったことでしょう。そこで，この問題文の背景となるX社の業務を，具体例を交えて解説します。この内容は，設問を解くには必須ではありませんので，不要な方は読み飛ばしてください。

背景となるX社の業務　～X社の業務とセンサによる自動化支援～

1. X社は，機械メーカで，鉄を切ったり加工したり磨いたりする機械（工作装置）を製造しています。それを，全国の町工場に納入しています。X社では，電話による問い合わせサポートを行うことに加えて，メンテナンスのために全国の顧客を定期的に訪問しています。

2. X社の社長は，毎回訪問するのは大変だから，ネットワークをつないで遠隔でサポートする仕組みを作ろうと考えました。スタッフは大喜びです。トラブル対応のほとんどは，ベルトの破損，オイル不足，異物の詰まりなど，パターンが決まっています。それに，コンピュータ制御部分の設定変更作業は，遠隔で実施できます。わざわざ現地に行く必要はありません。対処の迅

速性の観点から顧客にも喜ばれるからです。

こうして，X社と顧客の工場を接続するXシステムの構築プロジェクトがスタートしました。

3. Xシステムの導入により，業務はどう変化するのでしょうか。たとえば，機械（工作装置）の故障があれば，X社に自動通知がされます。また，機械（工作装置）の動作状況やオイル残量などは，X社が遠隔で把握できます。そして，簡易な故障やコンピュータ制御プログラムの設定変更なども，遠隔で可能です。とても便利です。

4. さらに，顧客が保守状況（保守期間やオイル残量，ファームウェアのバージョンなど）を自社のPCからWebにアクセスして見ることもできます。

X社にとっても顧客にとってもWin-Winのシステムです。ただ，インターネット経由で通信をするので，セキュリティに気を付けなければいけません。よって，TLSによる暗号や，サーバでの認証をします。

5. このとき，各デバイスとサーバ間の通信は，HTTP（やHTTPS）ではなくMQTTを使います。MQTTは，通信のデータ量が少なく，全国にある多数の装置と一斉に通信するのに適したプロトコルだからです。

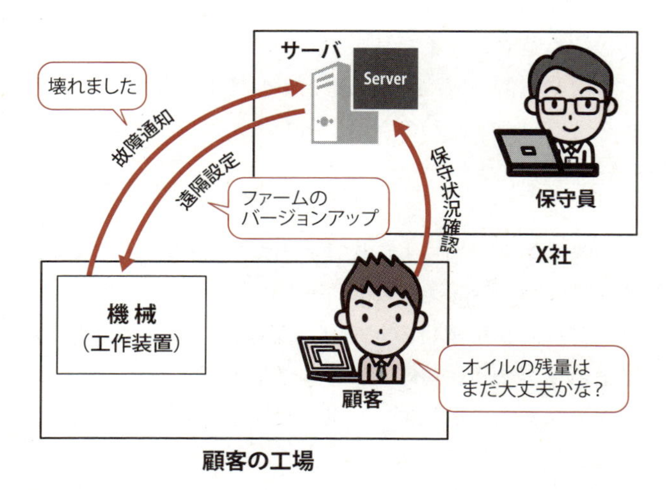

■Xシステムでできること

では，問題文の解説に入ります。

問1　ネットワークシステムの設計に関する次の記述を読んで，設問1～4に答えよ。

機械メーカのX社は，顧客に販売した機械の運用・保守と，機械が稼働している顧客の工場の自動化支援に関する新事業を拡大しようとしている。

機械は工作装置及び通信装置の2種類である。工作装置には，センサ，アクチュエータなどを制御する機構（以下，デバイスという），及びレイヤ2スイッチが内蔵されている。

このあとにX社のシステム構成図があります。その図と見比べながら問題文を確認していきましょう。

冒頭から，聞き慣れない用語が並んでいますね……

はい，設問に関係ない用語が並びます。ですが，そのような用語についても簡単に理解し，イメージを膨らませて読みましょう。そうすることで，問題文の理解が深まり，設問も解きやすくなります。

まず，センサとは，温度や位置情報，電流値などを測定する装置です。アクチュエータとは「もの」を動かすための装置で，たとえばモータによる駆動装置が該当します。

通信装置は，デバイスをインターネットに接続するための機器で，エッジサーバ，ファイアウォール及びレイヤ3スイッチが内蔵されている。

X社の情報システム部は，新事業用のサービス基盤システム（以下，Xシステムという）を計画中である。情報システム部に所属するネットワーク担当のWさんが，Xシステムの構想について，検討を行っている。

通信装置（エッジサーバ，ファイアウォール，レイヤ3スイッチを内蔵）

を図1で確認してください。そしてデバイスが通信装置によってインターネットに接続されます。

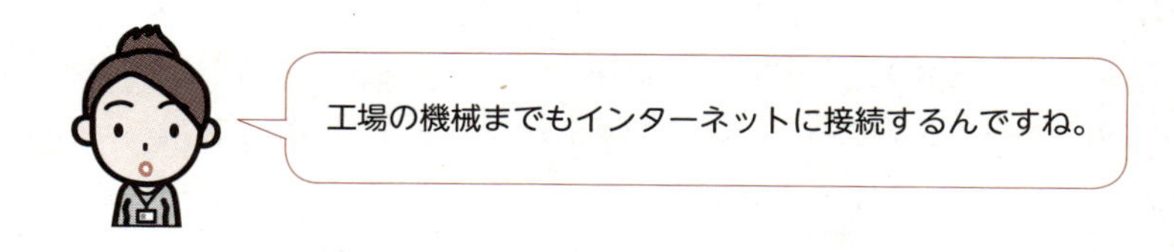

はい。近年では，あらゆる機器がインターネットに接続されるようになりつつあります。皆さんご存知のIoT（Internet of Things：モノのインターネット）です。

さて，ここからの問題文ですが，問題文と図1に番号（❶～❿）を付けました。番号をもとに，問題文と図1を照らし合わせて確認してください。

〔Xシステムの構想〕

Xシステムは，X社が運用・保守を行う顧客の工場内の機器（※灰色塗り部分），X社内のサーバ（❶），及びそれらを接続するためのネットワーク機器（❷）から構成されている。

Xシステムの導入構成例を図1に示す。

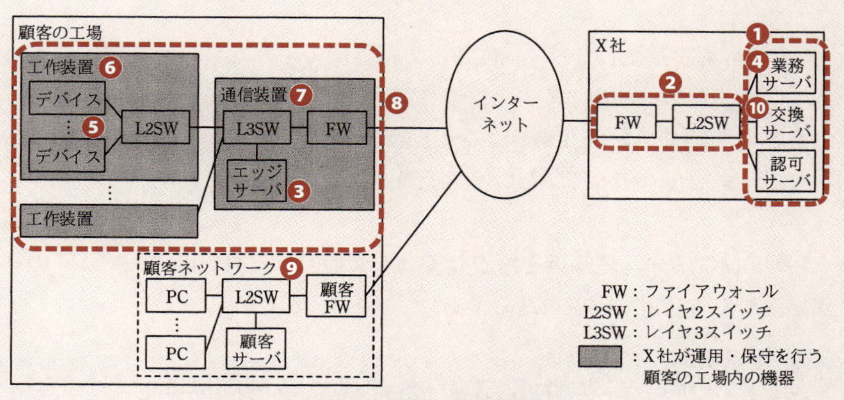

図1　Xシステムの導入構成例（抜粋）

Xシステムの業務アプリケーションプログラムは，エッジサーバ（❸）と業務サーバ（❹）上で動作する。これらのサーバとデバイス（❺）は，デバイスの運用・保守に関する情報を，自動的に交換する。この情報交換に関する説明を次に示す。

- 工作装置（❻）と通信装置（❼）を接続し，顧客の工場内にXシステム専用のネットワーク（❽）を構成する。顧客ネットワーク（❾）は利用しない。
- publish/subscribe型のメッセージ通信プロトコルMQTT（Message Queuing Telemetry Transport）を使って，交換サーバ（❿）を介して，デバイス（❺），エッジサーバ（❸）及び業務サーバ（❹）の間でメッセージを交換する。
- デバイス（❺），エッジサーバ（❸）及び業務サーバ（❹）にMQTTクライアント機能を，交換サーバに（❿）MQTTサーバ機能をそれぞれ実装する。

Xシステムの全体像に関する説明です。IoTという特殊なネットワークなので難しいと思われたかもしれません。でも，IoTだから特別なわけではなく，通常のネットワークと同じで，なおかつシンプルな構成です。

MQTTが出てきましたね……

1章でも解説しましたが，MQTTは，機器間で小さなメッセージを頻繁に送受信するために利用する，IoT向けの軽量なプロトコルです。詳しくはこのあとの問題文で説明があります。MQTTの知識がなくても解けるようになっていますが，知っていないとツラかったと思います。

1章でMQTTの基礎知識を解説していますので，これ以降は，MQTTの基礎知識がある前提で解説を進めます。

Q. この問題文における，ブローカー（サーバ），Publisher（送信者），Subscriber（受信者）がどれになるか，問題文の字句で答えよ。

A. 問題文に，「デバイス，エッジサーバ及び業務サーバに**MQTTクライアント機能**を，交換サーバに**MQTTサーバ機能**をそれぞれ実装する」とあります。よって，サーバ機能を持つ交換サーバがブローカーです。また，クライアント機能を持つ業務サーバやデバイスがPublisher（送信者）およびSubscriber（受信者）になります。

役割	該当する機器
ブローカー（サーバ）	交換サーバ
Publisher（送信者）	業務サーバ，デバイス
Subscriber（受信者）	業務サーバ，デバイス，エッジサーバ

※エッジサーバの役割は，ここまでの問題文だけでは情報が不足しています。「Subscriber（受信者）なんだなぁ」くらいに考えておいてください。

以降の問題文も，問題文中に番号を付与（❶〜⓫）しました。そのあとの図と照らし合わせて確認してください。

業務サーバ(次ページの図❶)は，顧客向けにAPI(Application Programming Interface)（❷）を提供する。顧客は，インターネット経由でAPIにアクセスし，デバイスの運用・保守に関する情報を参照する。このAPIに関する説明を次に示す。

- X社の業務サーバ（❶）と認可サーバ（❸）にHTTPサーバ機能（❹）をそれぞれ実装する。
- 顧客は，顧客サーバ（❺）に，APIアクセス用のWebアプリケーション（以下，WebAP（❻）という）とHTTPサーバ機能を実装する。
- 顧客は，PCのWebブラウザ（❼）を使い，顧客サーバ（❺）を経由して，API（❷）にアクセスする（❽）。

（※筆者追記：すると，業務サーバのAPIから認可サーバのログイン画面にリダイレクトされる(❾)。顧客は，ログイン画面からログインする。(❿)

- X社の認可サーバ（❸）は，顧客サーバ（❺）からAPIへのアクセスを認可する（⓫）。

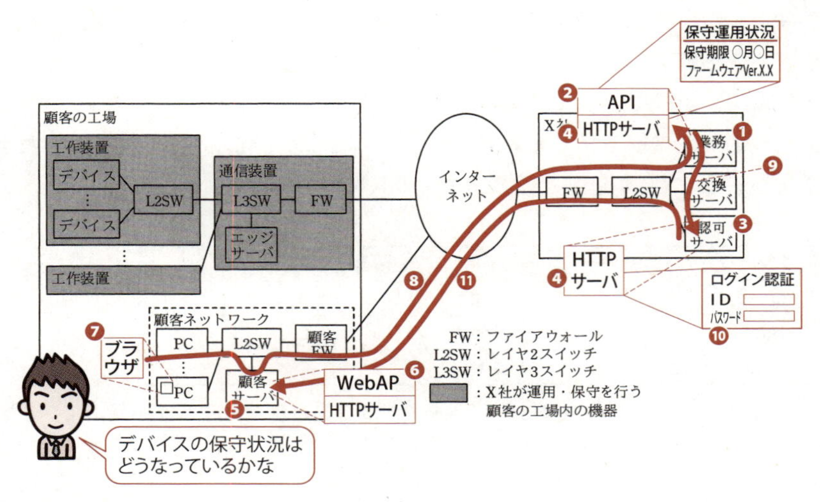

■Xシステムと問題文の対応

この時点ではPCのWebブラウザから顧客サーバを通じて，Xシステムを利用するという全体的なイメージがつかめればよいでしょう。このあとの問題文〔APIにアクセスする顧客サーバの管理〕に具体的な記述があります。

アクセス許可って，どうやっているんですか？

問題文に記載が少ないのでわかりにくかったと思います。簡単に❾～⓫の認証の動作を補足します。Xシステムでは，許可サーバ（❸）が認証を行います。業務サーバ（❶）のAPIから認可サーバにリダイレクトされ，ユーザID/パスワード認証（❿）などにより，ログインします。ログインに成功すると，トークン（許可証と考えてください）が顧客サーバに送られます（⓫）。ログイン後は，顧客サーバのWebAP（❻）がトークンを使って業務サーバ（❶）のAPIにアクセスします。

なぜ業務サーバに直接アクセスしないのですか？
（顧客サーバを中継する意図は？）

恐らくですが，顧客サーバがポータルサイトのような役割になっていると思います。また，この仕組みは，OAuth2.0のプロトコルを使っています。1章のOAuth2.0の説明を読んでもらうと，イメージがわいてくると思います。

Wさんは，上司から，Xシステムの構想に関する四つの技術検討を指示されている。四つの技術検討項目を次に示す。

- ネットワークセキュリティ対策
- MQTTを使ったメッセージ交換方式
- APIにアクセスする顧客サーバの管理
- エッジサーバを活用する将来構想

さて，この記述では以降の問題文の内容がセクションごとに整理されています。また，それぞれのセクションは以下のように設問と対応しています。

問題文のセクションと設問の対応

問題文のセクション	設問
〔ネットワークセキュリティ対策〕	設問1
〔MQTTを使ったメッセージ交換方式〕	設問2
〔APIにアクセスする顧客サーバの管理〕	設問3
〔エッジサーバを活用する将来構想〕	設問4

〔ネットワークセキュリティ対策〕

Xシステムは，インターネット及び顧客の工場内のXシステム専用のネットワークを利用するので，これらのX社外の通信区間に関するネットワークセキュリティ対策が必要となる。Wさんが検討したネットワークセキュリティ対策を次に示す。

- 情報の漏えい及び改ざん対策のためにTLSを利用する。TLSには，情報を［　ア　］する機能，情報の改ざんを［　イ　］する機能，及び通信相手を［　ウ　］する機能がある。

通信区間のセキュリティはTLSで守ります。空欄は設問1(1)で解説します。

- 工場内の機器とX社内の機器との通信は，いずれもクライアントサーバ型の通信であり，機器間の［ エ ］コネクションの確立要求は，工場からX社の方向に行われる。

「［ エ ］コネクションの確立要求」とは，クライアント（工場内の機器）からサーバ（X社内の機器）に対する3ウェイハンドシェイクの通信です。

Q. 3ウェイハンドシェイクの確立要求のパケットのSYNビットとACKビットの値は何か？

A. SYNビットは「1」かつACKビット「0」です。その後，コネクション要求先からSYNビット「1」かつACKビット「1」のパケットが返送され，最後にSYNビット「0」かつACKビットは「1」のパケットを送付して3ウェイハンドシェイクが完了します。

また，コネクションの確立要求は，工場からX社の方向に行われ，逆方向には行われません。この点は，設問1（2）のヒントです。

TLSとか，3ウェイハンドシェイクとかって，
これは，MQTTの通信のことですか？

MQTT通信だけでなく，HTTP（HTTPS）などのTCP通信も含みます。MQTTもTCPの通信ですから，3ウェイハンドシェイクをしますし，TLSによる暗号化も可能です。

それを踏まえて，次の侵入及びなりすまし対策を採用する。
- X社に設置されたFWを使った対策
- ①通信装置内のFWを使った対策
- ②TLSの機能を使った，デバイス及びエッジサーバに関する対策工場内の機器とX社内の機器との通信について，下線①に関する侵入対策と，下線②に関するなりすまし対策を採用します。下線①②は，設問1（2）（3）で解説します。

また，ここまでの問題文で，設問1を解くことができます。

〔MQTTを使ったメッセージ交換方式〕

Wさんは，MQTTを使ったメッセージ交換方式を調査した。

このメッセージ交換方式では，固定ヘッダ，可変ヘッダ及びペイロードから構成されたMQTTコントロールパケットを使う。MQTTコントロールパケットの種別を表1に示す。

表1　MQTTコントロールパケットの種別（抜粋）

種別	用途	固定ヘッダ，可変ヘッダ又はペイロードに含まれる情報
CONNECT	クライアントからサーバへの接続要求	（省略）
CONNACK	CONNECTに対する確認応答	（省略）
PUBLISH	メッセージの送信	QoSレベル[1]，トピック名[2]，パケットID[3]，メッセージ
PUBREC	メッセージ受信の通知	パケットID[3]
PUBREL	メッセージリリースの通知	パケットID[3]
PUBCOMP	メッセージ送信終了の通知	パケットID[3]
SUBSCRIBE	クライアントからサーバへの購読要求	QoSレベル[1]，トピック名[2]，パケットID[3]
SUBACK	SUBSCRIBEに対する確認応答	パケットID[3]

注[1]　QoSレベルは，送信者と受信者間のメッセージの送達確認手順を指定する識別子である。
[2]　トピック名は，メッセージの種類を表す識別子である。
[3]　パケットIDは，PUBLISH又はSUBSCRIBEに付与する識別子である。

表1は，MQTTコントロールパケットの種類が示されています。HTTPに例えるとGETやPUT，CONNECTなどと同様です。「コントロール」という言葉に深い意味はありません。「MQTTパケット」と同じと考えてください。

表1では，注2のトピック名に着目しておきましょう。1章のMQTTの説明でも書きましたが，トピック名が，購読するメッセージを表します。MQTTのグループのようなものと考えてもいいでしょう。

MQTTを使ったメッセージ交換方式の通信シーケンス例を図2に示す。

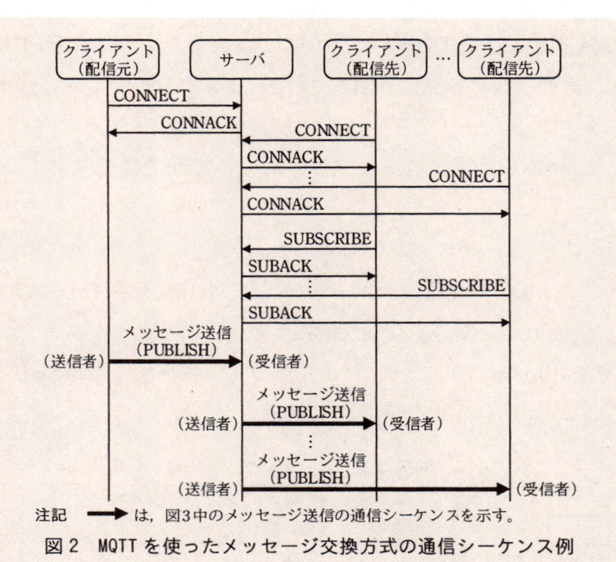

図2　MQTTを使ったメッセージ交換方式の通信シーケンス例

図2中の通信シーケンスでは，配信元から複数の配信先へメッセージが配信されている。通信シーケンスの説明を次に示す。

図2では，MQTTの通信シーケンスが記載されています。こちらも，1章の解説を確認してください。

- クライアントは，サーバのTCPポート8883番にアクセスし，TCPコネクションを確立する。

ポート8883番は設問4（2）で使います。チェックしておきましょう。

このTCPコネクションは，メッセージ交換の間は常に維持される。

TCPコネクションに関して，メッセージを受信するたびに3ウェイハンドシェイクをするのは非効率的です。そこで，MQTTでは，TCPコネクションを維持します。この仕組みも，軽量なプロトコルの実現に役立っています。

- クライアントはCONNECTを送信し，サーバはCONNACKを返信する。

- 配信先となるクライアントは，サーバにSUBSCRIBEを送信し，購読対象のメッセージを，トピック名を使って通知する。サーバはクライアントにSUBACKを返信し，購読要求を受け付けたことを通知する。
- 配信元クライアントは，PUBLISHを使ってサーバにメッセージを送信する。
- メッセージを受信したサーバは，PUBLISHに含まれるトピック名について購読要求を受け付けている全てのクライアントに，そのメッセージを送信する。

面倒なことをしますね。

1章のMQTTでも解説しましたが，多くの相手に一斉にメッセージを送るにはこの方法が効率的です。メルマガ配信で考えると，配信者が何千人などのユーザ管理をするのは大変です。メルマガ配信サービスを使えば，そのサービスにメールマガジンを送るだけで，すべての利用者に届けてくれます。また，利用者の入会や退会などの管理をする必要もありません。

ここからは，QoSレベルとPUBLISHを送達確認する手順の説明です。こちらも1章で解説していますので，ぜひとも読んでください。
ここでは，説明の都合上，図と問題文の順序を一部前後させて解説します。

PUBLISHを使ったメッセージ送信では，QoSレベルを使って送達確認手順を指定する。QoSレベルとメッセージ送信の通信シーケンスを図3に示す。

図3（前半）　QoSレベルとメッセージ送信の通信シーケンス

図3中の通信シーケンスの説明を次に示す。

- QoSレベルが0の場合，MQTT層におけるPUBLISHの送達確認は行わない。TCP層による送達確認だけが行われる。

まずは，QoSが一番低いレベル0の解説です。レベル0では，PUBLISHを送るだけで，確認応答を受信するなどの処理をしません。

UDPみたいですね。

そうです。送ったら送りっぱなしです。ただ，「TCPによる送達確認」とあるので，パケットロスが起きたとしても，TCPによる再送によって受信者側に届きます。しかし，TCPの再送処理をしても，QoSレベル0ではメッセージが消失してしまうことがあります。この点が設問2（1）で問われます。

さて，図3では，「送信者」と「受信者」という言葉が出てきます。これは，何を指しているのでしょうか。

配信元クライアントと
配信先クライアントのことですか？

「送信者」と「受信者」は何を指しているのか，図1の用語で答えよ。

A. 誰が誰に送るかによって異なります。図2の抜粋で再確認します。

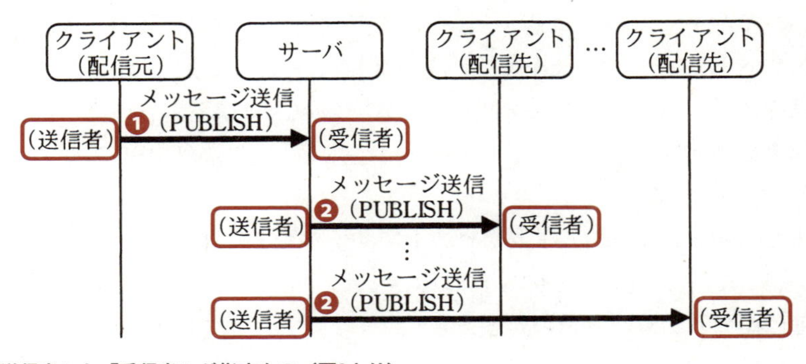

■「送信者」と「受信者」が指すもの（図2より）

図2には，PUBLISHの「送信者」「受信者」が明示されています。上図❶の場合は配信元クライアント（業務サーバやデバイス）が送信者で，サーバ（交換サーバ）が受信者です。上図❷の場合はサーバ（交換サーバ）が送信者で配信先クライアント（業務サーバやデバイス）が受信者です。

ここからの問題文ですが，ここでも，図3に番号❶～❸を付与しています。

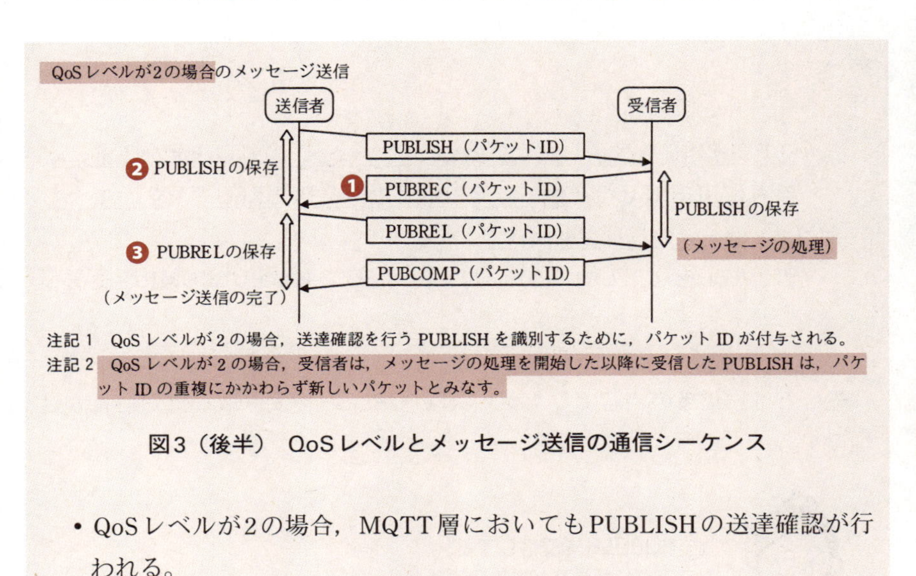

図3（後半）　QoSレベルとメッセージ送信の通信シーケンス

- QoSレベルが2の場合，MQTT層においてもPUBLISHの送達確認が行われる。

次は，QoSレベル2の場合のシーケンスです。MQTT層は，OSI参照モデルのレイヤ5（セッション層）～レイヤ7（アプリケーション層）に対応します。QoSレベル2では，レイヤ4（トランスポート層）に加えて，MQTT層でも送達確認を行います。具体的には，TCPのACKによる応答確認と同じく，送信者にPUBRECを返します（前ページ図3❶）。このPUBRECは，レベル0では使いません。

また，注記2は設問の重要なヒントです。注記2では，何らかの理由で同一のメッセージ（同一パケットIDのメッセージ）を複数受信した場合，受信者は複数回メッセージの処理をしてしまうことが示されています。この点は，設問2（2）に関連します。

> MQTT層の送達確認の説明を次に示す。
> - TCPコネクションが切断された場合のために，PUBLISH及びPUBRELは送信者によって保存（図3❷，❸）され，送信者から受信者への再送に利用される。

前ページ図3の❷を見てください。送信者はPUBLISHを送信するとともに，自分自身でPUBLISHを保存します。これを，PUBRECを受け取るまで持ち続けます。

> - ③PUBLISHを受信した受信者は，メッセージの処理を始める前に送信者にPUBRECを送信し，その応答であるPUBRELを受信してからメッセージの処理を開始する。
> - PUBRELを送信した送信者は，その応答であるPUBCOMPを受信してから，メッセージ送信を完了する。

先ほどは送信者の内容でしたが，次はPUBLISHを受け取った受信者の処理です。

PUBLISHを受信しても，
すぐに処理をしないのですか？

そうなんです。PUBRELを受信してはじめてメッセージの処理を開始します。この点を含め，下線③については，設問2（2）で解説します。

次にWさんは，Xシステムの2種類のメッセージ交換について，トピック名，QoSレベル，及び配信元と配信先を整理した。

Xシステムのメッセージ交換を図4に示す。

項番	メッセージ交換の概要	QoSレベル	トピック名	メッセージ
1	業務サーバから，特定のデバイス Di に対して，設定情報を送信する。 業務サーバ → 交換サーバ → デバイスDi	2	config/Di	デバイス Di の設定情報
2	全てのデバイス Di（i=1，2，…，m）から，業務サーバ及び同じ工場のエッジサーバに対して，稼働情報を定期的に送信する。 デバイスD1 … デバイスDm → 交換サーバ → 業務サーバ，エッジサーバ	0	status/Di	デバイス Di の稼働情報

注記　Di は，デバイスの識別子を表す。

図4　Xシステムのメッセージ交換

業務サーバからと，デバイスからの，2種類のメッセージ交換についての説明です。どちらの場合も交換サーバを経由します。

そうかもしれませんね。イメージしやすくするために具体例で考えましょう。項番1は，たとえば，業務サーバが，顧客のデバイスの設定変更を指示するメッセージです。項番2は，たとえば，デバイスの温度や動作のログなどの稼働状況を業務サーバへ送信するメッセージです。

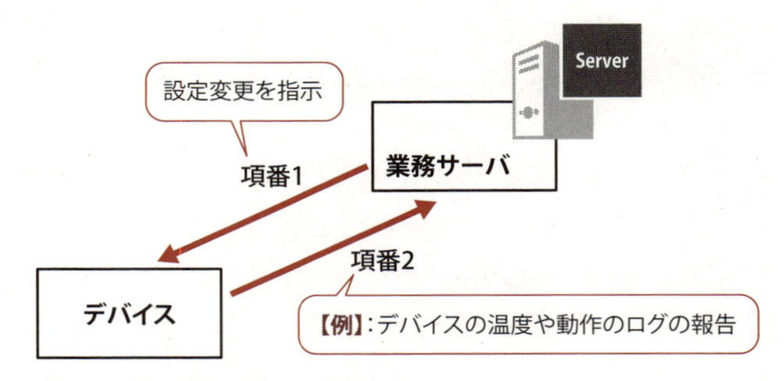

■業務サーバとデバイス間の2種類のメッセージ交換

念のため，MQTTクライアントとMQTTサーバがどれに該当するかを下図に記載します。

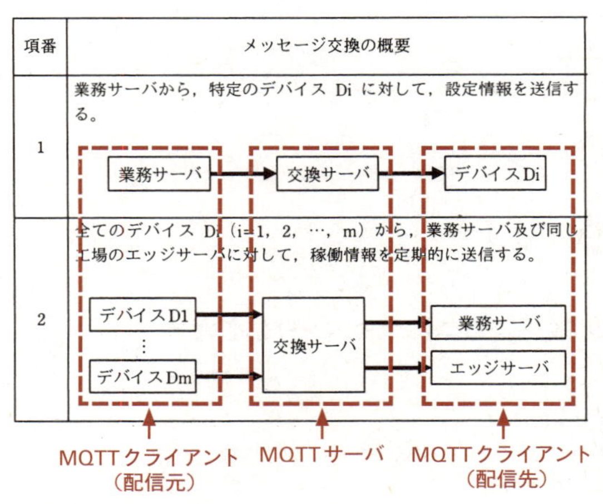

項番	メッセージ交換の概要
1	業務サーバから，特定のデバイス Di に対して，設定情報を送信する。 業務サーバ → 交換サーバ → デバイスDi
2	全てのデバイス Di（i=1，2，…，m）から，業務サーバ及び同じ工場のエッジサーバに対して，稼働情報を定期的に送信する。 デバイスD1 … デバイスDm → 交換サーバ → 業務サーバ，エッジサーバ

■MQTTクライアントとMQTTサーバ

図4の説明を次に示す。

- 項番1では，デバイスDiは，あらかじめ［ オ ］を交換サーバに送信し，トピック名が［ カ ］のPUBLISHが送信されるようにする。

空欄オ，カは設問2（3）で解説します。

- 項番1では，QoSレベルとして2が使用されている。交換サーバからデバイスDiへのPUBLISH送信中に［ カ ］が電源断などで非稼働になった場合，そのPUBLISHは，［　ク　］の中に保存され，稼働再開後に再送される。

デバイスは工場内にある工作装置なので，利用されていないときには電源が切れることがあります（PCも使わないときは電源をOFFにしますよね）。そのような場合でも，設定情報を確実にデバイスに送信するためにQoSレベル2を利用します。空欄は，設問2（3）で解説します。

• 項番2では，QoSレベルとして0が使用されている。これは，［　ケ　］及びエッジサーバは安定した稼働が見込めるからである。

「安定した稼働」ってどういう意味でしょう？

直前に「電源断などで非稼働」とあるので，「常時電源が入っている」ぐらいに考えてください。先の問題文にもあったように，デバイスは電源を切ります。一方，エッジサーバなどのサーバ群は，常時電源が入っています。だから，メッセージを確実に受信してくれるだろうと判断し，QoSレベル0を使用します。空欄は，設問2（3）で解説します。

Wさんは，1台の業務サーバが6,000台のデバイスの設定を変更する場合の送信時間（T）を概算した。

WさんがTの概算に用いた通信シーケンスを図5に示す。

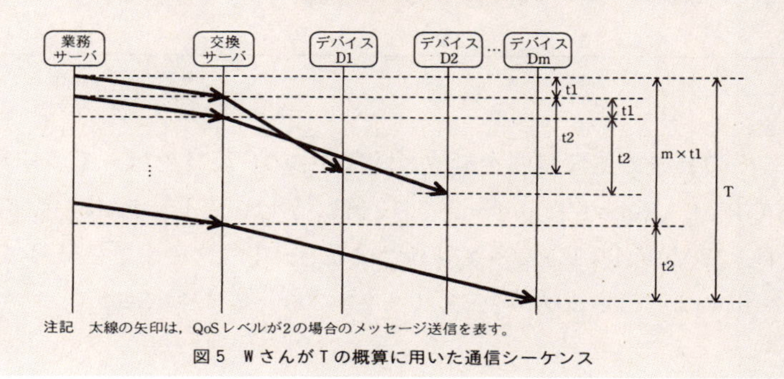

注記　太線の矢印は，QoSレベルが2の場合のメッセージ送信を表す。

図5　WさんがTの概算に用いた通信シーケンス

図4項番1の，設定情報を各デバイスに送信するためのシーケンスです。設問を解くのにこの図はそれほど重要ではないので，参考解説で説明します。

参考　通信シーケンスについて

図5は，デバイスに情報を送信するまでの時間に関する説明です。業務サーバから交換サーバへの送信と，交換サーバからデバイスへの送信に分けて解説します。

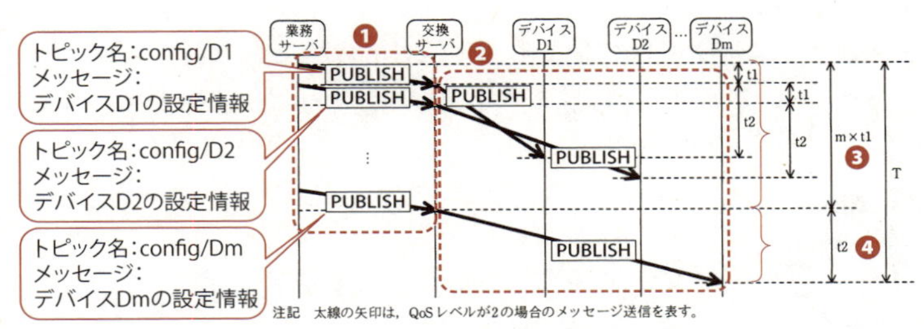

注記　太線の矢印は，QoSレベルが2の場合のメッセージ送信を表す。

図5　WさんがTの概算に用いた通信シーケンス

■デバイスに情報を送信するまでの時間

❶業務サーバから交換サーバへの送信

業務サーバは，m台のデバイスの設定情報を交換サーバに送信するために，PUBLISHをm回送信します。t1は，業務サーバから交換サーバにPUBLISHを送信するのに必要な時間です。デバイス1台分の送信が終わってから次のデバイスの送信を始めます。したがって，m台分の設定情報を送るための合計時間はm×t1（図の❸）です。

❷交換サーバからデバイスへの送信

交換サーバは，業務サーバから受信したPUBLISHを順次デバイスに送信します。1台のデバイスに送るための時間はt2（図の❹）です。

全体の送信時間（T）は，❸（m×t1）と❹（t2）の和になります。この結果が，次の問題文で式として表されています。

図5中の装置の処理時間を無視し，図5中のt1及びt2は，それぞれの装置間のRTT（Round Trip Time）の2倍に等しいとし，LANのRTTを20ミリ秒，WANのRTTを200ミリ秒とすると，Tは次のように概算できる。

T＝m×t1＋t2＝6,000×2×20＋2×200（ミリ秒）≒4（分）

RTTとは，相手にパケットを送信してから，応答パケットが戻ってくるまでの往復時間です。一般的にLAN内は短時間であり，WANやインターネット越しは長時間になります。本問では，それぞれ20ミリ秒，200ミリ秒と示されています。この点は設問2（4）に関連します。

この概算を基に，Wさんは，次のように報告することにした。

- TCPコネクションが正常であれば，全デバイスへの設定情報の送信は4分間程度で完了する。
- ただし，図1に示すように，［　コ　］は同一拠点に設置されている必要がある。

同一拠点とありますが，図1をみると，顧客の工場内か，X社内の二つの拠点しかありません。詳しくは，設問2（4）で解説します。

〔APIにアクセスする顧客サーバの管理〕

Wさんは，顧客サーバからのAPIアクセスに関する検討を行った。

Xシステムでは，認可サーバを使って，顧客サーバからのAPIアクセスを認可する

このセクションは，トークンを使った認証と認可に関するOAuth 2.0をテーマとした問題文です。MQTTは出てきませんので，頭を切り替えましょう。

さて，OAuth 2.0に関しても，事前知識があるのとないのでは，問題文の理解が大きく違います。1章にOAuth 2.0の基礎知識をまとめましたので，まずはそちらを読んでください。

契約及びサービス仕様の変更が顧客ごとに発生するので，それらを前提とした認可の仕組みが必要になる。Wさんは，認可コード，アクセストークン，及びリフレッシュトークンを使った，認可の仕組みを採用することにした。

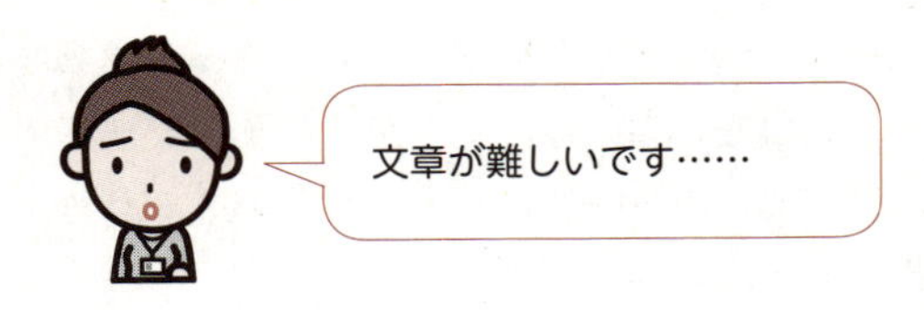

色網の部分ですね。たとえば，XとYの機能を契約した顧客A社はXとYのAPIにアクセスできるが，X機能だけしか契約していない顧客B社はXのAPIだけにアクセスさせる，このような仕組みのことです。この仕組みをトークンを使って実現します。

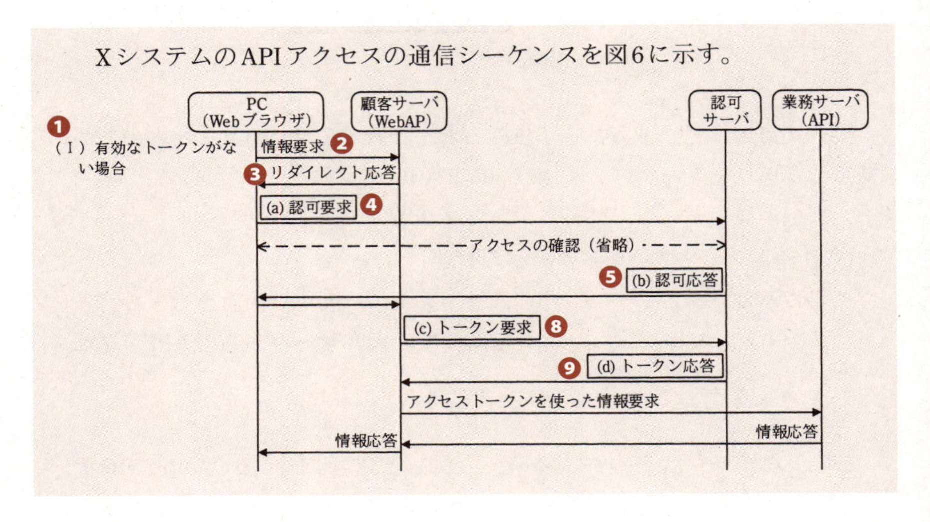
Xシステムの API アクセスの通信シーケンスを図6に示す。

これは，OAuth 2.0のシーケンスそのものです。内容は1章で解説しました。

また，上図とこの次の図につけた番号❶～❿は，このあとの問題文との対応を示しています。p.214～215の問題文を読むときに，この番号と照らし合わせて確認してください。

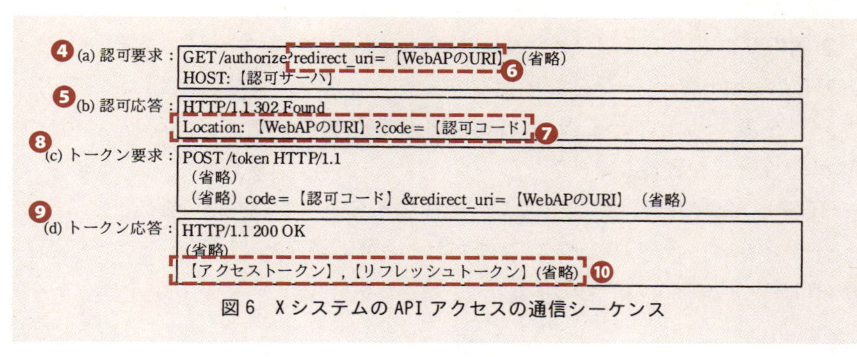

図6　Xシステムの API アクセスの通信シーケンス

（a）～（d）は，先のシーケンスの中身です。

図の通信のHTTPヘッダの一部です。

具体例で補足します。PCからWebサーバのhttp://nw.seeeko.com/index.htmlというURLにアクセス（＝HTTPリクエストの送信）をしたとします。

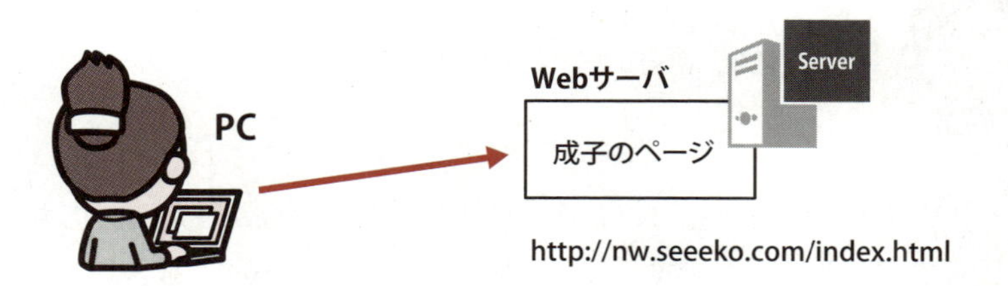

■PCからWebサーバへアクセス

このときの，HTTPのリクエストと，その応答（レスポンス）のHTTPヘッダは以下のとおりです。

リクエスト

```
GET /index.html HTTP/1.1
Host:nw.seeeko.com
Connection:keep-alive
  ……
```

レスポンス

```
HTTP/1.1 200 OK
Date: Wed,12 Jun 2019 10:31:15 GMT
  ……
```

■HTTPのリクエストと，そのレスポンスのHTTPヘッダ左側のリクエストでは，Hostとしてnw.seeeko.comのサーバに，GETメソッドでindex.htmlのページを要求しています。右側のレスポンスでは，正常にページを表示したことを表す「200 OK」を返しています（同時に，index.htmlのページを表示します）。

HTTPヘッダの内容は，通信によって異なりますが，「(a) 認可要求」と「(c) トークン要求」がHTTPリクエスト，「(b) 認可応答」と「(d) トークン応答」がHTTPレスポンスの内容です。

> 図6中の（Ⅰ）に示すように，有効なトークンがない場合（p.212の図❶），Webブラウザから WebAPへの情報要求（❷）は，（※このカッコ内は筆者追加 リダイレクト応答（❸）によって）[　サ　]サーバにリダイレクト（❹）される。認可応答（❺）では，認可要求（❹）で通知されたURI（❻）を用いたリダイレクトによって，[　シ　]に認可コードが通知される。

この内容は，p.212〜213の二つの図につけた❶〜❿の番号と照らし合わせて読んでください。

なるほど。　図と問題文を照らし合わせると空欄サ，空欄シの答えが導けますね。

そう思います。認証・認可の動作があまり理解できなかったとしても，設問に正解することは可能です。詳しくは設問3（1）で解説します。

さて，この部分の補足説明をします。p.212の図❷の情報要求とは，顧客サーバ（WebAP）へアクセスし，業務サーバ（API）の情報を要求する通信です。初回アクセス時には，ユーザ認証が必要です。この認証を行うために，❸にて認可サーバにリダイレクトします。

リダイレクトとは，「(方向を) 変える」という意味です。前ページの図6にある（b）認可応答のHTTPヘッダを見てください。HTTPステータスコードの「302 Found」はリダイレクトを意味します。そして，Locationヘッダで指定されたURIに（方向を変えて＝リダイレクトして）アクセスすることが記載されています。この仕組みにより，顧客が❷で顧客サーバにアクセスすると，自動的に認可サーバの画面に転送されます。

また，URI（Uniform Resource Identifier）は，URL（Uniform Resource Locator）と同じものと考えてください（厳密には違いますが，違いを意識する必要はありません）。

続いて，認可コードを用いたトークン要求（p.213の図❽）とトークン応答（❾）が行われ，WebAPはアクセストークンとリフレッシュトークン（❿）を獲得する。

❽～❿の番号は，p.213の図と照らし合わせて確認してください。また，アクセストークンとリフレッシュトークンに関しても，1章で解説していますので参考にしてください。

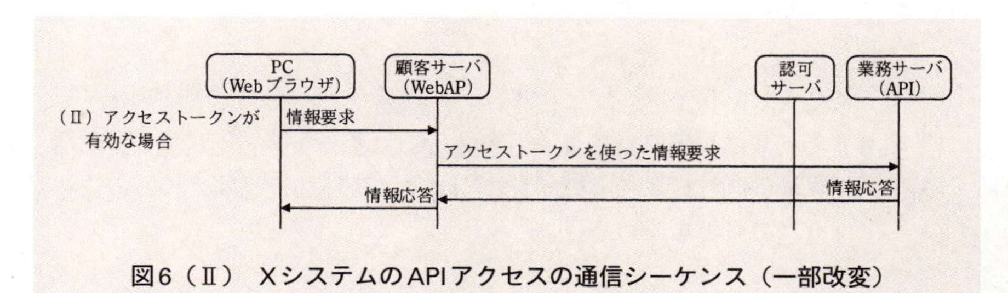

図6（Ⅱ） XシステムのAPIアクセスの通信シーケンス（一部改変）

「（Ⅱ）アクセストークンが有効な場合」の通信シーケンスです。有効期間内のトークンがありますから，トークンを使って業務サーバ（API）にアクセスできます。

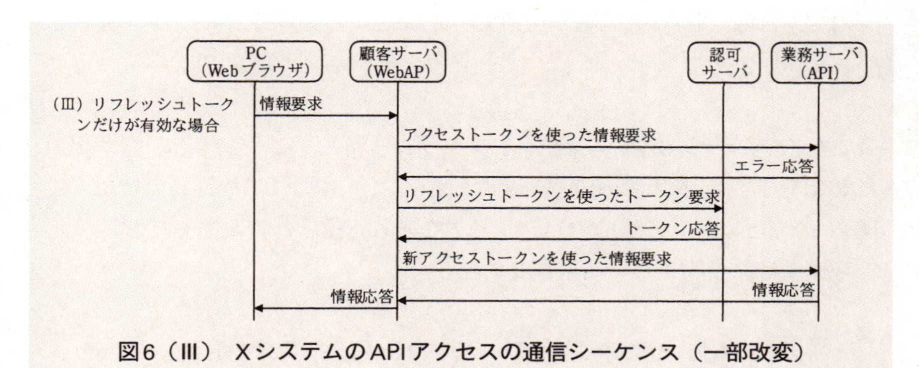

図6（Ⅲ） XシステムのAPIアクセスの通信シーケンス（一部改変）

では，アクセストークンの有効期間が終了した場合はどうなるでしょうか。その場合のシーケンスが上記です。

もう一度，ユーザIDとパスワードを入力して認証するのですか？

普通に考えればそうですけど，それって面倒ですよね。だって，アクセストークンの有効期間はたった10分です。何度も何度もパスワードを入れ直す必要がありそうです。そこで，リフレッシュトークンの出番です。リフレッシュトークンの有効期限は60分と長いので，これを使って新しいトークンを要求します。トークン応答には有効期間が更新されたアクセストークンとリフレッシュトークンが含まれています。

図6中の（Ⅰ）～（Ⅲ）に示すように，業務サーバへの情報要求には，アクセストークンが用いられる。アクセストークンには，アクセス可能なAPIと有効期間に関する情報が含まれており，業務サーバはそれらの情報からアクセスの可否を決める。

アクセストークンは認可情報，つまり「何にアクセスしてよいか」という情報（＝アクセス可能なAPI）と，有効期間を含みます。

アクセストークンの有効期間を過ぎた場合でも，［ ス ］の有効期間内であれば，利用者の確認を行わずに，新しいアクセストークンが発行される。

この内容は，図6中の「（Ⅲ）リフレッシュトークンだけが有効な場合」に関してです。「利用者の確認」とは，図6（Ⅰ）中の「アクセスの確認（省略）」のことで，ユーザIDやパスワードを入れる認証と考えてください。

空欄スは，設問3（2）で解説します。

Xシステムでは，顧客ごとに異なるアクセストークンを定義し，認可サーバに格納しておく。ある顧客に提供するAPIの範囲が変わる場合，X社は認可サーバのアクセストークンを変更する。Wさんは，④アクセストークンの有効期間を10分間，リフレッシュトークンの有効期間を60分間と想定し，トークンの運用を確認した。

アクセストークンの有効期間は10分間です。この有効期間が切れると，リフレッシュトークンを使って新しいアクセストークンを発行してもらいます。

下線④は，設問3（4）で解説します。

図6の通信シーケンスでは，図6中の“(a) 認可要求”のredirect_uriパラメタが書き換えられ，図6中の［　セ　］に含まれる認可コードが意図しない宛先に送信される可能性がある。

さて，ここからはOAuth 2.0のセキュリティに関する内容です。OAuth 2.0は，オープンな仕組みであるため，セキュリティ面での対策も求められます。

次の図を見てください。まず，図6の（a）認可要求と（b）認可応答は以下のとおりです。

(a) 認可要求：	GET /authorize?redirect_uri=【WebAPのURI】（省略） HOST:【認可サーバ】
(b) 認可応答：	HTTP/1.1 302 Found Location:【WebAPのURI】?code=【認可コード】

また図6を見るんですか……
結構つらいです。

そうですね。ですので，単純化して説明します。次の図を見てください。

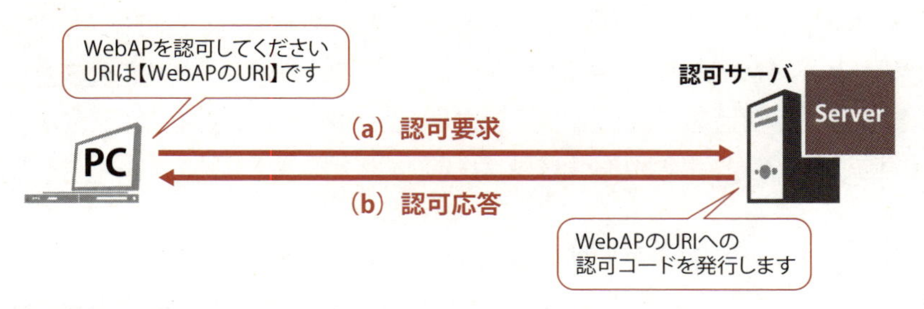

■認可要求と認可応答の内容

では（a）において，WebAPのURIでなく，攻撃者が指定した悪意のサイトのURIで認証要求をしたらどうなるでしょうか。

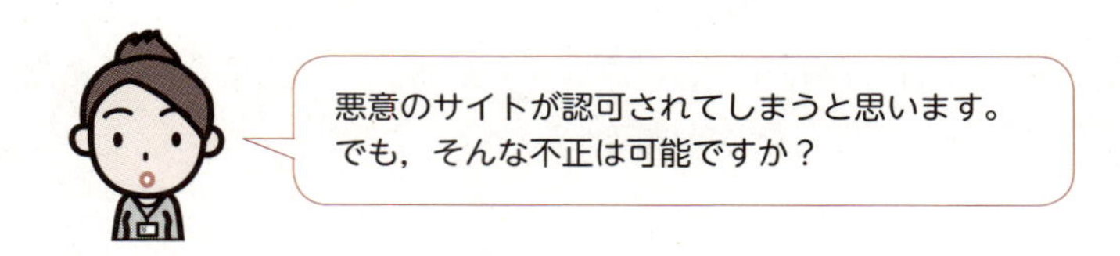

はい，PCにウイルス感染をさせたり，redirect_uriパラメタを細工したURIをPC利用者にクリックさせれば可能です。

Wさんは，その対策として“redirect_uriパラメタの確認”を行うことにした。これは，図6中の［ ソ ］サーバに，HTTPリクエストに含まれるURIとあらかじめ登録されている絶対URIが一致することを確認させる，という対策である。⑤顧客向けのAPI利用ガイドラインには，この対策に必要な顧客への依頼内容を明記することにした。

redirect_uriパラメタの書き換えに対する対策が記載されています。

絶対URIとは，「http://seeeko.com/index.html」のように，FQDNとパス名など，リソースにアクセスするための情報をすべて含んだ形式のURIです（対義語として相対URIがあり，こちらは「../index.html」のように相対的な指定を行います）。

下線⑤は設問3（3）で解説します。

〔エッジサーバを活用する将来構想〕

図4中のメッセージ交換では，X社内の交換サーバを利用するので，顧客の企業秘密を含むような設定情報及び稼働情報（以下，これらを内部情報という）は，対象外としている。しかし，内部情報についても図4と同様にメッセージ交換を行いたい顧客も多い。X社では，エッジサーバを活用して，内部情報もXシステムに取り込む将来構想をもっている。

再びMQTTの話題に戻りました。企業秘密である内部情報を外部に出さない方法を検討しています。

なぜエッジサーバの活用が必要なんでしょうか？

図7中に記載がありますが，「**顧客の工場に閉じた**情報交換を行う」ためです。たとえば，顧客のノウハウが詰まった設定パラメタなどの機密情報は，外部の人に知られたくありません。しかし，従来どおりの交換サーバを使うと，X社（つまり社外）にこれらの内部情報を送信しなければなりません。そこで，これらの内部情報を外部に送信しないように，工場内にあるエッジサーバを活用するのです。

顧客サーバが一つの場合について，将来構想で追加されるXシステムのメッセージ交換例を図7に，Wさんが考えた将来構想におけるネットワーク構成案を図8に，それぞれ示す。

メッセージ交換の概要	トピック名	メッセージ
顧客サーバと同じ工場のデバイス Di (i=1, 2, …, m') 間で，エッジサーバを使って，顧客の工場に閉じた情報交換を行う。 顧客サーバ ←→ エッジサーバ ←→ デバイスD1 … デバイスDm'	Confidential/Di	デバイス Di に関する内部情報

図7　将来構想で追加されるXシステムのメッセージ交換例

この図7を図4と比較しましょう。

Q. 図4の項番1とどこが変更になったか。

A. 「交換サーバ」が「エッジサーバ」に変わりました。また，トピック名も変わり，「Confidential/Di」となっています。なお，Confidentialは「機密」という意味です。

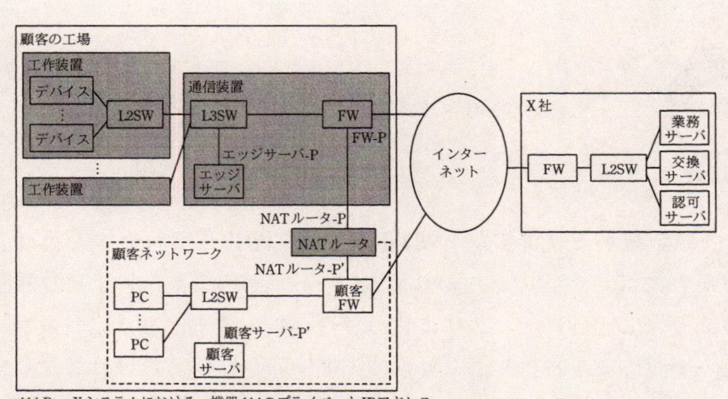

ddd-P ：Xシステムにおける，機器dddのプライベートIPアドレス
ddd-P'：顧客ネットワークにおける，機器dddのプライベートIPアドレス

図8　Wさんが考えた将来構想におけるネットワーク構成案（抜粋）

図8に示すように，Wさんは，NATルータを使って，顧客ネットワークとXシステムを接続する案を考えた。NATルータは，1：1静的双方向NATとして動作させ，図8中のNATルータ-PとNATルータ-P'を利用して，宛先IPアドレスと送信元IPアドレスの両方を変換させる。

図8は，エッジサーバと顧客サーバ間でMQTTの通信ができるようにするための構成です。図1との違いは，NATルータが設置された点だけです。

注記のddd-Pやddd-P'は，図にありませんが……

「d」はワイルドカードの「＊」の意味で使われています。たとえば，図中のNATルータ-Pやエッジサーバ-Pなどが該当します。

NATルータは必要ですか？
FWと顧客FWを直結するだけでいいと思います。

たしかに，それでも通信可能です。というか，一般的にはNAT装置を入れないことでしょう。今回はなぜNATルータを入れたのか，その正確な理由はわかりません。想像でしかありませんが，顧客ネットワークとXシステムを同じネットワークの位置づけにしたかったように感じます。

設問には関係ないので，参考程度に読んでください。今回のNAT装置の導入により，顧客ネットワークのIPアドレスを，FWとNATルータの間のセグメントのIPアドレスに見せることができます。具体的には，顧客サーバが，FW-P，NATルータ-Pと同一セグメント（に見えるよう）になります。であれば，今回の構成変更で，Xシステム側のネットワーク機器の設定変更が不要になります（本来ならば，顧客ネットワーク向けのルーティング追加などの設定が必要です）。

NATルータでのアドレス変換の内容に関しては，設問4（1）で問われます。

さて，ここからは，MQTTに戻ります。以下の問題文と図9に番号（❶～❽）をつけました。番号をもとに，照らし合わせて確認してください。

Wさんが考えた将来構想におけるメッセージの流れを図9に示す。

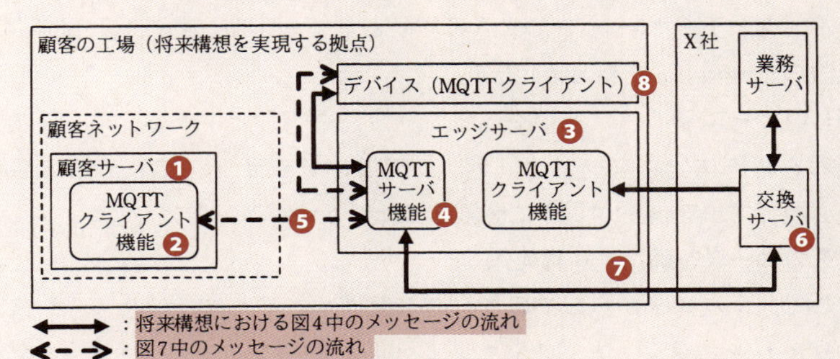

図9　Wさんが考えた将来構想におけるメッセージの流れ

図9の説明を次に示す。

- 顧客サーバ（前ページの図❶）にMQTTクライアント機能（❷）を，エッジサーバ（❸）にMQTTサーバ機能（❹）をそれぞれ実装し，顧客サーバ（❶）とエッジサーバ（❸）間でメッセージ交換（❺）を行う。

これまでは，デバイスやエッジサーバがMQTTクライアントでした。ここでは新たに顧客サーバがMQTTクライアントになります。また，エッジサーバにはMQTTサーバの機能も持たせ，MQTTクライアントとメッセージ交換を行います。

- エッジサーバ（前ページの図❸）のMQTTサーバ機能（❹）は，通常のMQTTサーバ機能に加えて，メッセージをほかのMQTTサーバ（❻）と送受信（❼）する機能（以下，MQTTブリッジという）をもつ。Xシステムのデバイス（❽）は複数の機器とTCPコネクションを確立できないので，このMQTTブリッジを利用する。

もう，無理です。
さっぱりわかりません。

このあたりは複雑なので，順序だてて説明します。

①従来のやりとり

デバイスと交換サーバでTopicAのやりとりをしていました（TopicAは図4に記載のconfig/Diとstatus/Diです）。

②新しいニーズ

情報を外部に出さないため，デバイスとエッジサーバでTopicBのやりとりが必要です（TopicBは図7に記載のConfidential/Diです）。

③（そのニーズを満たす）対処策

そこで，デバイスから二つのサーバ（交換サーバとエッジサーバ）に対してやりとりをさせようとしました。しかし，問題文にあるように，「デバイスは複数の機器とTCPコネクションを確立できない」のです。

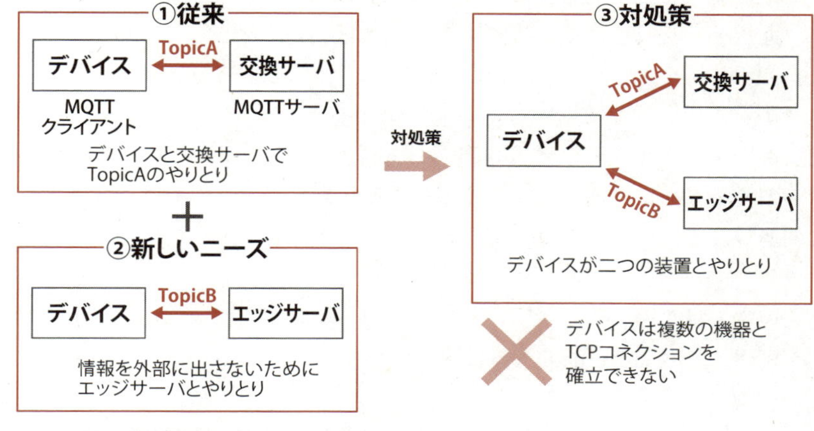

■デバイスは複数の機器とやりとりできない

④MQTTブリッジ機能

そこで，MQTTブリッジ機能です。デバイスはTCPコネクションが一つしか確立できないので，エッジサーバのみと通信します。交換サーバとは，MQTTブリッジを利用して，エッジサーバに中継してもらいます。

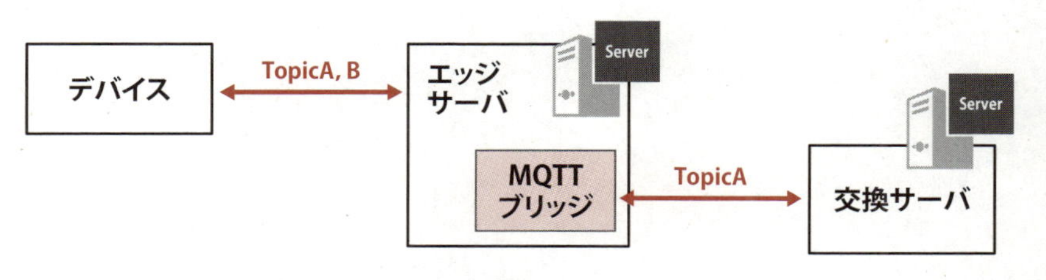

■MQTTブリッジを利用して，エッジサーバで中継する

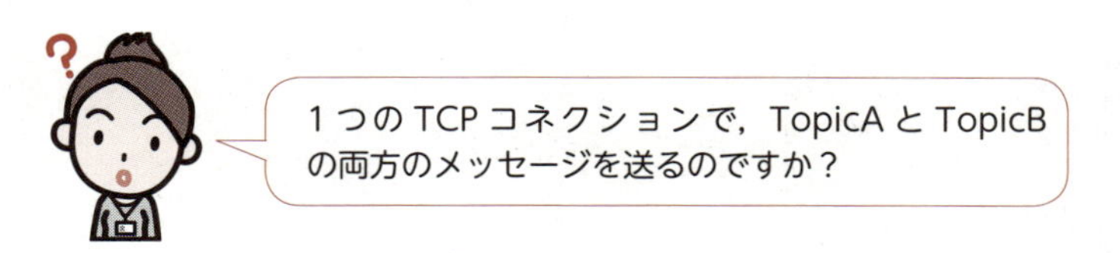

はい，そうなります。

• ⑥MQTTブリッジには，トピック名をあらかじめ定義しておき，そのトピック名のメッセージを交換サーバと送受信させる。

MQTTブリッジを使う場合は，トピック名をあらかじめ定義しておく必要があるようです。もちろん，先の図のTopicBは，MQTTブリッジを使わないので，トピック名を定義する必要はありません。この点は，設問4（3）に関連します。

Wさんは，図7～9を使って，ネットワークの動作について検討し，将来構想への対応が可能であると判断した。

Wさんは，以上の検討結果を上司に報告した。X社の情報システム部は，Xシステム構想を実現するためのプロジェクトを発足させた。

以上で問題文の解説は終わりです。と―――っても大変だったと思います。お疲れさまです。

設問の解説

設問1

〔ネットワークセキュリティ対策〕について，(1) ～ (3) に答えよ。

(1) 本文中の［　ア　］～［　エ　］に入れる適切な字句を答えよ。

空欄ア～ウ

空欄ア～空欄ウには，TLSの基本的な機能に関するキーワードが入ります。問題文を再確認します。

> TLSには，情報を［　ア　］する機能，情報の改ざんを［　イ　］する機能，及び通信相手を［　ウ　］する機能がある。

TLS（Transport Layer Security）は，以前はSSL（Secure Socket Layer）と呼ばれていた機能です。SSLというキーワードが普及しているので，今でもSSLと呼ばれます。ですが，実際に使われているのはTLSです。

TLSの主要な機能は，①情報の暗号化，②改ざん検知，③電子証明書を使った通信相手の認証，などです。よって，空欄アには「暗号化」，空欄イには「検知」，空欄ウには「認証」が入ります。

TLSを知らないと解けないということですか？

いえ。TLSの機能というよりもセキュリティの基礎知識です。情報セキュリティの3大要素として「機密性」「完全性」「可用性」があります。機密性のためには「暗号」と「認証」，完全性のためには「改ざん検知」が必要です。そのあたりの知識があれば答えられたと思います。

解答　空欄ア：**暗号化**　　空欄イ：**検知**　　空欄ウ：**認証**

空欄エ

問題文には，「機器間の［ エ ］コネクションの確立要求」とあります。コネクションというキーワードはTCPと組み合わせて使います。これは，試験対策として覚えてしまいましょう。参考までに，TCPはコネクション型通信，UDPはコネクションレス型通信といわれます。よって，空欄エには「TCP」が入ります。

余談ですが，問題文の図2のあとには「TCPコネクションを確立する」という一文があり，ズバリ解答が書かれています。

解答 TCP

(2) 本文中の下線①の対策を，50字以内で述べよ。
(3) 本文中の下線②の対策を，30字以内で述べよ。

(2)(3)はまとめて解説します。
問題文の該当部分は以下のとおりです。

それを踏まえて，次の侵入及びなりすまし対策を採用する。
- X社に設置されたFWを使った対策
- ①通信装置内のFWを使った対策
- ②TLSの機能を使った，デバイス及びエッジサーバに関する対策

まず①についてです。侵入対策・なりすまし対策のうち，侵入対策はファイアウォールで行えます。IPアドレスやポート番号でフィルタリングをし，不正な第三者の侵入を防ぎます。よって，解答の根底は「FWで侵入を防ぐ」ことです。

どうやって50字も書くのでしょうか……

たしかに，何を書いていいのか難しい問題でした。採点講評にも，「正答

率が低かった」とあります。

難しいとはいえ，何かを書かなければいけません。答えに迷ったら，問題文に戻りましょう。ヒントは，問題文の「工場内の機器とX社内の機器との通信は，いずれもクライアントサーバ型の通信であり，機器間の エ：TCP コネクションの確立要求は，工場からX社の方向に行われる」の部分です。

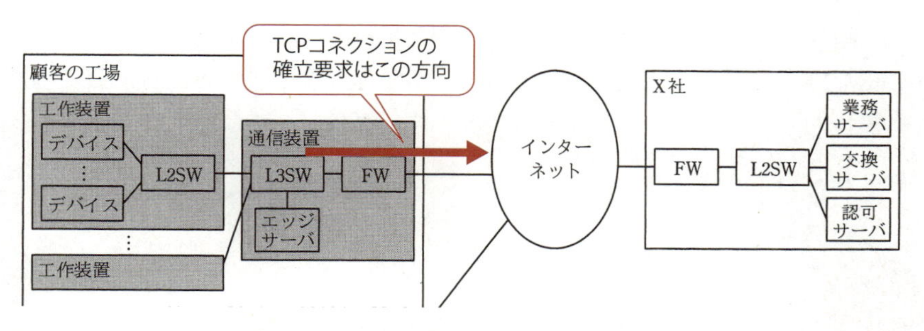

■TCPコネクションの確立要求は，工場からX社の方向

したがって，通信装置内のFWでは，工場内の機器からX社の方向に行われる通信のみを許可します。この点を活用して解答を組み立てます。

また，その他の通信，たとえばインターネットから工場への通信は拒否します。ただ，一般的にファイアウォールには「暗黙の拒否」があります。許可する通信のみ設定すれば，それ以外の通信は自動的に拒否されます。

解答例 **X社が運用・保守を行う機器からX社FWの方向に確立されるTCPコネクションだけを許可する。**（45字）

次に②についてです。設問1（1）の解説で，TLSには電子証明書を利用した認証機能があることを述べました。この機能を利用すると，サーバ側では，接続してきたクライアントが正規のクライアントであることを認証できます。つまり，なりすまし対策ができます。具体的には，クライアント証明書をデバイスやエッジサーバに配布し，クライアント認証を行います。

解答例 **クライアント証明書を配布してクライアント認証を行う。**（26字）

証明書を使ったクライアント認証って，
あまり聞かないですね。

一般的にクライアントの認証は，ユーザID/パスワードであったり，端末のMACアドレス認証などです。クライアント証明書を使った認証としては，無線LANにおけるEAP-TLSがその代表です。難しかったと思います。

設問2

〔MQTTを使ったメッセージ交換方式〕について，(1)～(4)に答えよ。

(1) 図3中のQoSレベルが0の場合のメッセージ送信について，TCPの再送機能だけではメッセージの消失が防げないのはどのような場合か。45字以内で具体的に答えよ。

この設問は難問です。

本当に見当もつきません。

解答に悩んだら，問題文にヒントがないか探しましょう。この設問は，QoSレベル0の説明でなく，QoSレベル2の説明中にヒントがあります。具体的には，「TCPコネクションが切断された場合のために，PUBLISH及びPUBRELは送信者によって保存され，送信者から受信者への再送に利用される」の部分です。

この内容を整理すると，次のようになります。

- QoSレベル2：TCPコネクションが切断された場合でも，再送機能がある
- QoSレベル0：TCPコネクションが切断されると，再送機能がない
  （＝メッセージが消失する）

TCPコネクションが切断されるとは，通信が切れた場合と考えてください。問題文の記述でいうと，「電源断などで非稼働になった場合」です。電源が切れていれば，通信はできませんよね。

それはわかります。でも，QoSレベル２の場合，通信が切れても再送するのですか？

はい，再送します。問題文にも，「交換サーバからデバイスDiへのPUBLISH送信中に［キ：デバイスDi］が**電源断などで非稼働になった場合**，そのPUBLISHは，［ク：交換サーバ］の中に保存され，**稼働再開後に再送される**」とあります。

さて，解答の書き方ですが，「具体的に」「45字」で書く必要があります。すでに述べたような問題文の「TCPコネクションが切断された場合のために」の部分を中心にまとめましょう。また，設問では「どのような場合」と問われているので，文末は「～場合」で終わるようにします。

解答例 **TCPの送信処理中に，デバイスの電源断などでTCPコネクションが開放された場合**（39字）

解答例では「開放」というキーワードを使っていますが，「切断」でも正解になると思われます。

（2） 本文中の下線③について，PUBRELを受信するまで，メッセージの処理を保留する目的を，20字以内で述べよ。

問題文の該当部分は以下のとおりです。

> - TCPコネクションが切断された場合のために，PUBLISH及びPUBRELは送信者によって保存され，送信者から受信者への再送に利用される。
> - ③PUBLISHを受信した受信者は，メッセージの処理を始める前に送信者にPUBRECを送信し，その応答であるPUBRELを受信してからメッセージの処理を開始する。
> - PUBRELを送信した送信者は，その応答であるPUBCOMPを受信してから，メッセージ送信を完了する。

この点は，1章のMQTTの解説でも説明しました。QoSレベル2では，QoSレベル0のデメリットを解消するために，このような処理をしているのです。

採点講評には「QoSレベルに関する設問2（2）の正答率は低かった」とあります。事前知識がないまま，この問題で正答を出すのは厳しかったと思います。

さて，1章でも解説しましたが，改めて解説します。まず，PUBRELとPUBCOMPを使わない以下のシーケンスでのデメリットを考えます。

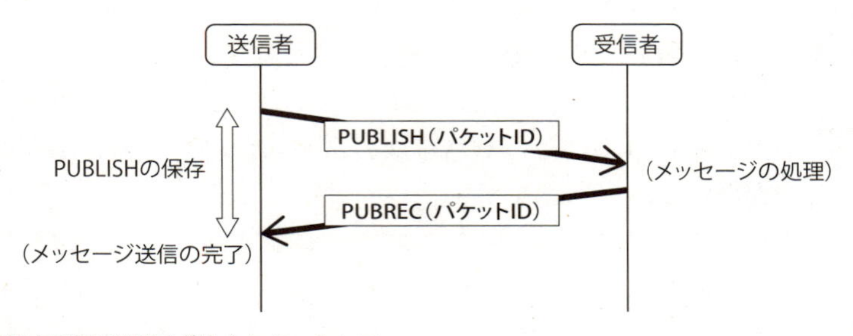

PUBRELとPUBCOMPを使わないシーケンス

受信者側ではPUBLISHの保存をせず，受信したらすぐにメッセージを処理します。

では，何らかの理由でPUBRECが送信者に届かなかったらどうなるでしょうか。

以下の図を見てください。❷において，何らかの理由でPUBRECが送信者に届かなかったとします。このとき，送信者は，PUBRECが届かないので再送します（❸）。こうして，メッセージが二重に届くのです（❹）。

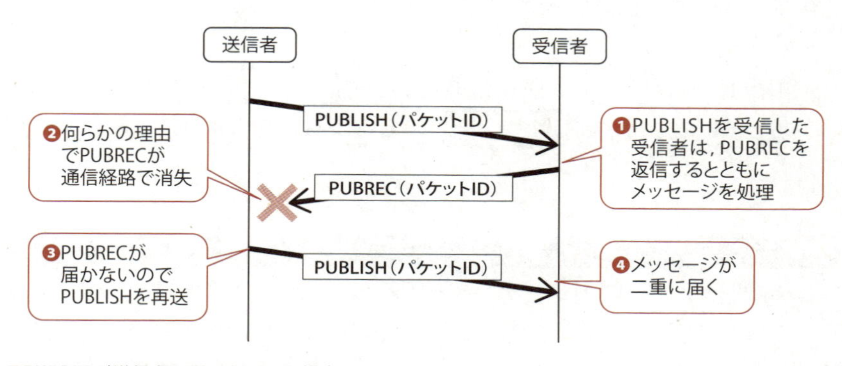

■PUBRECが送信者に届かなかった場合

ここで，二重に届いたメッセージを2回処理してしまうのが問題です。

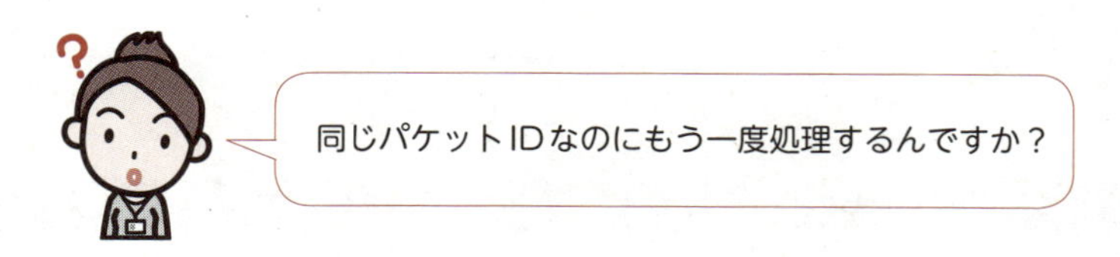

そうなんです。図3の注記2に「受信者は，メッセージの処理を開始した以降に受信したPUBLISHは，パケットIDの重複にかかわらず新しいパケットとみなす」とあるからです。このような，メッセージの重複を防止するために，PUBLISHの保存や，PUBREL，PUBCOMPを利用します。

答案の書き方ですが，問われているのは「目的」です。文末を「～ため」にするか,「～ため」につながる文章にします。「メッセージが重複するから」などと，問題点を書いてはいけません。

解答例 **メッセージの重複を防止する。**（14字）

(3) 本文中の［　オ　］～［　ケ　］に入れる適切な字句を答えよ。

MQTTの動作に関して，空欄を埋める問題です。
まず，空欄オ，空欄カを含む文章を確認します。

- 項番1では，デバイスDiは，あらかじめ［　オ　］を交換サーバに送信し，トピック名が［　カ　］のPUBLISHが送信されるようにする。

空欄オ

この問題は，MQTTのシーケンスが理解できていれば簡単です。問題文のヒントは，「配信先となるクライアントは，サーバに**SUBSCRIBEを送信**し，購読対象のメッセージを，トピック名を使って通知する」の部分です。つまり，デバイスDiはあらかじめSUBSCRIBEを交換サーバに送信します。

解答　SUBSCRIBE

空欄カ

問題文に「項番1では」とあるように，図4の項番1を見ましょう。トピック名は「config/Di」と記載されています。サービス問題でした。

解答　config/Di

参考までに，この流れを図にすると次のようになります。

業務サーバ　交換サーバ　デバイスDi

空欄オ：SUBSCRIBE

トピック名 空欄カ：config/Di の購読申込み

PUBLISH

PUBLISH

トピック名「config/Di」のメッセージの送信

■MQTTのシーケンス

空欄キ・空欄ク

空欄キ，空欄クの関連部分を再掲します。

項番	メッセージ交換の概要	QoS レベル	トピック名	メッセージ
1	業務サーバから，特定のデバイス Di に対して，設定情報を送信する。 業務サーバ → 交換サーバ → デバイスDi	2	config/Di	デバイス Di の設定情報

（中略）

- 項番1では，QoSレベルとして2が使用されている。交換サーバからデバイスDiへのPUBLISH送信中に［　キ　］が電源断などで非稼働になった場合，そのPUBLISHは，［　ク　］の中に保存され，稼働再開後に再送される。

この問題は，問題文の図と文章からなんとなく正解できたと思います。参考までに，この内容を下図に示します。

■交換サーバからデバイスDiへのPUBLISH送信

図にすると一目瞭然。
空欄キは「デバイスDi」ですね。

そのとおりです。

では，空欄クの，PUBLISHを保存するのはどこでしょう。これも問題文に記載があります。たとえば，図3ではQoSレベルが2の場合の通信シーケンスが記載されています。ここで，**送信者**がPUBLISHを保存していることがわかります。また，問題文にも「TCPコネクションが切断された場合のために，**PUBLISH**及びPUBRELは**送信者によって保存**され」とあります。空欄クにはこの場合の送信者である「交換サーバ」が入ります。

解答　空欄キ：**デバイスDi**　空欄ク：**交換サーバ**

空欄ケ

空欄ケの該当部分を再掲します。

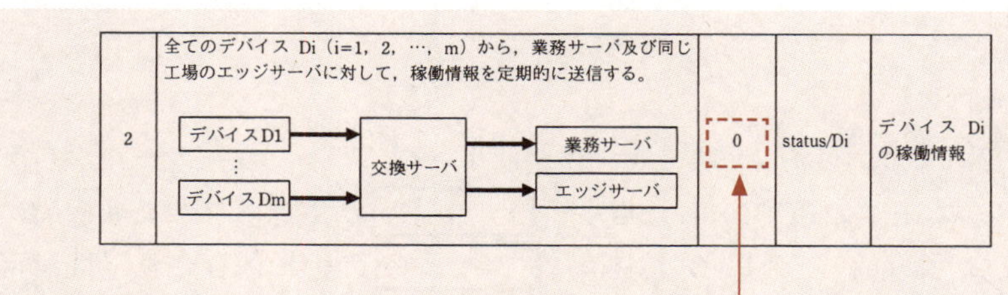

2	全てのデバイス Di（i=1，2，…，m）から，業務サーバ及び同じ工場のエッジサーバに対して，稼働情報を定期的に送信する。	0	status/Di	デバイス Di の稼働情報

（中略）

- 項番2では，QoSレベルとして0が使用されている。これは，［　ケ　］及びエッジサーバは安定した稼働が見込めるからである。

図4の項番2を見ると，業務サーバとエッジサーバにメッセージを送っています。
なので，空欄ケは「業務サーバ」だと思います。

そのとおりです。簡単でしたね。デバイスとは異なり，業務サーバやエッジサーバは頻繁に電源を入れたり切ったりしません。常時稼働（＝安定した稼働）をしています。そのため，QoSレベル0でメッセージを送ったとしても，メッセージの処理中に電源断によってメッセージが消失する心配が少ないのです。

解答　業務サーバ

（4）本文中の［　コ　］に入れる適切な機器名を全て答えよ。

ここでは，図5にあるように，業務サーバ→交換サーバ→デバイスの通信シーケンスについて説明をしています。そして，問題文には，「ただし，図1に示すように，［　コ　］は同一拠点に設置されている必要がある」とあります。

問題文が意図していることなどはさっぱりわかりませんが，図1と，国語の読解力で解けそうです。

そうですね。図1では，拠点として顧客の工場とX社の二つがあります。また，図5には業務サーバ・交換サーバ・デバイスの三つの機器が示されています。この中で，同一拠点に設置されているのは，業務サーバと交換サーバです。

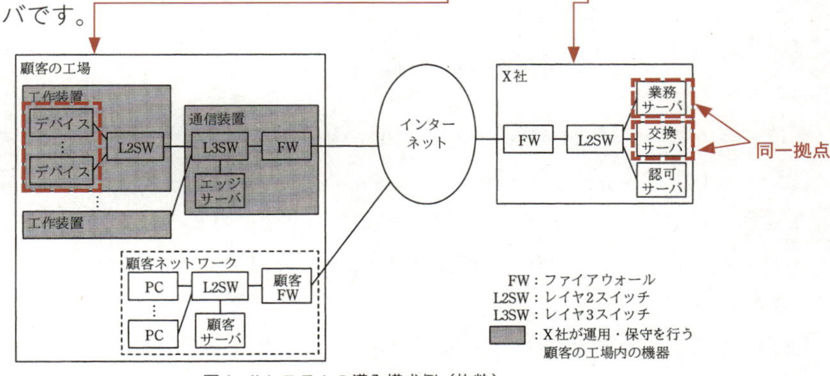

図1　Xシステムの導入構成例（抜粋）

よって，空欄コには「業務サーバ」と「交換サーバ」が入ります。

解答 **業務サーバ，交換サーバ**

答えはわかりました。でも，なぜ同一拠点に設置されている必要があるのでしょうか。

「されている必要がある」というより「されているという前提条件で算出している」ということです。具体的には，業務サーバと交換サーバは，同一LAN（＝同一拠点）にあるという前提で，RTTが20ミリ秒になっています。この説明だとよくわからないのでもう少し解説しますが，設問に関係ないので読み飛ばしてもらってもかまいません。

では，問題文の該当部分を再掲します。

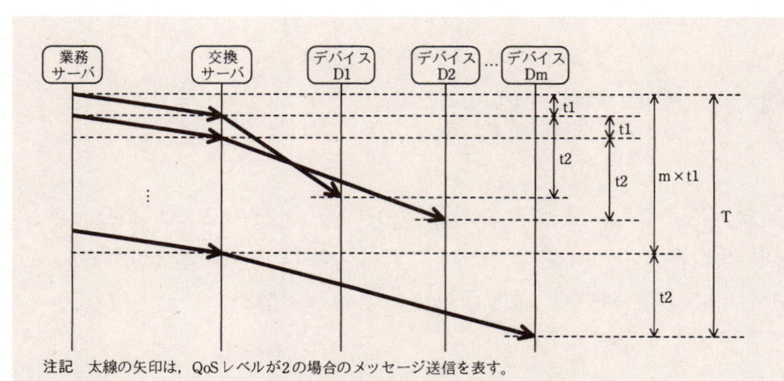

注記　太線の矢印は，QoSレベルが2の場合のメッセージ送信を表す。

図5　WさんがTの概算に用いた通信シーケンス

図5中の装置の処理時間を無視し，図5中のt1及びt2は，それぞれの装置間のRTT（Round Trip Time）の2倍に等しいとし，LANのRTTを20ミリ秒，WANのRTTを200ミリ秒とすると，Tは次のように概算できる。

T＝m×t1＋t2＝6,000×2×20＋2×200（ミリ秒）≒4（分）

図5において，業務サーバから交換サーバへの通信時間はt1です。最後の計算式から，t1は2×20であることがわかります。この20という値は，

LANのRTTを示しています。よって，業務サーバと交換サーバは同一LAN（＝同一拠点）である前提で計算されています。

設問3

〔APIにアクセスする顧客サーバの管理〕について，（1）～（3）に答えよ。

（1）本文中の［ サ ］～［ ソ ］に入れる適切な字句を答えよ。

Webサービスの連携に関して，空欄を埋める設問です。問題文を丁寧に読むと，答えが導き出せます。

空欄サ・空欄シ

問題文の該当部分を再掲します。解説用に番号❶～❺を追記しています。

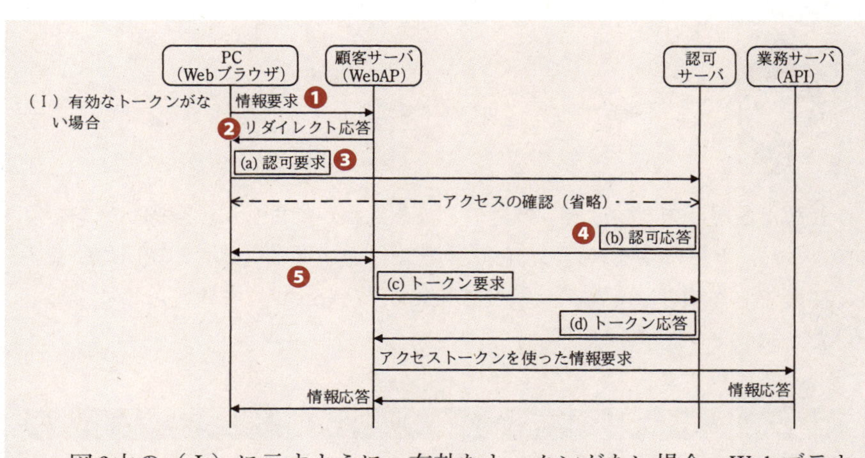

図6中の（Ⅰ）に示すように，有効なトークンがない場合，Webブラウザから WebAPへの情報要求は，［ サ ］サーバにリダイレクトされる。認可応答では，認可要求で通知されたURIを用いたリダイレクトによって，［ シ ］に認可コードが通知される。続いて，認可コードを用いたトークン要求とトークン応答が行われ，WebAPはアクセストークンとリフレッシュトークンを獲得する。

【空欄サ】

図6（Ⅰ）で，WebブラウザからWebAPへの情報要求（前ページの図❶）が，リダイレクト応答（同図❷）によってどのサーバにリダイレクトされるかが問われています。図6（Ⅰ）を見るとわかりますが，PCを経由して認可サーバにリダイレクトされます（同図❸）。宛先は認可サーバですので，空欄サには「認可」が入ります。

解答	認可

【空欄シ】

認可応答（前ページの図❹）に含まれる認可コードが，リダイレクト（同図❺）によって何に通知されるかが問われています。❺の宛先は顧客サーバ上のWebAPですので，空欄シには「WebAP」が入ります。

解答	WebAP

「顧客サーバ」ではダメですか？

正解だと思うのですけど，本当のところはわかりません。空欄サや空欄ソのように，サーバ名を答える空欄のあとには必ず「サーバ」が続いています。ですので，作問者は，顧客サーバではなく，「WebAP」を答えとして求めていたと思います。

空欄ス

空欄スを含む問題文を確認します。

> アクセストークンの有効期間を過ぎた場合でも，［　ス　］の有効期間内であれば，利用者の確認を行わずに，新しいアクセストークンが発行される。

図6中の「（Ⅲ）リフレッシュトークンだけが有効な場合」に関する説明です。「有効期間」という概念があるのは，この問題文の中ではアクセストークンとリフレッシュトークンの二つしかありません。アクセストークンの有効期限は過ぎているので，空欄スにあてはまるのは，「リフレッシュトークン」です。

解答　リフレッシュトークン

空欄セ

空欄セを含む問題文を確認します。

(a) 認可要求：GET /authorize?redirect_uri=【WebAPのURI】（省略）
HOST:【認可サーバ】

(b) 認可応答：HTTP/1.1 302 Found
Location:【WebAPのURI】?code=【認可コード】

(c) トークン要求：POST /token HTTP/1.1
（省略）
（省略）code=【認可コード】&redirect_uri=【WebAPのURI】（省略）

（中略）

図6の通信シーケンスでは，図6中の“(a) 認可要求”のredirect_uriパラメタが書き換えられ，図6中の［　セ　］に含まれる認可コードが意図しない宛先に送信される可能性がある。

こちらは，問題文を丁寧に読めば正解を導けます。

「［　セ　］に含まれる認可コード」とあります。認可コードが含まれるのは，図6より（b）認可応答と，（c）トークン要求の二つです。また，問題文の解説で述べたとおり，redirect_uriパラメタが書き換えられた場合，認可応答に含まれる認可コードが意図しない宛先に送信される可能性があります（詳しくは問題文の解説を参考にしてください）。

よって，空欄セには，「認可応答」が入ります。

解答　認可応答

空欄ソ

次は，その対策についてです。
問題文の該当部分を再掲します。

Wさんは，その対策として“redirect_uriパラメタの確認”を行うことにした。これは，図6中の[ソ]サーバに，HTTPリクエストに含まれるURIとあらかじめ登録されている絶対URIが一致することを確認させる，という対策である。

この問題は，それほど難しくありません。図6でサーバと名が付くのは，顧客サーバ，認可サーバ，業務サーバの三つです。このなかで，認証を行っているのは認可サーバです。よって，空欄ソには「認可」が入ります。

もう少し丁寧に見ていきましょう。再確認しますが，これは何の対策かというと，「図6中の“(a) 認可要求”のredirect_uriパラメタが書き換えられ」ることへの対策です。図6で「(a) 認可要求」の中身を見ると，リダイレクト先となるHOSTは「認可サーバ」となっています。シーケンスでも，宛先は「認可サーバ」です。認可サーバに絶対URIを登録しておき，「(a)認可要求」のHTTPリクエストに含まれるURIと一致しているかを確認します。

解答 認可

ところで，認可サーバには
どうやってURIを登録するのですか？

今回の問題文を読む限りは，顧客にURIを教えてもらい，X社が許可サーバに手動で登録すると思われます。一方，一般的なOAuth 2.0のAPIを公開しているサービスの場合は，設定用Web画面を用意しています。その画面から顧客が自ら登録します。

(2) 本文中の下線④について，提供するAPIの範囲を変更する場合，変更が有効になるのは，X社がアクセストークンを変更してから最長で何分後かを答えよ。

この問題を解くポイントは，問題文の「アクセストークンを定義し，**認可サーバ**に格納しておく」の部分です。アクセストークンを使った情報のやりとりは，図6から「**業務サーバ（API）**」と行いますが，変更されたアクセストークンは「**認可サーバ**」にあるのです。よって，認可サーバにアクセスしないと，新しいトークンを受け取ることができません。

Q. いつ認可サーバにアクセスするか？

A. 図6の（Ⅲ）の，アクセストークンの有効期限が切れたときです。図6で確認しましょう。有効期間の10分が過ぎたあとは，業務サーバからはエラー応答（下図❶）が返されます。その後，リフレッシュトークンを利用して，認可サーバへトークン要求が行われます（下図❷）。この要求ではじめて変更後のアクセストークンを受信します（下図❸）。

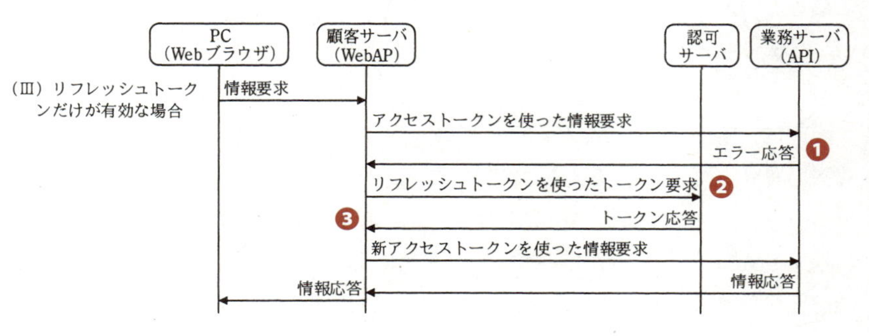

■アクセストークンの受信

❶のエラー応答を返すのは，アクセストークンの有効期間である10分後です。エラーを返してはじめて認可サーバにアクセスし，変更が有効になります。ですから，変更が有効になるのは，最長10分です。

解答	10分

それができれば，リアルタイムに変更が有効になります。技術的に不可能ではないと思いますが，そのような仕組みやシーケンスは問題文に記載されていません。勝手な憶測で解答しても，正解にはなりません。問題文に書かれた事実からのみ答案を書くようにしましょう。

(3) 本文中の下線⑤について，顧客への依頼内容を，40字以内で述べよ。

問題文には，「⑤顧客向けのAPI活用ガイドラインには，この対策に必要な顧客への依頼内容」とあります。「この対策」とは，「HTTPリクエストに含まれるURIとあらかじめ登録されている絶対URIが一致することを確認させる」ことです。

顧客に,「絶対URIを教えてください」と依頼する必要があります。これが,解答の骨子です。わからないなりに，なんとなく答案を書けたのではないでしょうか。合格者二人の復元答案でも，（本質的にご理解されていたかはわかりませんが……），点数がもらえる答えをしっかりと書いています（p.251に復元答案を掲載しているので参考にしてください）。

解答例 WebAPのURIを固定にし，絶対URIを事前に通知してもらう。(32字)

書けた人は少ないと思います。ただ，書いてある内容は，(当たり前ですが) 大事なことです。絶対URIを変更したら，登録されたURIと不一致になってしまうからです。

試験本番では，完璧な答案を書くのは不可能です。少なくとも，「絶対URIを通知してもらう」の部分は確実に書けるようにしましょう。

設問4

〔エッジサーバを活用する将来構想〕について，(1) ～ (4) に答えよ。

(1) 図8中のNATルータについて，顧客ネットワークからXシステムの方向の通信におけるアドレス変換の内容を，60字以内で具体的に述べよ。

問題文の該当部分は以下のとおりです。

> NATルータは，1：1静的双方向NATとして動作させ，図8中のNATルータ-PとNATルータ-P'を利用して，宛先IPアドレスと送信元IPアドレスの両方を変換させる。

この内容を解説しますが，イメージしやすいように具体的なIPアドレスを付与して説明します。

以下の図は，顧客サーバ（172.16.1.10）からエッジサーバ（192.168.3.40）への通信をNATルータでNATする場合の図です。顧客サーバから出たパケット（次ページの図❶）の宛先IPアドレスは172.16.2.40（NATルータ-P'）ですが，NATルータでNATされて192.168.3.40（エッジサーバ-P)（次ページの図❷）になります。同時に，送信元IPアドレスも172.16.1.10（顧客サーバ-P'）から192.168.1.10（NATルータ-P）に変換されます。

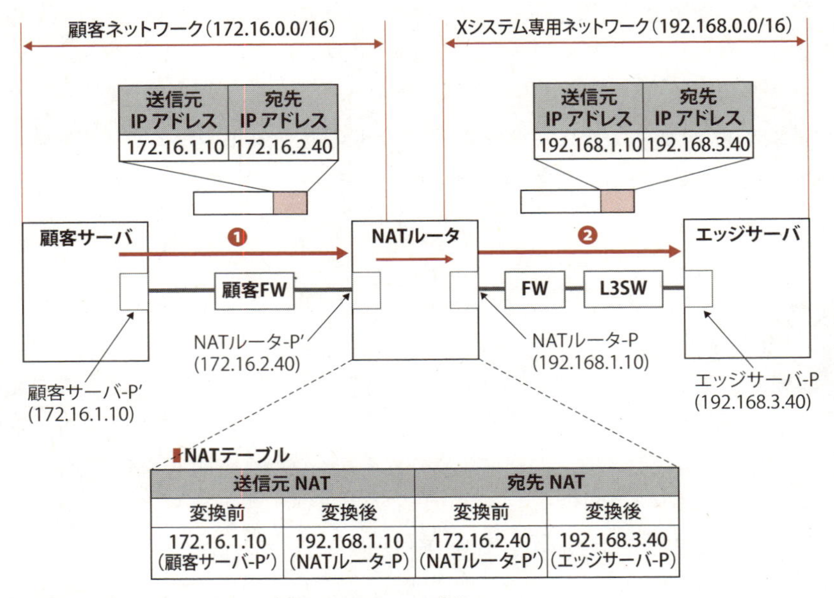

送信元 NAT		宛先 NAT	
変換前	変換後	変換前	変換後
172.16.1.10 (顧客サーバ-P')	192.168.1.10 (NATルータ-P)	172.16.2.40 (NATルータ-P')	192.168.3.40 (エッジサーバ-P)

NATによる宛先IPアドレスと送信元IPアドレスの変換

答案は，上記のNATテーブルの内容をもとに変換の内容を記載します。60字以内で収める必要があるので，変換後の情報を中心にまとめます。

解答例 **送信元IPアドレスをNATルータ-Pに，宛先IPアドレスをエッジサーバ-Pに，それぞれ変換する。**（48字）

NATルータ-P'（172.16.2.40）にpingを送信すると，応答するのはNATルータですか？
それとも，エッジサーバですか？

Q. NATルータとエッジサーバのどちらが応答するか。

A. もちろん，エッジサーバです。

混乱する可能性があるので，これ以降は参考程度に聞いてください。問題文にはddd-P’は，「機器dddのプライベートIPアドレス」と記載されています。ですから, NATルータ-P’（172.16.2.40）は, NATルータのインタフェースに割り当てられたIPアドレスかと思われたことでしょう。実は違います。NATテーブルに記載されたIPアドレスの一つに過ぎないのです。

図には載っていませんが，NATルータにはNATルータ本体のIPアドレスが別に設定されます（たとえば，172.16.2.254）。ですので，NATルータ本体へ通信したいとき（たとえばpingを送信したり，設定用にSSHで接続したい場合）には, NATルータ本体のIPアドレス（172.16.2.254）を指定します。

NATルータの動作としては，172.16.2.254へのパケットが届けば自分が応答し, 172.16.2.40へのパケットが届けば, NATをしてエッジサーバに届けます。

（2） 図8中の顧客FWについて，Xシステムとの接続のために，新たに許可が必要になる通信を40字以内で答えよ。

Xシステムとの接続に必要な通信とは，図7で示される顧客サーバとエッジサーバ間の通信です。そこで，まずは，顧客サーバからエッジサーバまでの通信経路を確認します。図9に示されるとおり，顧客サーバがMQTTクライアントで，エッジサーバはMQTTサーバです。

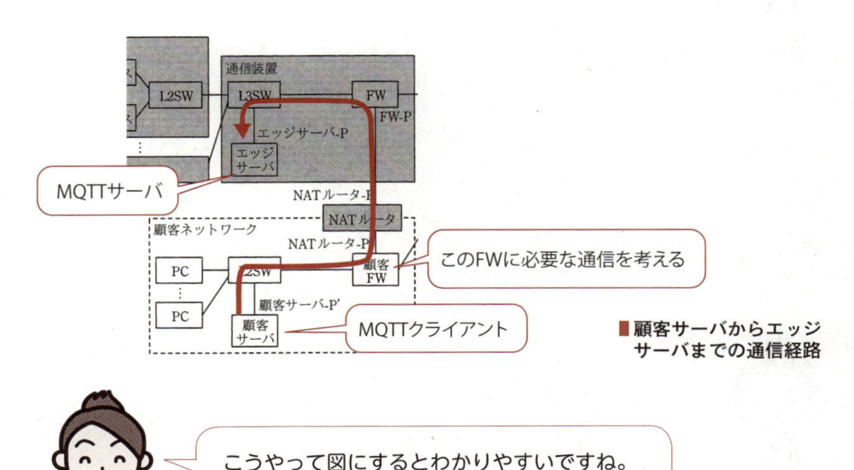

■顧客サーバからエッジサーバまでの通信経路

はい，本試験でも図に書き込んで考えましょう。

では，設問で問われている「顧客FW」について，この矢印のルールを考えましょう。

この矢印のFWルール（ポリシー）を書け。

A. これまでの問題文の情報から考えると，以下のようになります。

送信元 IPアドレス	宛先 IPアドレス	プロトコル	送信元 ポート番号	宛先 ポート番号	アクション
顧客サーバ （顧客サーバ-P'）	NATルータ （NATルータ-P'）※注1	TCP	ANY※注2	8883	許可

※注1：宛先IPアドレスは，NATルータでNATされてエッジサーバ（エッジサーバ-P'）になる

※注2：送信元ポート番号は，何が割り当てられるか不明であるため，任意という意味でANYを設定

宛先ポート番号が8883ってどこかに記載してありましたか？

問題文の図2のあとです。「クライアントは，サーバのTCPポート8883番にアクセス」とあります。

このFWのルールを整理すると，新たに許可する通信は，顧客サーバ-P'からNATルータ-P'のポート8883番への通信です。

顧客サーバ-P'からNATルータ-P'のポート8883番への通信（30字）

設問では問われませんでしたが，通信装置内のFWでもNATルータ-PからエッジサーバーPへの通信を許可しなければいけませんね。

いいところに気が付きました。その点は，設問4（4）で問われます。

(3) 本文中の下線⑥について，定義するトピック名を全て答えよ。

問題文の下線⑥には，「⑥MQTTブリッジには，トピック名をあらかじめ定義しておき，そのトピック名のメッセージを交換サーバと送受信させる」とあります。

まず，MQTTブリッジを使うのはどういう場合だったでしょうか。下線⑥にあるように，「交換サーバと送受信」するときです。

設問ではこのときのトピック名が問われています。トピック名が記載されている図4と図7を見てみましょう。

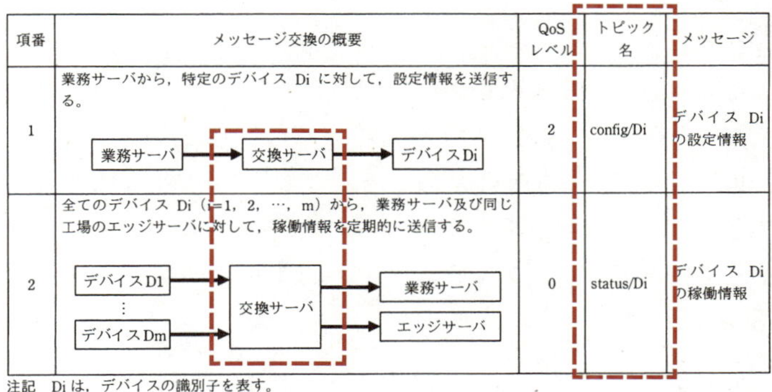

項番	メッセージ交換の概要	QoSレベル	トピック名	メッセージ
1	業務サーバから，特定のデバイス Di に対して，設定情報を送信する。 業務サーバ → 交換サーバ → デバイスDi	2	config/Di	デバイス Di の設定情報
2	全てのデバイス Di（i=1，2，…，m）から，業務サーバ及び同じ工場のエッジサーバに対して，稼働情報を定期的に送信する。 デバイスD1 … デバイスDm → 交換サーバ → 業務サーバ，エッジサーバ	0	status/Di	デバイス Di の稼働情報

注記　Di は，デバイスの識別子を表す。

図4　Xシステムのメッセージ交換

メッセージ交換の概要	トピック名	メッセージ
顧客サーバと同じ工場のデバイス Di（i=1，2，…，m'）間で，エッジサーバを使って，顧客の工場に閉じた情報交換を行う。 顧客サーバ ⇔ エッジサーバ ⇔ デバイスD1 … デバイスDm'	Confidential/Di	デバイス Di に関する内部情報

図7　将来構想で追加されるXシステムのメッセージ交換例

■Xシステムにおけるすべてのトピック名

ここで，「交換サーバ」と通信しているトピック名を探せばいいのですね。

はい。図4の項番1と項番2が該当します。よって，定義するトピック名は，

「config/Di」と「status/Di」の二つです。

解答 config/Di，status/Di

（4） 図7～9中の顧客サーバを1台追加する場合，Xシステム側で必要となる対応を二つ挙げ，それぞれ30字以内で述べよ。

1台追加というのは，さらにもう1台追加という意味ですか？

問題文からは正確に読み取れませんが,「追加」という言葉から, さらに「もう1台」と考えられます。

さて，顧客サーバを追加するための対応ですが，設問4（1）と設問4（2）の検討内容がヒントになります。

では，図8に顧客サーバ2（IPアドレスは顧客サーバ2-P）を追記し，この図をもとに解説します。

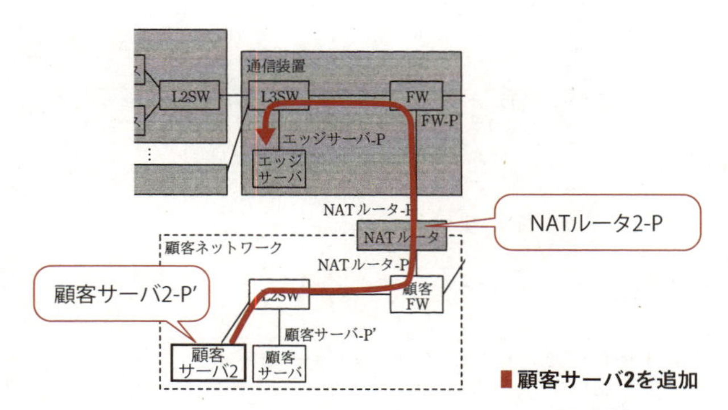

■顧客サーバ2を追加

NATルータのXシステム側のインタフェース(正確にはNATテーブル)には,新しくNATルータ2-PのIPアドレスを追加で付与します。このIPアドレスは,顧客サーバ2に対応します。ここで, 顧客サーバ2-P' とNATルータ2-Pを1:1で対応づけるために，NATルータの設定が必要です。これがXシステム側で必要な対応の1点目です。

答案の書き方ですが，なるべく問題文の言葉を使いましょう。「NATルータは，1：1静的双方向NATとして動作させ」の部分を活用すると，解答例のようになります。

次に設問4（2）で検討したように，FWの設定が必要です。具体的には，NATルータ2-Pからエッジサーバ-Pのポート8883番への通信をFWで許可する必要があります。これが，Xシステム側で必要な対応の2点目です。

答案の書き方ですが，設問4（2）のように具体的に書くと，「追加する顧客サーバのNAT変換後のIPアドレスからエッジサーバへの8883番への通信を許可するルールを，通信装置内のFWに追加する」（58字）となります。

30字に収まっていませんよ。

失礼しました。30字ではあまりたくさんの情報が書けません。「FWの設定が必要である」ことを中心に記載しましょう。ただ，FWは二つあるので，どちらのFWかは明言する必要があります。

① 1：1静的双方向NATの設定をNATルータに追加する。（27字）
② 通信を許可するルールを通信装置内のFWに追加する。（25字）

この問題，とても難しかったですよね。

はい，本当に難しかったです。
合格ラインを突破できそうにありません。

たしかにそう思います。でも，問題文の難しさのわりに，合格ラインの突破は難しくなかったと思います。

なぜなら，単純な穴埋め問題が14問（予想配点は合計42点）ありました。4問はセキュリティの基本的な知識問題で，10問は問題文の言葉を抜き出す問題です。さらに，問題文から該当するものをすべて選ぶのが2問（予想配点は合計8点）あります。これらを確実に正解するだけでも50点取れます。合格まであとたった10点です。そう考えれば，高いハードルには見えなくありませんか？

IPA の解答例

設問			IPA の解答例・解答の要点	予想配点
設問1	(1)	ア	暗号化	3
		イ	検知	3
		ウ	認証	3
		エ	TCP	3
	(2)		X 社が運用・保守を行う機器から X 社 FW の方向に確立されるTCP コネクションだけを許可する。	6
	(3)		クライアント証明書を配布してクライアント認証を行う。	5
設問2	(1)		TCP の送信処理中に，デバイスの電源断などで TCP コネクションが開放された場合	6
	(2)		メッセージの重複を防止する。	5
	(3)	オ	SUBSCRIBE	3
		カ	config/Di	3
		キ	デバイス Di	3
		ク	交換サーバ	3
		ケ	業務サーバ	3
	(4)	コ	業務サーバ，交換サーバ	4
設問3	(1)	サ	認可	3
		シ	WebAP	3
		ス	リフレッシュトークン	3
		セ	認可応答	3
		ソ	認可	3
	(2)		10	4
	(3)		WebAP の URI を固定にし，絶対 URI を事前に通知してもらう。	5
設問4	(1)		送信元 IP アドレスを NAT ルータ -P に，宛先 IP アドレスをエッジサーバ -P に，それぞれ変換する。	6
	(2)		顧客サーバ -P’ から NAT ルータ -P’ のポート 8883 番への通信	5
	(3)		config/Di，status/Di	4
	(4)	①	・1：1 静的双方向 NAT の設定を NAT ルータに追加する。	4
		②	・通信を許可するルールを通信装置内の FW に追加する。	4
			合計	100

※予想配点は著者による

合格者の復元解答

ぽんしゅうさんの解答	正誤	予想採点	ひろさんの解答	正誤	予想採点
暗号化	○	3	暗号化	○	3
検知	○	3	検出	○	3
認証	○	3	認証	○	3
TCP	○	3	TCP	○	3
顧客の工場外から工場内の機器へのTCPコネクション確立要求を遮断する。	△	5	不正な通信相手が、通信装置や工作装置にアクセスして、情報を抜き取られないようにする。	△	3
TLSセッション確立時におけるX社のサーバの認証	×	0	デバイスの運用・保守情報について通信相手のX社が正当である。	×	0
受信者の電源断などにより、TCPコネクションが正常に切断されていない場合	△	3	PUBLISH送信中にTCPコネクションが切断された場合。	○	6
PUBRECの送信者への到達を確認する為	×	0	メッセージ再送がないことを確認するため。	△	2
SUBSCRIBE	○	3	SUBSCRIBE	○	3
config/Di	○	3	config/Di	○	3
工作装置	○	3	デバイスDi	○	3
交換サーバ	○	3	交換サーバ	○	3
業務サーバ	○	3	業務サーバ	○	3
業務サーバ，交換サーバ	○	4	業務サーバ，交換サーバ	○	4
認可	○	3	認可	○	3
Webブラウザ	×	0	WebAP	○	3
リフレッシュトークン	○	3	リフレッシュトークン	○	3
認可応答	○	3	認可応答	○	3
認可	○	3	認可	○	3
10分後	○	4	60	×	0
WebAPから認可サーバへのHTTPリクエストの送信元URIを事前に登録すること	×	0	顧客が用意する顧客サーバのURIを事前にX社へ通知すること。	△	4
宛先IPアドレスをNATルータP'からエッジサーバPに、送信元IPアドレスを顧客サーバP'からNATルータPにする	○	6	宛先IPアドレスをNATルータ-P'からエッジサーバ-Pに、送信元IPアドレスを顧客サーバ-P'からNATルータ-Pにする。	○	6
NATルータのTCPポート8883番と顧客サーバの間の通信	△	3	デバイスやエッジサーバとのMQTTプロトコルを使った通信。	△	3
config/Di，status/Di	○	4	config/Di，status/Di	○	4
・NATルータの変換ルールに新しい顧客サーバを対応させる。	○	4	・NATルータのアドレス変換に追加したWebサーバを追加する。	△	3
・通信装置のFWで新しい顧客サーバとの通信を許可する。	○	4	・認可サーバに、追加したWebサーバのURIを登録する。	×	0
	予想点合計	73		予想点合計	77

IPAの出題趣旨

センサ，アクチュエータなどが情報ネットワークに接続され，企業間にまたがった情報システムが構築されている。そのような分野に応用されることを目的とした，様々なネットワークの規格化も進んでいる。

本問では，製造業のスマート化の基盤となるネットワークシステムの設計を題材にした。その中で，以前から広く用いられている“Webコンピューティング”に関する知識と設計能力を前提にして，比較的新しい“メッセージ通信プロトコルMQTT”と“Webサービスの連携に用いる仕組み”に関して，本文の記述を理解し，それらを情報システムに応用できるネットワーク技術の能力を問う。

IPAの採点講評

問1では，製造業のスマート化の基盤となるネットワークシステムを題材に，ネットワークセキュリティ，メッセージ通信プロトコルMQTT，及びWebサービスの連携に用いる仕組みについて出題した。後半の2テーマについては，知識がなくても本文を読むことで解答を導けるようにした。

設問1は，ネットワークセキュリティについて問うた。設問の中では設問1（2）の正答率が低かった。導入構成例(図1)では，インターネットを介した二つの拠点に，三つのファイアウォールが設置されている。Xシステムに関する記述を正しく理解し，注意深く解答してほしい。

設問2は，MQTTについて問うた。通信プロトコルに関する設問2（3）の正答率は高かったが，QoSレベルに関する設問2（2）の正答率は低かった。MQTTのQoSレベルの考え方は，メッセージ交換の重要な概念の一つである。通信シーケンス（図3）をもう一度よく読み，その仕組みを理解しておいてほしい。

設問3は，APIアクセス許可の仕組みについて問うた。この仕組みは“The OAuth 2.0 Authorization Framework（RFC6749）”に記述があり，広く利用されている。認可のプロセスでは，二つのトークンとともに，URIが固定されたWebAPが重要な役割を担う。設問では，それらの知識を前提とせずに通信シーケンスから解答を導くようにした。正答率は比較的高かったが，リダイレクトに関する通信シーケンスを正しく理解していない誤答が散見された（設問3（1）シ）。リダイレクトは，Webサービスの基本的概念の一つであり，よく理解しておいてほしい。

設問4は，ネットワークシステムの拡張性について問うた。顧客ネットワーク側のMQTTクライアントを接続する際の考慮点について出題している。設問をよく読み，メッセージ交換システムが有する拡張性と，NATを用いて運用主体が異なる二つのネットワークを接続した際の制約において，それぞれ理解した上で解答してほしい。

■出典
「平成30年度 秋期 ネットワークスペシャリスト試験 解答例」
https://www.jitec.ipa.go.jp/1_04hanni_sukiru/mondai_kaitou_2018h30_2/2018h30a_nw_pm2_ans.pdf
「平成30年度 秋期 ネットワークスペシャリスト試験 採点講評」
https://www.jitec.ipa.go.jp/1_04hanni_sukiru/mondai_kaitou_2018h30_2/2018h30a_nw_pm2_cmnt.pdf

ネットワークSE Column 4 試験の緊張をほぐす方法

試験当日は，誰もが緊張するものです。

セミナーで受講生の皆さんとお話をすると，たくさんの人から「私本番に弱いんです」「緊張しない方法がありませんか？」という質問を受けます。

安心してください。緊張する人はいっぱいいるんです。

私はかつて，友達の女性に「緊張しないからいいよね」と言われ，カッコつけのために「今まで緊張したことない」「緊張って何？」などと強がっていました。

ですが，本当のところは逆です。心臓はいつもバクバクでした。

特に午後試験は時間がギリギリで，試験時間の残り1分くらいに答案を書いてるときは，本当に手が震えています。「落ち着け！」と言い聞かせているんですが，体がいうことを聞きません。ガタガタ震えてまともな字が書けませんでした（本当です。私はかなりの小心者なんです）。

一説によると，適度な緊張感がちょうどいいといわれます。それは，集中力が高まるという理由です。本当か嘘かはわかりませんが，本当だと信じて，緊張を楽しみたいですよね。

さて，緊張というのは理屈ではなく，勝手にこみあげてくるものです。そんなやや生理的な現象である緊張をほぐすことはできるのでしょうか。

本やネットなどで調べると，音楽を聴くとか，超プラス思考でいいことばかりを考えるとか，深呼吸をするとか，（今はいわないかもしれませんが）人という字を手のひらに書いて飲み込む……，というようなアドバイスがあります。

でも，私の場合は，あまり効果がありませんでした。私がいいと思ったのは，以下の方法です（私だけかもしれませんので，あしからず……）。

①かわいい子を探す（女性の場合はかっこいい男子を探す）

②緊張でテンパっている人を探す（落ち着かせようとしてか，やたらと目薬を差している人，挙動不審な人，など）。テンパっている人がいると，「もっと落ち着けよー」と思いますし，自分より焦っている人がいると，気持ちが楽になります。

皆さんが知っているいい方法があったら，ぜひ教えてください。

nespe30 3.2

平成 30 年度
午後Ⅱ 問2

問　題
問題解説
設問解説

3.2 平成30年度 午後Ⅱ 問2

問題 → 問題解説 → 設問解説

問題

問2 サービス基盤の構築に関する次の記述を読んで，設問1～5に答えよ。

Y社は，データセンタ（以下，DCという）を運営し，ホスティングサービスを提供している。ホスティングサービスのシステムは，顧客ごとに独立したネットワークとサーバから構成されている。Y社が運営しているホスティングサービスのシステム構成を図1に示す。

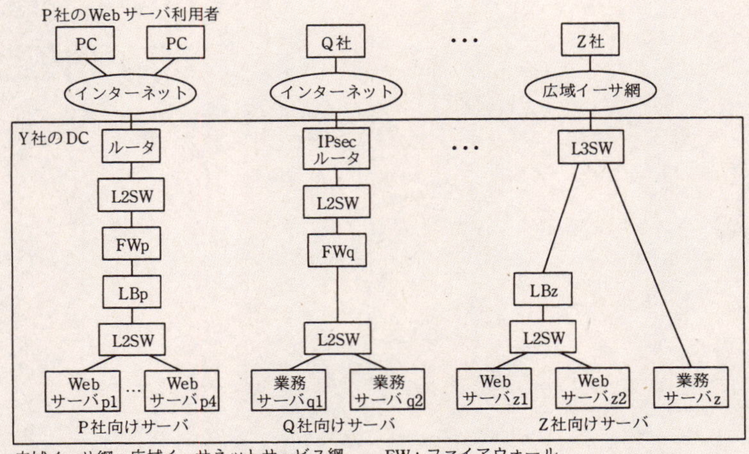

広域イーサ網：広域イーサネットサービス網　　FW：ファイアウォール
L2SW：レイヤ2スイッチ　　L3SW：レイヤ3スイッチ　　LB：サーバ負荷分散装置
注記　P社，Q社，Z社は，Y社の顧客である。

図1　Y社が運営しているホスティングサービスのシステム構成（抜粋）

このたび，Y社では，新規顧客へのサービスの提供やサーバの増設を迅速に行えるようにするとともに，導入コストや運用コストを削減してサービスの収益性を高める目的で，サービス基盤の構築を決定した。このサービス基盤では，ネットワークと物理サーバを顧客間で共用し，論理的に独立した複数の顧客システムを稼働させる，マルチテナント方式のIaaS（Infrastructure as a Service）を提供する。

サービス基盤構築プロジェクトリーダに指名された，基盤開発部のM課長は，部下でネットワーク構築担当のN主任に，次の3点の要件を提示し，サービス基盤の構成を検討するよう指示した。

(1) サーバの仮想化によって，サーバ増設要求に迅速に対応可能とすること
(2) サービス基盤で稼働する顧客システムは，顧客ごとに論理的に独立させること
(3) サービス基盤は冗長構成とし，サービス停止を極力抑えられるようにすること

N主任は，SDN（Software-Defined Networking）技術を用いず，従来の技術を用いた方式（以下，従来方式という）とSDN技術を用いた方式（以下，SDN方式という）の二つの方式に関して，サービス基盤を構築する場合や顧客が増減した場合の作業内容などを比較して，構築方式を決めることにした。この方針を基に，N主任は，部下のJさんに，サービス基盤の構成について検討するよう指示した。

〔従来方式でのサービス基盤の構成案〕

Jさんは，まず，従来方式で構築する場合のサービス基盤の構成を検討した。Jさんが設計した，従来方式によるサービス基盤の構成案を図2に示す。

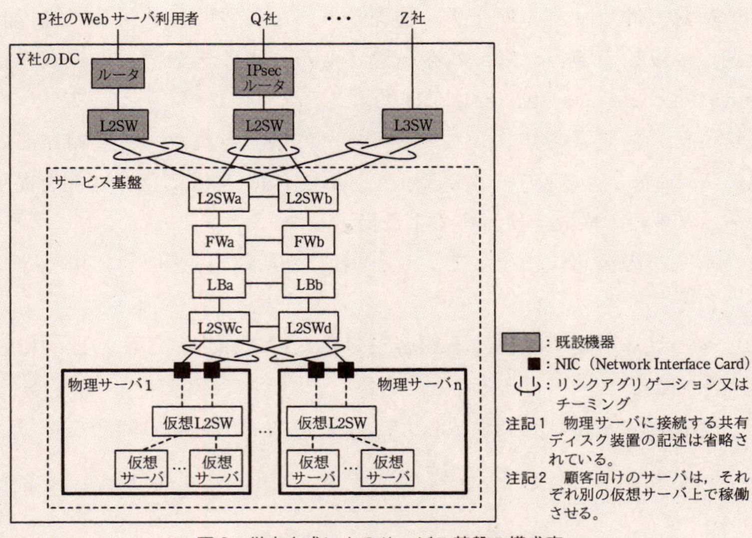

図2　従来方式によるサービス基盤の構成案

サービス基盤は，VLANによって顧客間のネットワークを論理的に独立させる。

図2中の既設のL2SW及びL3SWのサービス基盤への接続ポートには，それぞれリンクアグリゲーションを設定する。既設のL2SW又はL3SWに接続するL2SWaとL2SWbのポートには，接続先の顧客ごとにリンクアグリゲーションとVLANを設定する。L2SWaとL2SWbの間及びL2SWcとL2SWdの間は，［　ア　］接続して，それぞれ，一つのL2SWとして動作できるようにする。

FWは，①装置の中に複数の仮想FWを稼働させることができ，②装置の冗長化ができる製品を選定する。冗長構成では，アクティブの仮想FWが保持しているセッション情報が，装置間を直結するケーブルを使って，スタンバイの仮想FWに転送される。セッション情報を継承することで，仮想FWの［　イ　］フェールオーバを実現している。

LBは，負荷分散対象のサーバ群を一つのグループ（以下，クラスタグループという）としてまとめ，クラスタグループを複数設定できる製品を選定する。クラスタグループごとに仮想IPアドレスと［　ウ　］アルゴリズムが設定できるので，複数の顧客の処理を1台で行える。LBも冗長化が可能であり，FWと同様の方法で冗長構成を実現している。

図2の構成案では，FWとLBは，FWaとLBaをアクティブに設定する。スタンバイの装置がアクティブに切り替わる条件は，両装置とも同様であり，両装置は連動して切り替わる。

物理サーバには2枚のNICを実装し，［　エ　］機能を利用してアクティブ／アクティブの状態にする。L2SWcとL2SWdには，リンクアグリゲーションのほかに，③仮想サーバの物理サーバ間移動に必要となるVLANを設定する。

〔SDN方式でのサービス基盤の構成案〕

次に，Jさんは，SDN製品のベンダの協力を得て，SDN方式で構築する場合のサービス基盤の構成を検討した。

SDNを実現する技術の中に，OpenFlow（以下，OFという）がある。今回の検討では，標準化が進んでいるOFを利用することにした。

OFは，データ転送を行うスイッチ（以下，OFSという）と，OFSの動作を制御するコントローラ（以下，OFCという）から構成される。OFSによるデータ転送は，OFCによって設定されたフローテーブル（以下，Fテーブルという）に基づいて行われる。

Jさんが設計した，OFによるサービス基盤の構成案を図3に示す。

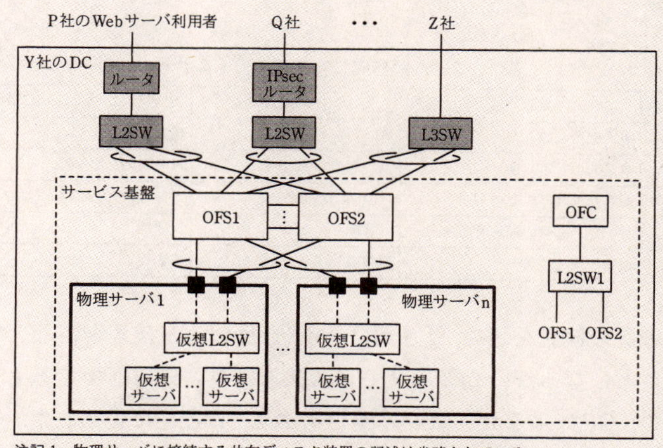

注記1　物理サーバに接続する共有ディスク装置の記述は省略されている。
注記2　OFCはL2SW1を介して，OFS1とOFS2の管理用ポートに接続される。
注記3　顧客向けのサーバ，FW及びLBは，それぞれ別の仮想サーバ上で稼働させる。

図3　OFによるサービス基盤の構成案

OFSは2台構成とし，相互に接続する。図3中の既設のL2SW及びL3SWのサービス基盤への接続ポートには，リンクアグリゲーションを設定し，OFS1とOFS2に接続する。物理サーバには，図2と同様に2枚のNICを実装して各NICをアクティブ／アクティブの状態にする。FWとLBには，仮想サーバ上で稼働する仮想アプライアンス製品を利用する。OFCは，OFS1とOFS2の管理用ポートに接続する。

これらのOFSは，起動するとOFCとの間でTCPコネクションを確立する。その後は，OFCとの間の通信路となるOFチャネルが開設され，それを経由してOFCからFテーブルの作成や更新が行われる。したがって，OFSの導入時には，④OFCとのTCPコネクションの確立に必要な最小限の情報を設定すればよく，導入作業は容易である。

Jさんは，二つの方式で設計したサービス基盤の構成をN主任に説明したところ，二つの方式を比較し，Y社に適した方式を提案するよう指示を受けた。

〔二つの方式の比較〕

Jさんは，図2と図3のサービス基盤を構築する場合について，二つの方式で実施することになる作業内容などを基に，比較表を作成した。Jさんが作成した二つの方式の比較を表1に示す。

表1　Jさんが作成した二つの方式の比較

項番	比較項目	従来方式	SDN方式（図3の方式）
1	導入機器の数	多い	少ない
2	構築時の設定作業	（設問のため省略）	（設問のため省略）
3	顧客追加時の設定作業	（設問のため省略）	（設問のため省略）
4	サービス基盤の増設時の作業	（省略）	（省略）
5	必要技術の習得	習得済み	未習得

以上の比較検討を基に，Jさんは，OFを用いると技術習得などに時間を要することになるが，今後のサービス拡大に柔軟に対応できるようになると判断し，OFによるサービス基盤の構築を，N主任に提案した。N主任は，Jさんの提案がY社にとって有益であると考え，Jさんの提案を基にサービス基盤の構築案をまとめ，M課長に報告したところ，テストシステムを構築して，OFの導入効果を確認するようにとの指示を受けた。

〔技術習得を目的とした制御方式の設計〕

テストシステムの構築に当たって，N主任とJさんの2人は最初に，OFの技術習得を目的として，MACアドレスの学習によるパケットの転送制御方式を考えることにした。

テストシステムは，図1中のP社，Q社及びZ社の3顧客向けのシステムを収容した構成である。テストシステムの構成を図4に，テストシステム中の機器と仮想サーバのMACアドレスを表2に示す。

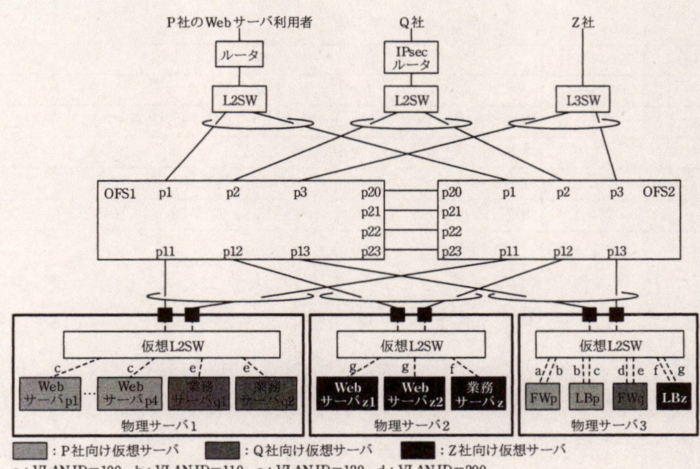

注記1　p1〜p3，p11〜p13，p20〜p23は，ポート番号を示す。
注記2　OFCと共有ディスク装置の記述は省略されている。

図4　テストシステムの構成

表2　テストシステム中の機器と仮想サーバのMACアドレス

機器名又は仮想サーバ名	MACアドレス
P社のWebサーバp1〜p4	mWSp1〜mWSp4
Q社の業務サーバq1，q2	mGSq1，mGSq2
Z社のWebサーバz1，z2	mWSz1，mWSz2
Z社の業務サーバz	mGSz

機器名又は仮想サーバ名	内部側 1) の MACアドレス	WAN側 2) の MACアドレス
ルータ	mRT	（省略）
IPsecルータ	mIPSRT	（省略）
L3SW	mL3SW	（省略）
LBp	mLBp	mLBpw
LBz	mLBz	mLBzw
FWp	mFWp	mFWpw
FWq	mFWq	mFWqw

注記　MACアドレスの重複はないものとする。
注 1)　内部側は，図1中の各機器の下側のポートを指す。
2)　WAN側は，図1中の各機器又はサーバの上側のポートを指す。

図4に示したように，P社にはVLAN IDに100，110，120，Q社にはVLAN IDに200，210，Z社にはVLAN IDに300，310を，それぞれ割り当てる。各顧客のWebサーバと業務サーバ間の通信は発生しない。

2人は，Fテーブルの構成について検討した。Fテーブルは，OFSのデータ転送動作を確認しやすくするために，最初に処理されるFテーブル0と，パケットの入力ポートに対応して処理されるFテーブル1～4の五つの構成とした。2人がまとめた，五つのFテーブルの役割を表3に示す。

表3　五つのFテーブルの役割

項番	Fテーブル名	役割
1	Fテーブル0	パケットの入力ポートを基にした，処理の振分け
2	Fテーブル1	顧客のネットワークから，p1～p3経由でOFSに入力したパケットの処理
3	Fテーブル2	物理サーバ1から，p11経由でOFSに入力したパケットの処理
4	Fテーブル3	物理サーバ2から，p12経由でOFSに入力したパケットの処理
5	Fテーブル4	物理サーバ3から，p13経由でOFSに入力したパケットの処理

Fテーブルは，複数のフローエントリ（以下，Fエントリという）からなる。

Fエントリは，OFSに入力されたパケットがどのFエントリに一致するかを判定するためのマッチング条件，条件に一致したパケットに対する操作を定義するアクション，パケットが複数のFエントリに一致した場合の優先度などで構成される。入力されたパケットが，Fテーブル内の複数のFエントリのマッチング条件に一致した場合は，優先度が最も高いFエントリのアクションが実行される。また，どのマッチング条件にも一致しないパケットは廃棄される。一つのFエントリには，複数のアクションを定義できる。

OFCとOFSの間では，メッセージの交換が行われる。このメッセージの中には，OFSに対してFエントリを設定するFlow-Modメッセージ，OFSが受信したパケットをOFCに送信するPacket-Inメッセージ，OFCがOFSに対して指定したパケットの転送を指示するPacket-Outメッセージなどがある。

次に，2人は，3顧客で全てのサーバとの通信が正常に行われたとき（以下，正常通信完了時という）に，OFCによってOFSに生成されるFエントリを，机上で作成した。正常通信完了時のFテーブル0～4を，それぞれ表4～8に示す。

表4　正常通信完了時のOFS1とOFS2のFテーブル0

項番	マッチング条件	アクション	優先度
1	入力ポート＝p1	VLAN IDが100のタグをセット，Fテーブル1で定義された処理を行う。	中
2	入力ポート＝p2	VLAN IDが200のタグをセット，Fテーブル1で定義された処理を行う。	中
3	入力ポート＝p3	VLAN IDが300のタグをセット，Fテーブル1で定義された処理を行う。	中
4	入力ポート＝p11	Fテーブル2で定義された処理を行う。	中
5	入力ポート＝P12	Fテーブル3で定義された処理を行う。	中
6	入力ポート＝p13	Fテーブル4で定義された処理を行う。	中

表5　正常通信完了時のOFS1とOFS2のFテーブル1

項番	マッチング条件	アクション	優先度
1	eTYPE 1) ＝ARP	OFCにPacket-Inメッセージを送信	低
2	mDES 2) ＝mFWpw	p13から出力	中
3	mDES 2) ＝mFWqw	p13から出力	中
4	mDES 2) ＝mLBzw	p13から出力	中
5	mDES 2) ＝mGSz	p12から出力	中

注 1)　eTYPEは，イーサタイプを示す。

表6　正常通信完了時のOFS1とOFS2のFテーブル2

項番	マッチング条件	アクション	優先度
1	eTYPE＝ARP	OFCにPacket-Inメッセージを送信	低
2	eTYPE＝ARP，VLAN ID=120，mDES＝FF-FF-FF-FF-FF-FF	p13から出力	高
3	eTYPE＝ARP，VLAN ID=210，mDES＝FF-FF-FF-FF-FF-FF	p13から出力	高
4	mDES＝mLBp，mSRC 1) ＝mWSp1	p13から出力	中
5	eTYPE＝RARP	OFCにPacket-Inメッセージを送信	高
以下，省略			

注記　項番5は，仮想サーバが物理サーバ1に移動してきたことをOFCに知らせるためのFエントリである。
注 1)　mSRCは，送信元MACアドレスを示す。

表7　正常通信完了時のOFS1とOFS2のFテーブル3

項番	マッチング条件	アクション	優先度
1	eTYPE＝ARP	OFCにPacket-Inメッセージを送信	低
2	eTYPE＝ARP，VLAN ID =310，mDES＝FF-FF-FF-FF-FF-FF	p13から出力	高
3	mDES＝mLBz，mSRC＝mWSz1	p13から出力	中
4	mDES＝mL3SW，mSRC＝mGSz	VLANタグを削除，p3から出力	中
5	eTYPE＝RARP	OFCにPacket-Inメッセージを送信	高
以下，省略			

注記　項番5は，仮想サーバが物理サーバ2に移動してきたことをOFCに知らせるためのFエントリである。

表8　正常通信完了時のOFS1とOFS2のFテーブル4

項番	マッチング条件	アクション	優先度
1	eTYPE＝ARP	OFCにPacket-Inメッセージを送信	低
2	eTYPE＝ARP，VLAN ID＝100，mDES＝FF-FF-FF-FF-FF-FF	VLANタグを削除，p1から出力	高
3	eTYPE＝ARP，VLAN ID＝120，mDES＝FF-FF-FF-FF-FF-FF	p11から出力	高
4	eTYPE＝ARP，VLAN ID＝300，mDES＝FF-FF-FF-FF-FF-FF	VLANタグを削除，p3から出力	高
5	eTYPE＝ARP，VLAN ID＝310，mDES＝FF-FF-FF-FF-FF-FF	p12から出力	高
6	mDES＝mWSp1，mSRC＝mLBp	p11から出力	中
7	mDES＝mWSp4，mSRC＝mLBp	p11から出力	中
8	mDES＝mWSz1，mSRC＝mLBz	p12から出力	中
9	mDES＝mRT，mSRC＝mFWpw	VLANタグを削除，p1から出力	中
10	mDES＝mIPSRT，mSRC＝mFWqw	VLANタグを削除，p2から出力	中
11	mDES＝mL3SW，mSRC＝mLBzw	VLANタグを削除，p3から出力	中
12	eTYPE＝RARP	OFCにPacket-Inメッセージを送信	高
以下，省略			

注記　項番12は，仮想サーバが物理サーバ3に移動してきたことをOFCに知らせるためのFエントリである。

表8中の項番2は，イーサタイプがARP，VLAN IDが100及び宛先MACアドレスがFF-FF-FF-FF-FF-FFのパケットを，VLANタグを削除してp1から出力することを示している。

OFSにパケットが入力されると，OFSは表4のFテーブル0の処理を最初に実行する。例えば，図4中のQ社のIPsecルータからOFS1のp2にARPリクエストパケットが入力された場合，そのパケットは，表4中の項番2に一致するので，パケットにVLAN IDが200のVLANタグをセットし，次に表5のFテーブル1で定義された処理を行う。表5のFテーブル1では，項番1に一致するので，当該パケットはPacket-Inメッセージに収納されて，OFCに送信される。OFCは受信したパケットの内容を基に，Flow-ModメッセージでFエントリを生成したり，Packet-OutメッセージなどをOFSに送信したりする。

N主任とJさんは，作成したFテーブルの論理チェックを行い，五つのFテーブルによってテストシステムを稼働させることができると判断した。

パケット転送制御方式の机上作成を通してOFの動作イメージが学習できたので，次に，2人は，実際にテストシステムを構築して，動作検証と性能評価を行うことにした。

設問1 本文中の［ ア ］～［ エ ］に入れる適切な字句を答えよ。

設問2 〔従来方式でのサービス基盤の構成案〕について，(1)～(3)に答えよ。

(1) 本文中の下線①の要件が必要になる理由を，30字以内で述べよ。

(2) 本文中の下線②の機能について，アクティブのFWをFWaからFWbに切り替えるのに，FWa又はFWbが監視する内容を三つ挙げ，図2中の機器名を用いて，それぞれ25字以内で答えよ。

(3) 本文中の下線③について，VLANを設定するポート及び設定するVLANの内容を，50字以内で具体的に述べよ。

設問3 本文中の下線④の情報を，15字以内で答えよ。

設問4 〔二つの方式の比較〕について，(1)，(2)に答えよ。

(1) 表1中の項番2について，従来方式の場合，FWでは複数の仮想FWを設定することになる。仮想FWの設定に伴って，各仮想FWに対して設定が必要なネットワーク情報を三つ挙げ，それぞれ15字以内で答えよ。

(2) 表1中の項番3について，従来方式の場合，追加する顧客に対応したVLAN設定がサービス基盤の全ての機器及びサーバで必要になる。その中で，ポートVLANを設定する箇所を，図2中の名称を用いて，40字以内で答えよ。

設問5 〔技術習得を目的とした制御方式の設計）について，(1)～(4)に答えよ。

(1) 本番システムにおいて，図4の形態で3顧客の仮想サーバを配置した場合に発生する可能性がある問題を，40字以内で述べよ。また，その問題を発生させないための仮想サーバの配置を，40字以内で述べよ。

(2) 表8のFテーブル4中には，FWpの内部側のポートからLBpの仮想IPアドレスをもつポートに，パケットを転送させるためのFエントリが生成されない。当該FエントリがなくてもFWpとLBp間の通信が行われる理由を，70字以内で述べよ。

(3) P社のWebサーバ利用者から送信された，Webサーバ宛てのユニキャストパケットがWebサーバp1に転送されるとき，パケットの転送は，次の【パケット転送処理手順】となる。

【パケット転送処理手順】

【パケット転送処理手順】中の オ ～ キ に入れる適切なFテーブル名と項番を答えよ。Fテーブル名は，Fテーブル0～4から選べ。また，項番は表4～8中の項番で答えよ。ここで，パケット転送制御を行うOFSは特定しないものとする。

(4) P社のWebサーバp4が物理サーバ2に移動し，表7のOFS1のFテーブル3中の項番5によって，OFCにPacket-Inメッセージが送信されると，OFCは表8のFテーブル4中の二つの項番を変更する。Fテーブル4が変更されるOFS名を全て答えよ。また，項番3のほかに変更される項番及び変更後のアクションを答えよ。

問題文の解説

「マルチテナントのサービス基盤の構築に当たって必要になる技術（採点講評より）」についての出題でした。具体的には機器の冗長化やサーバの仮想化，SDNについて問われています。SDNの出題はH29年に続き，2年連続の出題でした（ちなみに，H25年も出題されました）。SDNの経験を持つ受験生は少ないと思われますが，経験や知識がなくてもレイヤ2の知識があれば解ける問題が大半です。問1のMQTTに比べて，解きやすかったと感じます。

問2　サービス基盤の構築に関する次の記述を読んで，設問1～5に答えよ。

Y社は，データセンタ（以下，DCという）を運営し，ホスティングサービスを提供している。

Q. ホスティング，ハウジング，クラウドの違いを述べよ。

A. ホスティング（hosting）は，ホスト（host）となるコンピュータ，つまりサーバを借ります（借り方は，サーバ1台丸ごとの場合もあれば，複数の利用者で共有する場合もあります）。レンタルサーバと同義と考えてください。サーバは事業者が構築・設置してくれます。

一方，ハウジング（housing）は，家（house）となるラックやスペースを借ります。データセンターのラックを借り，そこに自前のサーバ（必要に応じてネットワーク機器など）を設置します。

両者は，クラウドサービスのIaaS，PaaS，SaaSとも異なります。クラウドの場合，利用者は物理的なサーバを意識しません。仮想基盤上にOSやサービスが提供されます。

それぞれの違いを整理すると次ページのようになります。設問には関係ないので参考程度に見ておいてください。

■ハウジング，ホスティング，クラウドの違い

	ハウジング	ホスティング（専有型の場合）	クラウド
サービスの対象	（サーバを設置する）スペース（またはラック）	サーバ	アプリケーションなどのサービス
サーバの所有権	顧客	サービス事業者	サービス事業者
（カスタマイズなどの）柔軟性	高い ←	→	低い
（構築費などを含む）トータル価格	高い ←	→	安い

Y社では，このあとの問題文でクラウド化を進めます。

ホスティングサービスのシステムは，顧客ごとに独立したネットワークとサーバから構成されている。Y社が運営しているホスティングサービスのシステム構成を図1に示す。

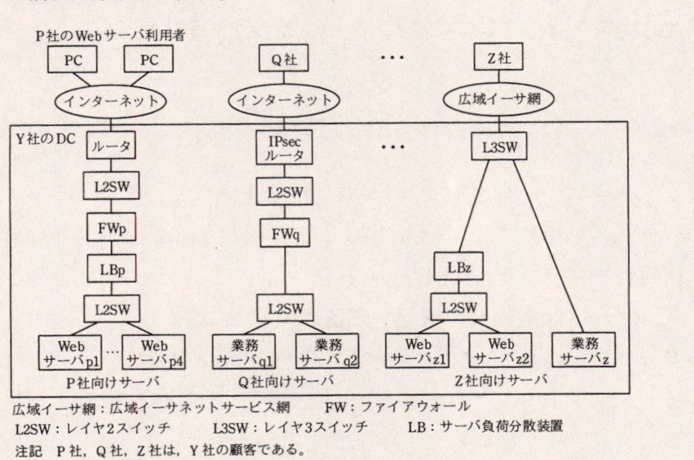

図1　Y社が運営しているホスティングサービスのシステム構成（抜粋）

Y社の場合は，サーバ1台を丸ごと貸し出す専用型のホスティングサービス（＝レンタルサーバ）を提供しています。単にサーバだけではなく，ネットワーク機器やインターネット回線も各社単位で構築されています。

毎回のことですが，ネットワーク構成図はとても大事です。各機器がどういう役割をしているか，ご自身で確認してください。たとえば，P社では，インターネットからのWebサーバへの通信を，LB（Load Balancer：負荷分

散装置）を使って振り分けています。

P社のFWpの上位にあるルータやL2SWは必要なのですか？

いえ，そうとは限りません。最近のFWは，ルーティング機能やL2SWの機能を持っていることがほとんどです。よって，FWpの上位のルータとL2SWがなくても同じ構成がとれることでしょう。

このたび，Y社では，新規顧客へのサービスの提供やサーバの増設を迅速に行えるようにするとともに，導入コストや運用コストを削減してサービスの収益性を高める目的で，サービス基盤の構築を決定した。このサービス基盤では，ネットワークと物理サーバを顧客間で共用し，論理的に独立した複数の顧客システムを稼働させる，マルチテナント方式のIaaS（Infrastructure as a Service）を提供する。

図1では，顧客ごとにネットワーク機器や物理サーバを分離していました。それを，物理的には共有し，論理的に分割します。そして，クラウドサービスを提供します。

マルチテナントとは，マルチ（multi：複数の）のテナント（tenant：貸店舗）という意味です。大きなビルに，複数の企業（テナント）が入居していることをイメージしてください。今回でいうと，大きな物理サーバやネットワーク機器に，複数の顧客のシステムが入居します。

Q. IaaSは利用者にどの部分を提供するか（PaaSやSaaSとの違いを意識して答えよ）。

A. IaaSは，仮想サーバ（またはOS）などの基盤のみを提供します。ですから，仮想サーバ上に，アプリケーションだけでなく，OSも含めて自由にソフトウェアをインストールできます。一方，SaaSは，メールや会計システムなどのアプリケーションの提供，PaaSはデータベースやWebなどのプラットフォームを提供します。

> サービス基盤構築プロジェクトリーダに指名された，基盤開発部のM課長は，部下でネットワーク構築担当のN主任に，次の3点の要件を提示し，サービス基盤の構成を検討するよう指示した。
> (1) サーバの仮想化によって，サーバ増設要求に迅速に対応可能とすること
> (2) サービス基盤で稼働する顧客システムは，顧客ごとに論理的に独立させること
> (3) サービス基盤は冗長構成とし，サービス停止を極力抑えられるようにすること

サービス基盤における，三つの要件が示されました。

クラウドサービスでは当たり前の内容に感じますが……

そのとおりですね。ですから，この内容をあまり気にする必要はありません。なお，問題文を読み進めると，各所でこれらの要件の話題が出てきます。

> N主任は，SDN（Software-Defined Networking）技術を用いず，従来の技術を用いた方式（以下，従来方式という）とSDN技術を用いた方式（以下，SDN方式という）の二つの方式に関して，サービス基盤を構築する場合や顧客が増減した場合の作業内容などを比較して，構築方式を決めることにした。この方針を基に，N主任は，部下のJさんに，サービス基盤の構成について検討するよう指示した。

SDN（Software-Defined Networking）とは，言葉のとおり，ソフトウェア（Software）で定義（Define）できるネットワーク（Network）のことです。物理的な制約にとらわれずソフトウェアで実現するので，仮想化技術の一つ

と考えてもよいでしょう。

今年もSDNですか……

そうですね。SDNは必須知識として，得意分野にしておくしかないと思います。ただ，OpenFlowとSDNに関する設問は，設問5だけと少なめでした。

さて，以降の問題文と設問は，以下のように対応しています。自宅で2時間ほどのまとまった演習時間がとれない場合は，この単位で問題文を区切って設問を解いてもいいでしょう。

■問題文と設問の対応

問題文	設問
従来方式で実現するマルチテナント方式	設問1・設問2
SDN方式で実現するマルチテナント方式	設問3
従来方式とSDN方式の比較	設問4
技術習得を目的とした制御方式の設計	設問5

〔従来方式でのサービス基盤の構成案〕

Jさんは，まず，従来方式で構築する場合のサービス基盤の構成を検討した。Jさんが設計した，従来方式によるサービス基盤の構成案を図2に示す。

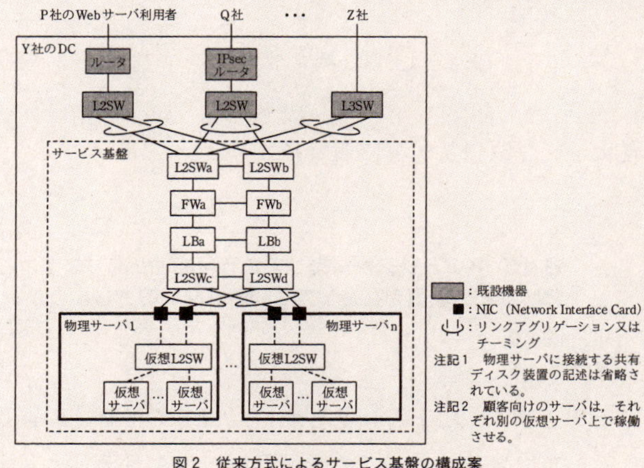

図2　従来方式によるサービス基盤の構成案

図1の構成を，マルチテナント方式で実現できるように構成したのが図2です。図1と対比し，何がどのように変わるかを確認します。

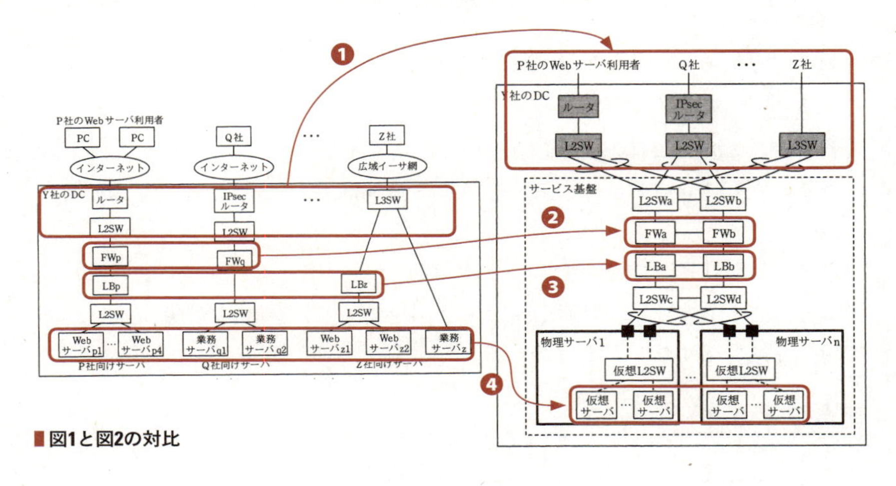

■図1と図2の対比

❶顧客との接続

顧客の拠点と接続するために必要な機器やWANなどです。この部分は変更ありません。なお，顧客の機器とサービス基盤を接続するために必要なL2SWa/L2SWbの設定が，設問4（2）で問われます。

❷FW

FWpとFWqの役割を，FWaとFWbに持たせます。FWaとFWbは冗長化し，その中で仮想FWpと仮想FWqを稼働します。

❸LB

LBpとLBzの役割を，LBaとLBbに持たせます。

❹サーバ

各社の物理サーバを仮想サーバに置き換えます。

各社のIPアドレスが重複している可能性がありますよね。FWなどの装置を共有しても問題はないのでしょうか。

たしかに，そのとおりで，FWa/FWbやLBa/LBbではP社の通信とQ社の通信が混じってしまいます。それに，FWのルールも企業ごとに異なることでしょう。そこで，ネットワーク機器で論理的に分ける仕組みが必要です。この点は，このあとの下線①に関連します。

また，P社とQ社が同じIPアドレスを使っていても，何も問題はありません。サービス基盤内のネットワーク機器でネットワークを論理的に分けるからです。実際，このあとの問題文にも，「サービス基盤は，VLANによって顧客間のネットワークを論理的に独立させる」とあります。

さて，以降の問題文ですが問題文と図2に番号（❶〜❼）をつけました。番号をもとに，問題文とこの図を照らし合わせて確認して下さい。また，顧客ごとの設備と共用設備があることも理解しましょう。

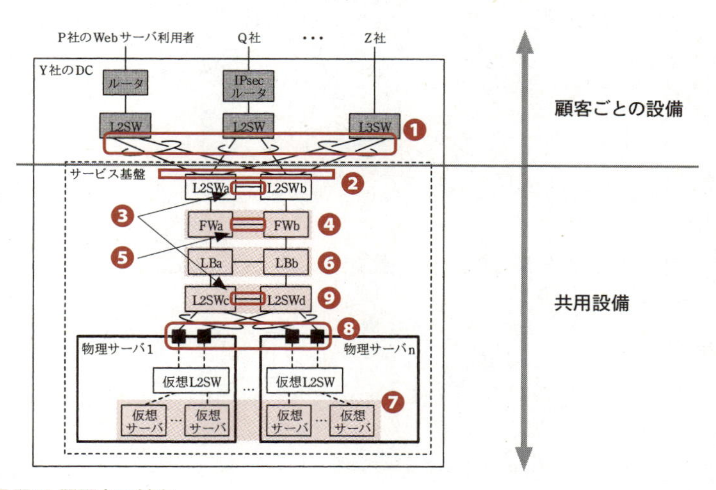

■図2と問題文の対応

サービス基盤は，VLANによって顧客間のネットワークを論理的に独立させる。

ネットワークを論理的に独立させるために，各機器にVLANを設定します。ですが，すべての機器にVLANが必要ではありません。上図❷より下位の機器が共用設備です。ここでは，複数の顧客を分けるために，VLANの設定が必要です。

図2中の既設のL2SW及びL3SWのサービス基盤への接続ポートには，それぞれリンクアグリゲーションを設定する（前ページの図❶）。既設のL2SW又はL3SWに接続するL2SWaとL2SWbのポート（❷）には，接続先の顧客ごとにリンクアグリゲーションとVLANを設定する。L2SWaとL2SWbの間及びL2SWcとL2SWdの間は，［ ア ］接続（❸）して，それぞれ，一つのL2SWとして動作できるようにする。

Q. この部分のL2SWのVLANの設計を記載せよ。ここで，L2SWaにおける，P社用のVLANを100，Q社用のVLANを200，Z社用のVLANを300とする。ポートベースVLANなのか，タグVLANなのかも明記すること。リンクアグリゲーションと冗長構成がないシンプルな構成で考えてよい。

A. リンクアグリゲーションと冗長構成を省略したシンプルな構成で考えます。

①各社のL2SW

VLANを設定する必要はありません。

② L2SWa

各社のL2SWやL3スイッチとの接続部分に，ポートベースVLANを設定します。P社との接続ポートはVLAN100，Q社との接続ポートはVLAN200，Z社との接続ポートはVLAN300です。

FWaとの接続ポートはタグVLANを設定します。このタグVLANには，VLAN100，200，300のデータが流れます。

③ FWa

L2SWaと接続するポートは，タグVLANの設定が必要です。

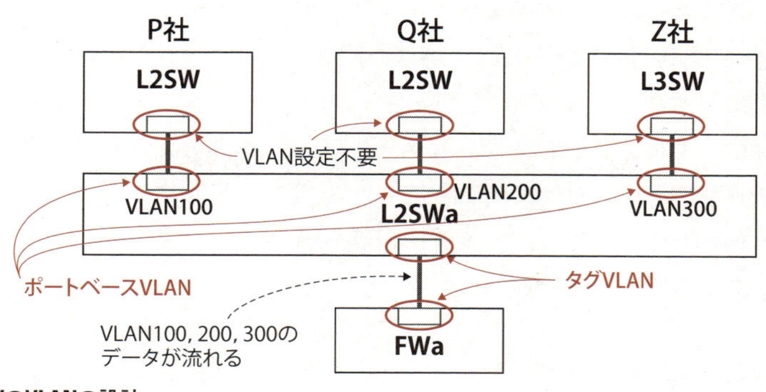

■ L2SWのVLANの設計

この内容は，設問4（2）に関連します。また，空欄アには，L2SWの冗長化に関するキーワードが入ります。設問1で解説します。

> FW（p.273の図❹）は，①装置の中に複数の仮想FWを稼働させることができ，②装置の冗長化ができる製品を選定する。冗長構成では，アクティブの仮想FWが保持しているセッション情報が，装置間を直結するケーブル（❺）を使って，スタンバイの仮想FWに転送される。セッション情報を継承することで，仮想FWの［　イ　］フェールオーバを実現している。

空欄イには，ファイアウォールの冗長化に関するキーワードが入ります。設問1で解説します。

ルータを冗長化する場合は，
セッション情報を継承しませんよね。

そうなんです。では，なぜFWだけセッション情報を継承するのでしょうか。

Q. FWでセッション情報を継承する理由を述べよ。

A. 通信の継続性を確保するためです。単にルーティングされているだけの場合，行きの通信はルータ1，戻りの通信がルータ2などと経路が替わっても，正常に通信が可能です（下図左）。しかし，FWでは，セッション情報を保持しています。たとえば，ステートフルインスペクションでは，行きのパケットが許可されれば，その戻りパケットを許可します。仮に，行きと戻りでFWが変わった場合，セッション情報がないためにFWで通信が破棄されてしまうのです（下図右）。

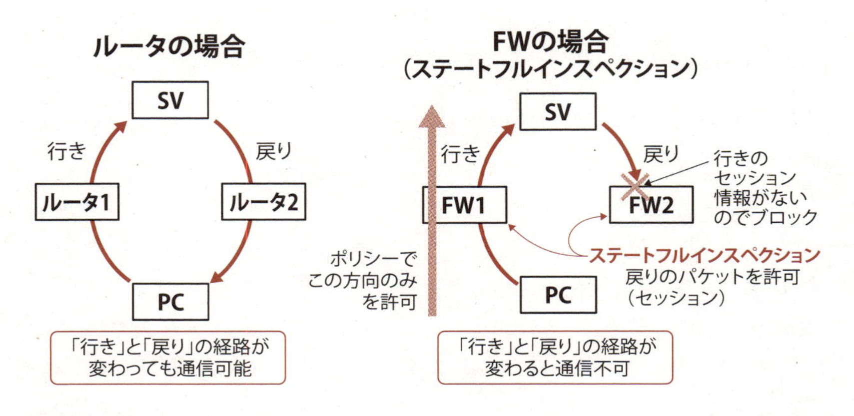

■FWでは，セッション情報を保持

LB（p.273の図❻）は，負荷分散対象のサーバ群（❼）を一つのグループ（以下，クラスタグループという）としてまとめ，クラスタグループを複数設定できる製品を選定する。クラスタグループごとに仮想IPアドレスと［ウ］アルゴリズムが設定できるので，複数の顧客の処理を1台で行える。LBも冗長化が可能であり，FW（❹）と同様の方法で冗長構成を実現している。

LBの設定ですが，簡単に設定イメージを図にしてみました。設問には関係ないので，雰囲気を味わってもらうだけで十分です。

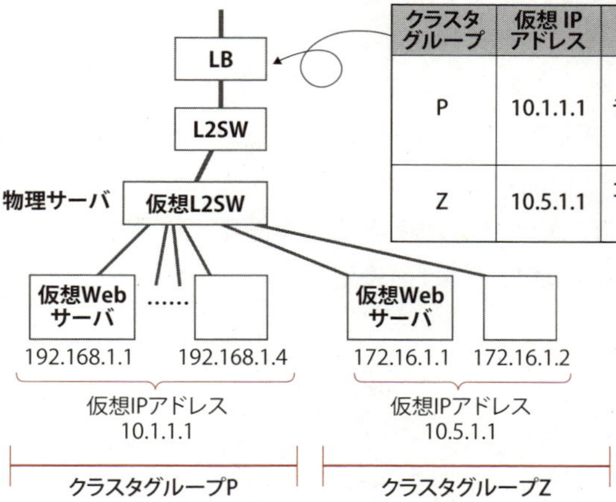

クラスタグループ	仮想 IP アドレス	負荷分散アルゴリズム	実 IP アドレス
P	10.1.1.1	ラウンドロビン	192.168.1.1 192.168.1.2 192.168.1.3 192.168.1.4
Z	10.5.1.1	コネクション数が最小	172.16.1.1 172.16.1.2

LB
L2SW
物理サーバ 仮想L2SW
仮想Webサーバ …… 192.168.1.1 192.168.1.4
仮想IPアドレス 10.1.1.1
クラスタグループP
仮想Webサーバ 172.16.1.1 172.16.1.2
仮想IPアドレス 10.5.1.1
クラスタグループZ

※ 詳細な情報が記載されていないので何ともいえませんが，クラスタグループごとで，LBのVLANを分けていると考えられます。それと，IPアドレスは重複しても問題ありません。

■LBの設定

また，設問には関係ないので流してもらってもいいのですが，問題文の「FWと同様の方法で冗長構成」とは，「セッション情報を継承する」方式のことです。

空欄ウは，設問1で解説します。

> 図2の構成案では，FW（p.273の図❹）とLB（❻）は，FWaとLBaをアクティブに設定する。スタンバイの装置がアクティブに切り替わる条件は，両装置とも同様であり，両装置は連動して切り替わる。

アクティブ側に何らかの異常が発生するとスタンバイ側に切り替えます。「何らかの異常」を検知するための監視内容が，設問2（2）で問われます。

> 物理サーバには2枚のNIC（p.273の図❽）を実装し，［　エ　］機能を利用してアクティブ／アクティブの状態にする。L2SWcとL2SWd（❾）には，リンクアグリゲーションのほかに，③仮想サーバの物理サーバ間移動に必要となるVLANを設定する。

「仮想サーバの物理サーバ間移動」とは，仮想サーバを別の物理サーバに移動させるマイグレーション技術のことです。マイグレーション（migration）

とは，「移行」という意味です。ちなみに，VMwareの場合はVMotionという仕組みで仮想サーバを移動させます。

「VLANを設定する」の部分を補足します。下図を見てください。仮想サーバを物理サーバ1から物理サーバ2に移動させます（下図❶）。もちろん，移動先の物理サーバ2でも，物理サーバ1と同じVLANにつながる必要があります（下図❷）。であれば，物理サーバとトランク設定（下図❸）をしているL2SWc，L2SWdでも，同様にVLANの設定が必要です。この点は設問2（3）で問われます。

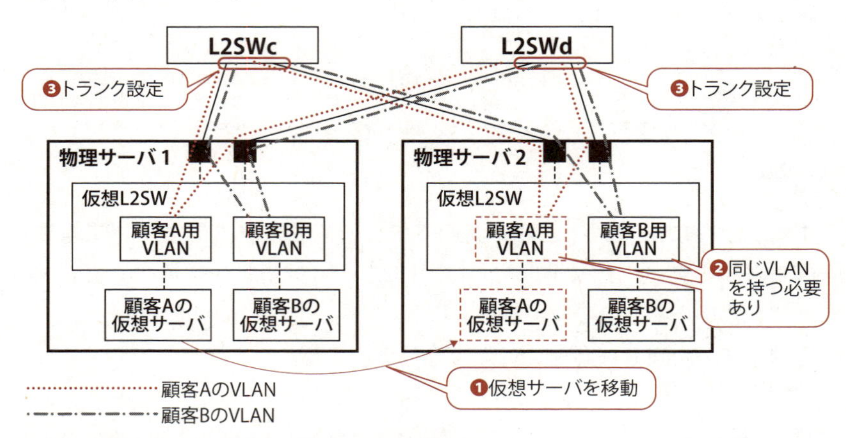

■仮想サーバの物理サーバ間移動に必要となるVLANを設定

ここまでの問題文で，設問2に答えることができます。

〔SDN方式でのサービス基盤の構成案〕

次に，Jさんは，SDN製品のベンダの協力を得て，SDN方式で構築する場合のサービス基盤の構成を検討した。

SDNを実現する技術の中に，OpenFlow（以下，OFという）がある。今回の検討では，標準化が進んでいるOFを利用することにした。

OFは，データ転送を行うスイッチ（以下，OFSという）と，OFSの動作を制御するコントローラ（以下，OFCという）から構成される。OFSによるデータ転送は，OFCによって設定されたフローテーブル（以下，Fテーブルという）に基づいて行われる。

午後Ⅰ問1を含めてOpenFlowは何度も出題されていますが，少しだけ復習しましょう。以下のイメージ図を見て下さい。OFC（OpenFlow Controller）はOFSを管理し，OFS（OpenFlow Switch）が実際のデータ転送を行います。

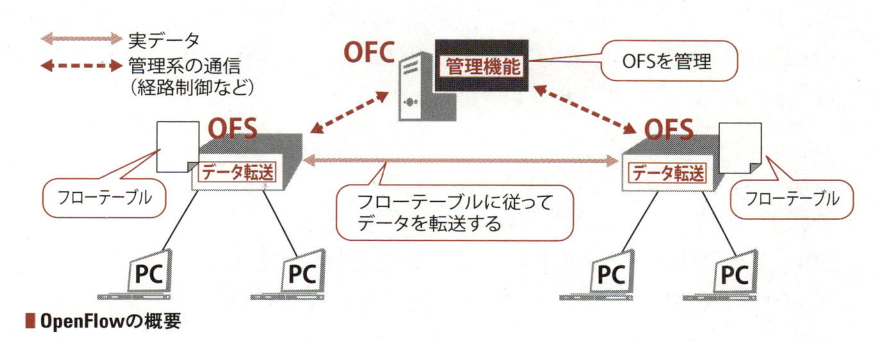

OpenFlowの概要

また，フローテーブルには，どのようなフレーム（パケット）を，どう処理するかのルールが記載されています。フレーム（パケット）を受信したOFSは，フローテーブルの内容に従って，データ（パケット）を転送します。

さて，以降の問題文も，図3に番号を記載しました。問題文と以下の図を照らし合わせながら確認して下さい。

Jさんが設計した，OFによるサービス基盤の構成案を図3に示す。

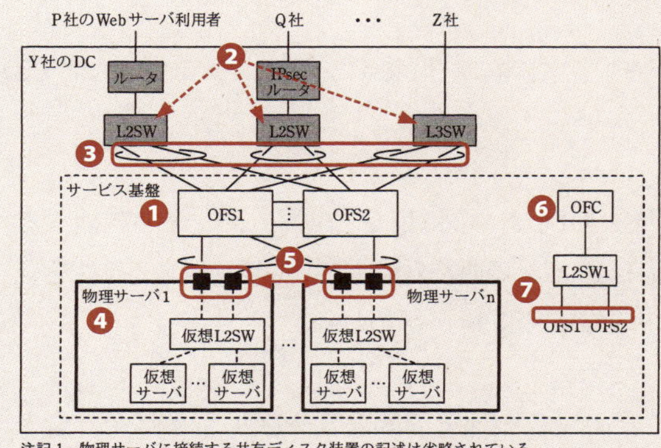

注記1　物理サーバに接続する共有ディスク装置の記述は省略されている。
注記2　OFCはL2SW1を介して，OFS1とOFS2の管理用ポートに接続される。
注記3　顧客向けのサーバ，FW及びLBは，それぞれ別の仮想サーバ上で稼働させる。

図3　OFによるサービス基盤の構成案

OFS（前ページの図❶）は2台構成とし，相互に接続する。図3中の既設のL2SW及びL3SW（❷）のサービス基盤への接続ポート（❸）には，リンクアグリゲーションを設定し，OFS1とOFS2に接続する。物理サーバ（❹）には，図2と同様に2枚のNIC（❺）を実装して各NICをアクティブ／アクティブの状態にする。FWとLBには，仮想サーバ上で稼働する仮想アプライアンス製品（※筆者注：図3に記載なし）を利用する。OFC（❻）は，OFS1とOFS2の管理用ポート（❼）に接続する。

注記についても簡単に解説します。

- **注記1**：仮想サーバの移動を行うためには，一般的に共有ストレージが必要ですが，それを省略したという説明です。問題文や設問には関連しません。
- **注記2**：問題文の「OFCは，OFS1とOFS2の管理用ポートに接続する」と示されているのと同じ内容です。**L2SW1**を介して接続していることから，OFCとOFS1とOFS2の管理用ポートは同一セグメントです。この点は設問3に関連します。
- **注記3**：仮想サーバの配置に関する補足説明です。具体的にはあとの図4で配置が示されるので，この時点では気にする必要はありません。

図3に記載がないFWとLBの仮想アプライアンスは，どこにあるのですか？

このあとの図4を見てください。右端に，仮想アプライアンスのFWとLBが設置されています。

これらのOFSは，起動するとOFCとの間でTCPコネクションを確立する。その後は，OFCとの間の通信路となるOFチャネルが開設され，それを経由してOFCからFテーブルの作成や更新が行われる。

イメージをわきやすくするため，この部分の問題文を図にしました。図と照らして確認ください。

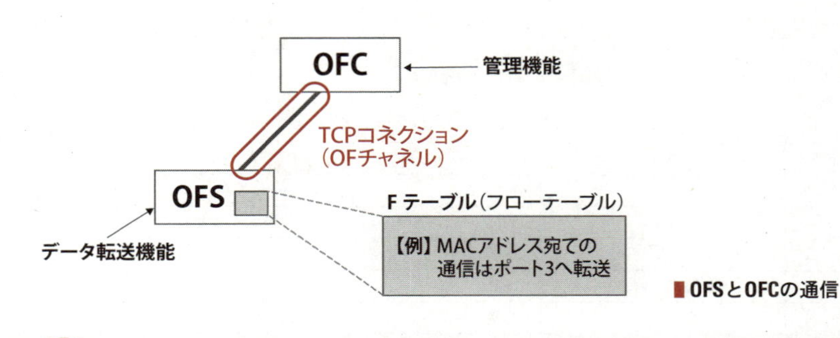

■OFSとOFCの通信

Q. TCPのコネクションを確立するには，どのような手続きが必要か。

A. TCPコネクションと混同しそうな概念として，セッションがあります。セッションは，ショッピングサイトにログインした情報を決済サイトでも引き継ぐなど，アプリケーション層の内容です。TCPコネクションは「TCP」とあるとおり，トランスポート層（レイヤ4）の内容です。さて，Qの解答ですが，TCPのコネクションは3ウェイハンドシェイクによって確立されます。

したがって，OFSの導入時には，④OFCとのTCPコネクションの確立に必要な最小限の情報を設定すればよく，導入作業は容易である。

通常のスイッチの設定には，管理用IPアドレスやVLAN，ポートの設定（たとえばSpeedやDuplex），などがあります。一方OFSの場合，設定はほとんどありません。詳細な情報は，OFCから受け取るからです。この点は，下線④として設問3で問われます。

Jさんは，二つの方式で設計したサービス基盤の構成をN主任に説明したところ，二つの方式を比較し，Y社に適した方式を提案するよう指示を受けた。

〔二つの方式の比較〕

Jさんは，図2と図3のサービス基盤を構築する場合について，二つの方式で実施することになる作業内容などを基に，比較表を作成した。Jさんが作成した二つの方式の比較を表1に示す。

表1　Jさんが作成した二つの方式の比較

項番	比較項目	従来方式	SDN方式（図3の方式）
1	導入機器の数	多い	少ない
2	構築時の設定作業	（設問のため省略）	（設問のため省略）
3	顧客追加時の設定作業	（設問のため省略）	（設問のため省略）
4	サービス基盤の増設時の作業	（省略）	（省略）
5	必要技術の習得	習得済み	未習得

Jさんが作成した比較表です。項番2については，設問4（1），項番3に関しては設問4（2）で問われます。

以上の比較検討を基に，Jさんは，OFを用いると技術習得などに時間を要することになるが，今後のサービス拡大に柔軟に対応できるようになると判断し，OFによるサービス基盤の構築を，N主任に提案した。N主任は，Jさんの提案がY社にとって有益であると考え，Jさんの提案を基にサービス基盤の構築案をまとめ，M課長に報告したところ，テストシステムを構築して，OFの導入効果を確認するようにとの指示を受けた。

この部分で，特筆して補足することはありません。
また，ここまでの問題文で，設問4に答えることができます。

〔技術習得を目的とした制御方式の設計〕
テストシステムの構築に当たって，N主任とJさんの2人は最初に，OFの技術習得を目的として，MACアドレスの学習によるパケットの転送制御方式を考えることにした。

「MACアドレスの学習」は，通常のL2SWで行われるMACアドレスの学習と同じ動作です。MACアドレステーブルとは，あるMACアドレス宛てのパケットを受信したときに，どのポートから送信するかのリストのことです。

Q. MACアドレステーブルでは，何と何の情報を管理しているか。

A. 実際のMACアドレステーブルを見てみましょう。以下はCatalystのL2スイッチのMACアドレステーブルの例です。

```
Switch#show mac-address-table  ←MACアドレステーブルを表示するコマンド
Vlan     Mac Address        Type        Ports
----     -----------        --------    -----
   1     0000.5e00.53f6     DYNAMIC     Fa0/1
   1     0000.5e00.53d2     DYNAMIC     Fa0/2
   1     0000.5e00.53ae     DYNAMIC     Fa0/3
```

ここにあるように，MACアドレステーブルでは，MACアドレスとL2スイッチのポートの対応を管理しています。

テストシステムは，図1中のP社，Q社及びZ社の3顧客向けのシステムを収容した構成である。テストシステムの構成を図4に，テストシステム中の機器と仮想サーバのMACアドレスを表2に示す。

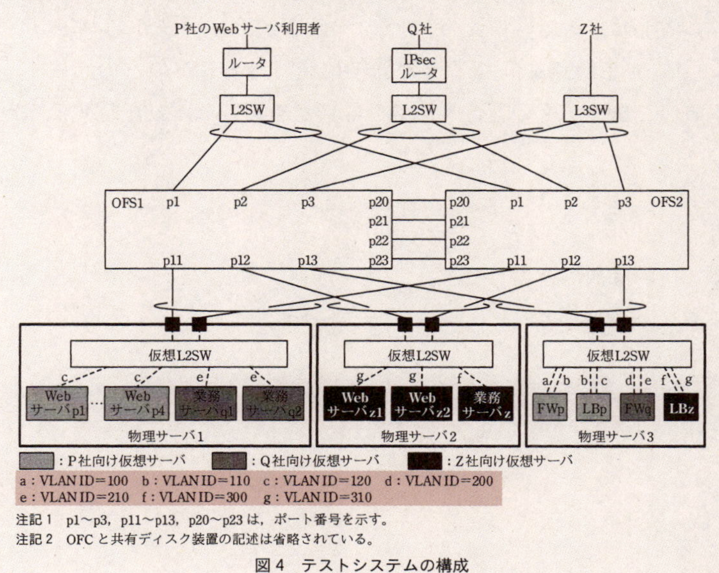

図4　テストシステムの構成

図1のシステム構成をSDN方式で構成したのが図4です。点線a～gがどのVLANなのかをきちんと見ておきましょう。

P社を例に，図1と図4の対応を確認します。

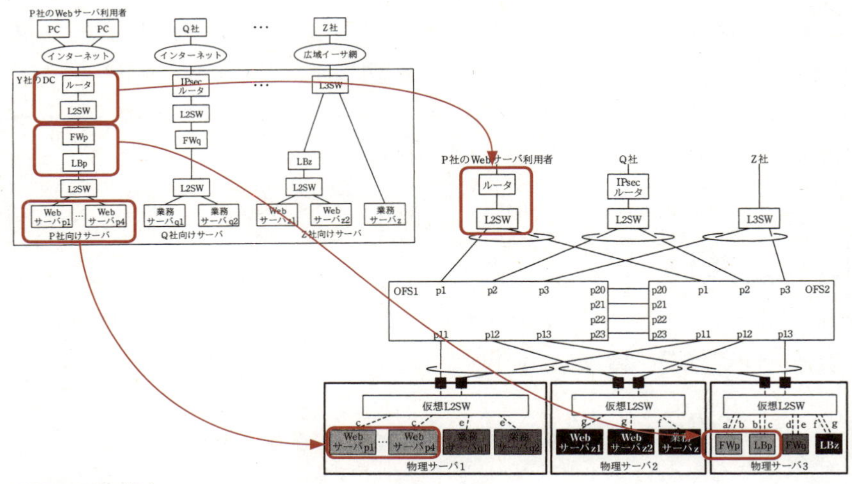

■図1と図4の対応

Q. P社において，Webサーバの利用者が，ルータからWebサーバp1に通信する経路を，なるべく詳細に書け。各SWのどのポートを経由するか，また，そのときのVLANは何かも可能な限り記載すること。

A. 正解は次のとおりです。

■ルータからWebサーバp1に通信する経路

ルータ

L2SW

ポートVLAN（VLAN100）
p1
OFS1
タグVLAN（VLAN100）
p13

仮想L2SW（物理サーバ3内）
ポートVLAN（VLAN100）

FWp

VLAN100のセグメント

ポートVLAN（VLAN110）
仮想L2SW（物理サーバ3内）

VLAN110のセグメント

LBp

ポートVLAN（VLAN120）
仮想L2SW（物理サーバ1内）

タグVLAN（VLAN120）
p13
OFS1
p11

ポートVLAN（VLAN120）
仮想L2SW（物理サーバ1内）

Webサーバp1 …… Webサーバp4

VLAN120のセグメント

例として，ルータからFWpまでを見てみましょう。図1では，P社のルータとFWpのWAN側はL2SWを介して接続されており，同一のセグメントです。これは，図4でも同じです（図のVLAN100のセグメントの部分）。ただ，物理サーバ3には，P社以外にQ社やZ社の機器が存在します。よって，OFS1のp13と物理サーバ3の仮想L2SW間は，複数のVLANを通すためにタグVLANを設定する必要があります。このとき，FWpと接続するセグメントは図4上では点線a（VLAN100）です。このことから，OFS1のp1もVLAN100であることがわかります。

面倒ですが，こうやって一つ一つ図に落としていくと，図４の構成図が理解できてきました。

本試験でここまでやる必要はありません。ただ，FWpとLBpによって，ネットワークがVLAN100，110，120の三つのセグメントに分けられている点は理解しておきましょう。

表2　テストシステム中の機器と仮想サーバの MAC アドレス

機器名又は仮想サーバ名	MAC アドレス
P 社の Web サーバ p1～p4	mWSp1～mWSp4
Q 社の業務サーバ q1，q2	mGSq1，mGSq2
Z 社の Web サーバ z1，z2	mWSz1，mWSz2
Z 社の業務サーバ z	mGSz

機器名又は仮想サーバ名	内部側[1]の MAC アドレス	WAN 側[2]の MAC アドレス
ルータ	mRT	（省略）
IPsec ルータ	mIPSRT	（省略）
L3SW	mL3SW	（省略）
LBp	mLBp	mLBpw
LBz	mLBz	mLBzw
FWp	mFWp	mFWpw
FWq	mFWq	mFWqw

注記　MAC アドレスの重複はないものとする。
注[1]　内部側は，図 1 中の各機器の下側のポートを指す。
[2]　WAN 側は，図 1 中の各機器又はサーバの上側のポートを指す。

表2は図4中の機器のMACアドレスの一覧表です。図4と対比しながらさらっと確認しておきましょう。このMACアドレスは，表5～表8のFテーブルで利用します。

参考　表2のMACアドレスと物理サーバとの対応

丁寧に見ていけばわかりますが，念のため，対応を細かく記載します。たとえば，表2の左側の表と，図4の物理サーバは以下のように対応しています。

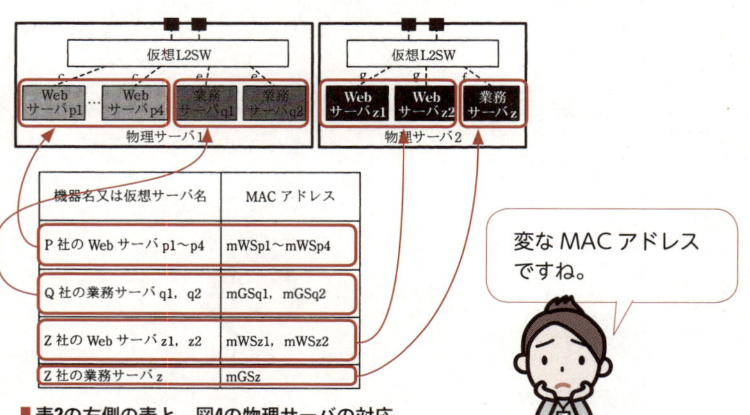

■表2の左側の表と，図4の物理サーバの対応

この表記はルールが決まっています。MACアドレスの先頭の「m」はMACアドレスの頭文字mです。それに続く「WS」「GS」はそれぞれWebServer，業務（Gyoumu）Serverの略です。そのあとのp，q，zはそれぞれP社，Q社，Z社を表します。最後の数字はサーバの番号です。表2の右側も同様のルールです。

この略記を把握しておくと，このあとの表5～表8をスムーズに読むことができるでしょう。

図4に示したように，P社にはVLAN IDに100，110，120，Q社にはVLAN IDに200，210，Z社にはVLAN IDに300，310を，それぞれ割り当てる。各顧客のWebサーバと業務サーバ間の通信は発生しない。

図4の点線a～gのVLANが，それぞれP社，Q社，Z社向けになっていることを確認しておきましょう。また，「各顧客のWebサーバと業務サーバ間の通信は発生しない」の部分は，設問には関係ありません。Fテーブルの内容が複雑にならないようにしているだけだと思います。

2人は，Fテーブルの構成について検討した。Fテーブルは，OFSのデータ転送動作を確認しやすくするために，最初に処理されるFテーブル0と，パケットの入力ポートに対応して処理されるFテーブル1～4の五つの構成とした。2人がまとめた，五つのFテーブルの役割を表3に示す。

表3　五つのFテーブルの役割

項番	Fテーブル名	役割
1	Fテーブル0	パケットの入力ポートを基にした，処理の振分け
2	Fテーブル1	顧客のネットワークから，p1～p3経由でOFSに入力したパケットの処理
3	Fテーブル2	物理サーバ1から，p11経由でOFSに入力したパケットの処理
4	Fテーブル3	物理サーバ2から，p12経由でOFSに入力したパケットの処理
5	Fテーブル4	物理サーバ3から，p13経由でOFSに入力したパケットの処理

複数のFテーブルって……
実際のOpenFlowでもこうなっているんですか？

そうなんです。OpenFlowのVer1.0では単一のフローテーブルだったのですが，Ver1.1から複数のフローテーブルになりました。データベースの世界で，顧客テーブル，売上明細テーブルなど，まとまった単位で複数のテーブルに分けるのと同じです。「管理しやすくしているんだなぁ」程度に考えてください。

さて，この内容を補足します。パケットを受信すると，最初に参照するテーブルがFテーブル0です。Fテーブル0では，パケットを受信したポートによって，次のアクションを変えます。具体的にはポート1～3（p1～3）の場合はFテーブル1，ポート11（p11）の場合はFテーブル2，などです。

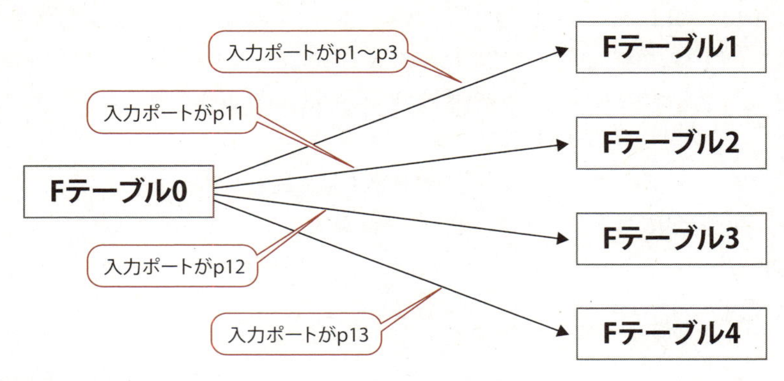

■五つのFテーブルの関係

Fテーブルは，複数のフローエントリ（以下，Fエントリという）からなる。

Fエントリは，OFSに入力されたパケットがどのFエントリに一致するかを判定するためのマッチング条件，条件に一致したパケットに対する操作を定義するアクション，パケットが複数のFエントリに一致した場合の優先度などで構成される。入力されたパケットが，Fテーブル内の複数のFエントリのマッチング条件に一致した場合は，優先度が最も高いFエントリのアクションが実行される。また，どのマッチング条件にも一致しないパケットは廃棄される。一つのFエントリには，複数のアクションを定義できる。

フローエントリの細かな動作が記載されています。この内容も，過去問でOpenFlowをしっかり学習している人にとっては抵抗がないと思います。

では，このあとの表4～表8を見比べながら確認しましょう。たとえば，表4のFテーブル0において，項番1～6の各内容が，Fエントリです。

ルールがいくつもあるのはFWに似ています。ただ，FWは上から順にルールを確認していって，一致するものがあればそのルールを実行します。一方，Fエントリの場合は，優先度が最も高いFエントリのアクションが実行されます。この点が異なります（設問には関係しません）。

OFCとOFSの間では，メッセージの交換が行われる。このメッセージの中には，OFSに対してFエントリを設定するFlow-Modメッセージ，

OFSが受信したパケットをOFCに送信するPacket-Inメッセージ，OFCがOFSに対して指定したパケットの転送を指示するPacket-Outメッセージなどがある。

メッセージとは，OFCからOFSに対する指示や，OFSからOFCに通知する情報のことです。三つのメッセージを整理したのが次の表です。こちらも，過去のネスペ試験ではおなじみです。

	通信メッセージ名	通信の方向	用途
❶	Packet-In	OFS→OFC	受信したパケットの情報（入力ポートや送信元・宛先MACアドレスなど）をOFCに通知する。
❷	Packet-Out	OFC→OFS	パケットの転送（指定したポートからの送信）をOFSに指示する。
❸	Flow-Mod	OFC→OFS	OFSが持つFテーブルの変更を指示する。

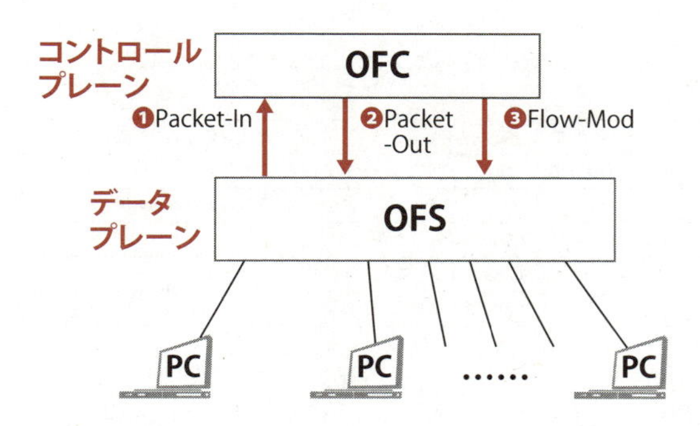

■三つのメッセージの概要

次に，2人は，3顧客で全てのサーバとの通信が正常に行われたとき（以下，正常通信完了時という）に，OFCによってOFSに生成されるFエントリを，机上で作成した。正常通信完了時のFテーブル0～4を，それぞれ表4～8に示す。

「3顧客で全てのサーバとの通信が正常に行われたとき」とは，スイッチングハブにおいてMACアドレステーブルの学習が完了した状態と考えて下さい。

何でそうなるのですか？

たとえば，このあとの表5の項番2で，宛先MACアドレス（mDES）がmFWpwになっています。

項番	マッチング条件	アクション	優先度
1	eTYPE 1) ＝ARP	OFC に Packet-In メッセージを送信	低
2	mDES 2) ＝mFWpw	p13 から出力	中

これは，OFSのp13に接続しているFWpのMACアドレス（mFWpw）を学習した結果です。実際の通信が正常に完了しなければ，OFSにおいてMACアドレスの学習は行われません。

表 4　正常通信完了時の OFS1 と OFS2 の F テーブル 0

項番	マッチング条件	アクション	優先度
1	入力ポート＝p1	VLAN ID が 100 のタグをセット，F テーブル 1 で定義された処理を行う。	中
2	入力ポート＝p2	VLAN ID が 200 のタグをセット，F テーブル 1 で定義された処理を行う。	中
3	入力ポート＝p3	VLAN ID が 300 のタグをセット，F テーブル 1 で定義された処理を行う。	中
4	入力ポート＝p11	F テーブル 2 で定義された処理を行う。	中
5	入力ポート＝P12	F テーブル 3 で定義された処理を行う。	中
6	入力ポート＝p13	F テーブル 4 で定義された処理を行う。	中

Fテーブル0では，パケットがどのポートから受信したかによって，どのFテーブルで処理するかを決定します。6つの項番でマッチング条件の重複がないので，優先度はすべて同一という意味で「中」になっています。（※すべて「高」や「低」でも問題ありません。）

表 5　正常通信完了時の OFS1 と OFS2 の F テーブル 1

項番	マッチング条件	アクション	優先度
1	eTYPE 1) ＝ARP	OFC に Packet-In メッセージを送信	低
2	mDES 2) ＝mFWpw	p13 から出力	中
3	mDES 2) ＝mFWqw	p13 から出力	中
4	mDES 2) ＝mLBzw	p13 から出力	中
5	mDES 2) ＝mGSz	p12 から出力	中

注 1)　eTYPE は，イーサタイプを示す。
　2)　mDES は，宛先 MAC アドレスを示す。

次はFテーブル1です。すべての項番を解説するのはくどいので，一つだけ見てみましょう。

項番2は，宛先MACアドレスがmFWpw（FWpのMACアドレス）の場合に，p13から出力するという内容です。表2よりmFWpwがFWpのWAN側MACアドレスであることや，図4にて，FWpはOFSのp13から接続されていることを確認しておきましょう。

表6　正常通信完了時のOFS1とOFS2のFテーブル2

項番	マッチング条件	アクション	優先度
1	eTYPE＝ARP	OFCにPacket-Inメッセージを送信	低
2	eTYPE＝ARP，VLAN ID＝120，mDES＝FF-FF-FF-FF-FF-FF	p13から出力	高
3	eTYPE＝ARP，VLAN ID＝210，mDES＝FF-FF-FF-FF-FF-FF	p13から出力	高
4	mDES＝mLBp，mSRC[1]＝mWSp1	p13から出力	中
5	eTYPE＝RARP	OFCにPacket-Inメッセージを送信	高
以下，省略			

注記　項番5は，仮想サーバが物理サーバ1に移動してきたことをOFCに知らせるためのFエントリである。
注[1]　mSRCは，送信元MACアドレスを示す。

Fテーブル2は，p11から受信したパケットの処理です（表4より）。

こういうの，読むのがつらいんですけど……

本試験の場合はさらっと流して，設問を解くときに改めて読めばいいでしょう。一方で，自宅で学習する場合は，設問に関係がないところも丁寧に読んで理解するようにしてください。

ここでは，項番2と項番4だけ確認します。項番2は，VLAN120のセグメントからのARPパケットの処理です。p11に接続されているVLAN120の機器はP社のWebサーバしかありません。ですから，P社のWebサーバがARPを発出したと考えてください。

ARPは同一セグメントにパケットをブロードキャストします（宛先MACアドレスはFF-FF-FF-FF-FF-FF）。VLAN120が存在するのは，図4では，

p13に接続されているFWpとLBpだけです。よって，p13からブロードキャストフレームを送信するエントリです。

続いて項番4です。宛先MACアドレス（mDES）がLBp（mLBp），送信元MACアドレス（mSRC）がP社Webサーバ1（mWSp1）です。ですから，Webサーバp1からLBp宛てに，p13からパケットを送信するエントリです。

あれ？ Webサーバp2からLBpに送信するためのエントリがありませんね。

現時点では，Fテーブルにはそのエントリがないだけです。LBpがWebサーバp2（およびp3，p4）に振り分け処理され，通信が正常に行われれば，エントリが作成されます。

表7　正常通信完了時のOFS1とOFS2のFテーブル3

項番	マッチング条件	アクション	優先度
1	eTYPE＝ARP	OFCにPacket-Inメッセージを送信	低
2	eTYPE＝ARP，VLAN ID＝310，mDES＝FF-FF-FF-FF-FF-FF	p13から出力	高
3	mDES＝mLBz，mSRC＝mWSz1	p13から出力	中
4	mDES＝mL3SW，mSRC＝mGSz	VLANタグを削除，p3から出力	中
5	eTYPE＝RARP	OFCにPacket-Inメッセージを送信	高
以下，省略			

注記　項番5は，仮想サーバが物理サーバ2に移動してきたことをOFCに知らせるためのFエントリである。

Fテーブル3は，p12から受信したパケットの処理です（表4より）。

Fテーブル2にもありましたが，項番5のRARPはなんですか。

RARP（Reverse ARP）の名のとおりARPの逆（Reverse），つまりMACアドレスからIPアドレスを調べるためのブロードキャストパケットです。ただ，本問の場合では本来の使い方はしません。注記にあるとおり，仮想サーバが移動したことを周囲のスイッチに通知し，MACアドレステーブルの更新を促すための処理です。設問には関係ないので，この点は参考欄で解説します。

参考 RARPの処理

Webサーバp1が，物理サーバ1から物理サーバ2に移動したのを例に解説します（OFSではなく通常のスイッチとして説明します）。

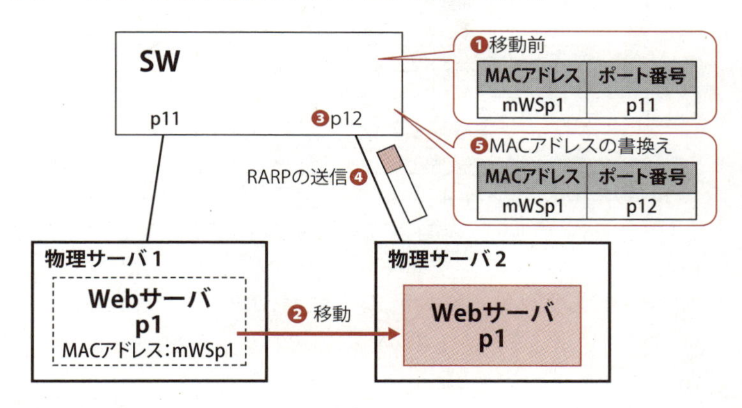

RARPの処理

Webサーバp1の移動前は，物理サーバ1でWebサーバp1が稼働しています。SWのMACアドレステーブルでは，Webサーバp1のMACアドレス（mWSp1）を，物理サーバ1がつながるp11で学習しています（❶）。

ここで，Webサーバp1が，物理サーバ1から物理サーバ2へ移動したとします（❷）。すると，Webサーバp1は，p11ではなくp12に接続されます（❸）。ですから，SWのMACアドレステーブルを書き換えなくてはいけません。そのために，物理サーバ2のハイパーバイザがRARPを送信します（❹）。送信元MACアドレスがmWSp1のフレームがp12に届くので，この情報をもとに，MACアドレステーブルを書き換えます。その結果，mWSp1のMACアドレスがp12に対応します（❺）。

過去のネスペ試験で問われたGARPに似ていますね。

どちらも目的は同じです。GARP（GratuitousARP）でも同じ処理ができますが，今回はRARPのパケットで実現しているだけです。

表8　正常通信完了時のOFS1とOFS2のFテーブル4

項番	マッチング条件	アクション	優先度
1	eTYPE＝ARP	OFCにPacket-Inメッセージを送信	低
2	eTYPE＝ARP，VLAN ID＝100, mDES＝FF-FF-FF-FF-FF-FF	VLANタグを削除，p1から出力	高
3	eTYPE＝ARP，VLAN ID＝120, mDES＝FF-FF-FF-FF-FF-FF	p11から出力	高
4	eTYPE＝ARP，VLAN ID＝300, mDES＝FF-FF-FF-FF-FF-FF	VLANタグを削除，p3から出力	高
5	eTYPE＝ARP，VLAN ID＝310, mDES＝FF-FF-FF-FF-FF-FF	p12から出力	高
6	mDES＝mWSp1，mSRC＝mLBp	p11から出力	中
7	mDES＝mWSp4，mSRC＝mLBp	p11から出力	中
8	mDES＝mWSz1，mSRC＝mLBz	p12から出力	中
9	mDES＝mRT，mSRC＝mFWpw	VLANタグを削除，p1から出力	中
10	mDES＝mIPSRT，mSRC＝mFWqw	VLANタグを削除，p2から出力	中
11	mDES＝mL3SW，mSRC＝mLBzw	VLANタグを削除，p3から出力	中
12	eTYPE＝RARP	OFCにPacket-Inメッセージを送信	高
以下，省略			

注記　項番12は，仮想サーバが物理サーバ3に移動してきたことをOFCに知らせるためのFエントリである。

表8中の項番2は，イーサタイプがARP，VLAN IDが100及び宛先MACアドレスがFF-FF-FF-FF-FF-FFのパケットを，VLANタグを削除してp1から出力することを示している。

Fテーブル4は, p13, つまり物理サーバ3から受信したパケットの処理です。

エントリが多いですね。

はい，物理サーバ3には7つのVLANすべてがあるので，エントリの件数も多くなってしまいます。考え方はすでに解説しましたので，設問に関するところだけ解説します。

項番6は，宛先MACアドレスがWebサーバp1（mWSp1）で，送信元MACアドレスがLBp（mLBp）のパケットを, p11から送信するエントリです。このエントリは，設問5（3）に関連します。

項番7は，宛先MACアドレスがWebサーバp4（mWSp4）で，送信元MACアドレスがLBp（mLBp）のパケットを, p11から送信するエントリです。このエントリは，設問5（4）に関連します。

さて，以降の内容は，OFSが行うパケット処理の具体例です。これまでと同様に，問題文に番号を付けました。そのあとの解説用の図と照らし合わせて確認してください。

OFSにパケットが入力されると，OFSは表4のFテーブル0の処理を最初に実行する。例えば，図4中のQ社のIPsecルータからOFS1のp2にARPリクエストパケットが入力された場合（下図❶），そのパケットは，表4中の項番2に一致するので，パケットにVLAN IDが200のVLANタグをセット（下図❷）し，次に表5のFテーブル1で定義された処理を行う。表5のFテーブル1では，項番1に一致するので，当該パケットはPacket-Inメッセージに収納されて，OFCに送信される（下図❸）。OFCは受信したパケットの内容を基に，Flow-ModメッセージでFエントリを生成したり（下図❹），Packet-OutメッセージなどをOFSに送信したりする（下図❺）。

以下はOFS2を使った場合です。

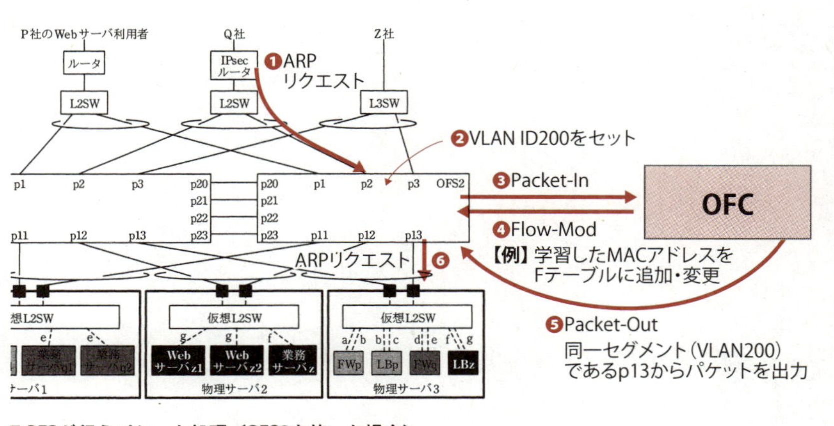

■ **OFSが行うパケット処理（OFS2を使った場合）**

少し補足します。

上図❹のFlow Modは，パケットを受信することで，p2に届いたフレームのMACアドレス（IPsecルータのMACアドレス）を学習します。その結果，Fテーブル4（表8）の項番10の作成や修正を行います。

上図❺のPacket-Outは，同一VLANのp13から，ARPパケットを出力する指示を出します。それを受け，p13からARPリクエスト（前ページの図❻）が物理サーバ3のFWqに届きます。

N主任とJさんは，作成したFテーブルの論理チェックを行い，五つのFテーブルによってテストシステムを稼働させることができると判断した。

パケット転送制御方式の机上作成を通してOFの動作イメージが学習できたので，次に，2人は，実際にテストシステムを構築して，動作検証と性能評価を行うことにした。

問題文の解説は以上です。

設問の解説

設問1

本文中の［ ア ］～［ エ ］に入れる適切な字句を答えよ。

設問1は，機器の設定や方式に関するキーワードを答える設問です。採点講評には，「設問1は，ア，ウ，エの正答率は高かったが，イの正答率が低かった」とあります。それほど簡単な問題とは思いませんが，5問中3問は正解したいところです。

空欄ア～ウ

【空欄ア】

L2SWaとL2SWbの間及びL2SWcとL2SWdの間は，［ ア ］接続して，それぞれ，一つのL2SWとして動作できるようにする。

複数台のスイッチを接続し，論理的に1台のスイッチとして動作させる技術を，「スタック接続」と呼びます。よって，空欄アに入るのは「スタック」です。

なお，スタック接続はメーカによっては呼び方が異なり，HPE（HP社から分社化）のスイッチではVSF（Virtual Switching Framework）やIRF（Intelligent Resilient Framework），Juniper社ではバーチャル・シャーシと呼びます。

解答 スタック

【空欄イ】

冗長構成では，アクティブの仮想FWが保持しているセッション情報が，装置間を直結するケーブルを使って，スタンバイの仮想FWに転送される。セッション情報を継承することで，仮想FWの［ イ ］フェールオーバを実現している。

過去問（H22年度NW 午後Ⅰ問3）では,「1台のFWが故障したときでも処理を中断させることなく,もう1台のFWで処理を継続させる」機能を「ステートフルフェールオーバ」と解説しています。正解は「ステートフル」です。

実は同じ問題が，H26年度NW 午後Ⅰ問2でも問われました（以下)。

FWが通信の中継のために管理している情報（以下，管理情報という）を自動的に引き継ぐ［イ：ステートフル］フェールオーバ機能を動作させている

ステートフルフェールオーバという用語は，それほど一般的ではないと思います。ただ，まったく同じキーワードですから，過去問をしっかり学習した人にとっては,サービス問題だったと思います。また,採点講評には,「“ステートフル”は，ファイアウォールのフィルタリング機能などでも使われている用語なので,是非,知っておいてほしい」とあります。覚えておきましょう。

解答 ステートフル

【設問ウ】

LBは,負荷分散対象のサーバ群を一つのグループ（以下,クラスタグループという）としてまとめ，クラスタグループを複数設定できる製品を選定する。クラスタグループごとに仮想IPアドレスと［ウ］アルゴリズムが設定できるので，複数の顧客の処理を1台で行える。

空欄ウに入るのは「負荷分散」です。つまり，グループごとに，負荷分散の方法（アルゴリズム）を設定できるという意味です。負荷分散アルゴリズムには，すべてのサーバに対して順番に処理を振り分けるラウンドロビン方式，最もセッション数が少ないサーバに処理を振り分けるリーストコネクション方式などがあります。

「負荷分散アルゴリズム」というキーワードを覚えるというよりは，文脈か

ら判断できる問題でした。

解答　**負荷分散**

参考までに，以下は負荷分散装置であるCitrix社のNetScalerの設定画面です。振り分け方式として，ROUNDROBIN，LEASTCONNECTION（最もコネクション数が少ない），などが選べます。

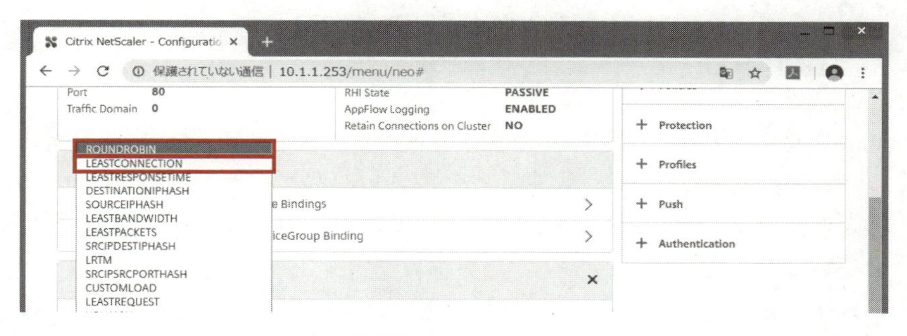

CitrixのNetScalerの振り分け方式の選択画面

空欄エ

物理サーバには2枚のNICを実装し，[　エ　]機能を利用してアクティブ／アクティブの状態にする。

物理サーバに複数のNICを実装してネットワークの冗長化や帯域増を行う機能を，「チーミング」と呼びます。スイッチ間の冗長化に利用するリンクアグリゲーションに似ています。チーミングの特徴は，アクティブ/スタンバイ（冗長化のみ），アクティブ/アクティブ（冗長化と帯域増）などを選択できることです。

複数のリンクで冗長化を行う方式の名称として，スイッチの場合はリンクアグリゲーション，サーバの場合はチーミングと覚えてしまいましょう。

解答　**チーミング**

設問2

〔従来方式でのサービス基盤の構成案〕について，(1)～(3)に答えよ。

(1) 本文中の下線①の要件が必要になる理由を，30字以内で述べよ。

問題文には，「FWは，①装置の中に複数の仮想FWを稼働させることができ」とあります。この要件が必要になる理由を答えます。

これって，当たり前だと思います。
だって，複数の顧客が混在するからです。

そうです。サーバやFWだけでなく，スイッチングハブでもVLANで顧客ごとにネットワークを分けます。ですが，VLANなどでネットワークを分けるだけでなく，**わざわざ「仮想FW」を稼働させるのはなぜか**，そこが問われている本質です。

以下の図を見てください。左側が仮想FWを使わない場合です。仮想FWを使わなくても，VLANやネットワークのセグメントを分けるなどの工夫によってネットワークを分離することは可能です。

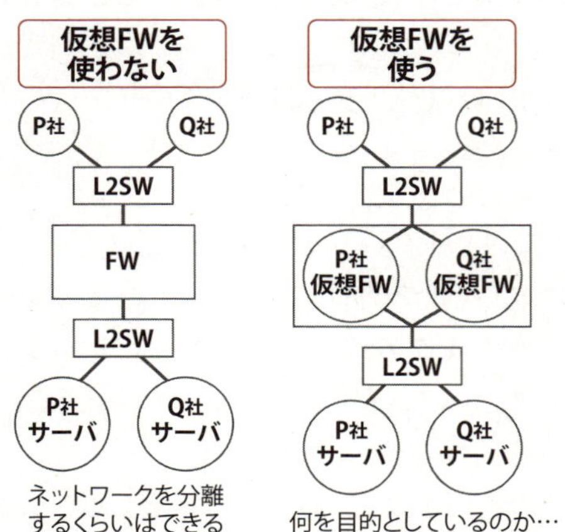

■仮想FWを使わない場合と使う場合

でも，VLAN等ではなく，わざわざ右図のようにP社やQ社用にそれぞれ仮想FWを作るのか。この点を答えます。

それは，VLANなどのレイヤ2レベルではなく，レイヤ3以上の制御を顧客ごとに実施するためです。それを実現するためには仮想FWで分離するしかありません。

レイヤ3以上の制御は何か，すぐに思いつくのはFWのメイン機能であるフィルタリングルールでしょう。また，顧客ごとにルーティング処理が異なる可能性も十分にあります。この二つのどちらかを解答にまとめます。

さて，答案の書き方ですが，理由が問われているので「～から」で終わるように答えます。

解答例
- **顧客ごとに異なるフィルタリングの設定が必要であるから**（26字）
- **顧客ごとにルーティングの設定が必要であるから**（22字）

参考までに，Fortinet社のFortiGateでは，VDOM（VirtualDomain）機能を使って，一つの装置の中に複数の仮想FWを構成できます。VDOMの設定や画面は，このあとの設問4（1）の参考解説で紹介します。

（2） 本文中の下線②の機能について，アクティブのFWをFWaからFWbに切り替えるのに，FWa又はFWbが監視する内容を三つ挙げ，図2中の機器名を用いて，それぞれ25字以内で答えよ。

FWの「②装置の冗長化」機能について，切り替えを行う契機として，**何を監視するのか**が問われています。問題文中にヒントはないので，どうなったら切り替えればいいのかを考えて答えを出します。

どうなったら切り替えるかって……
FWa がダウンした場合に決まっていますよね。

そうです。それが一つです。仮にFWaがダウンした場合を考えましょう。FWaは，「故障したから切り替えをお願いします」という通知をFWbに送ることができれば，わざわざ監視する必要はありません。しかし，FWaが機器故障をしていれば，FWbへの通知が送信できない可能性があります。そこで，FWbがFWaを監視して，FWaが正常に動作しているのかを確認します。

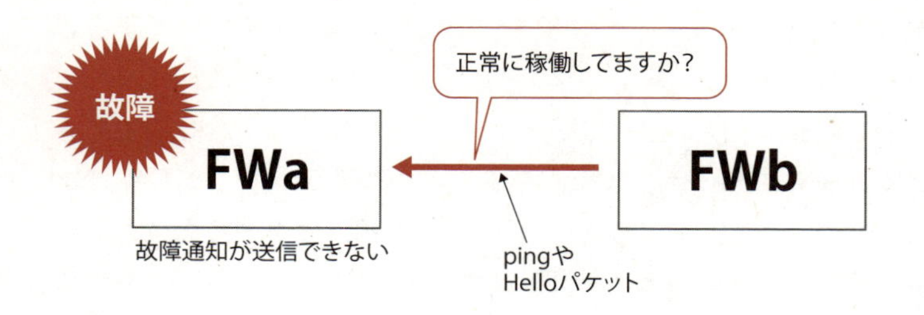

■ FWaが動作しているかをFWbが確認する

これが，解答例の一つめである「FWbによるFWaの稼働状態」を監視することです。具体的には，ping試験やHelloパケットを送信してFWaの生死を確認します。

次に，FWaがダウンした場合以外も考えます。

まずは，以下の図で正常動作時の通信経路を確認しましょう。

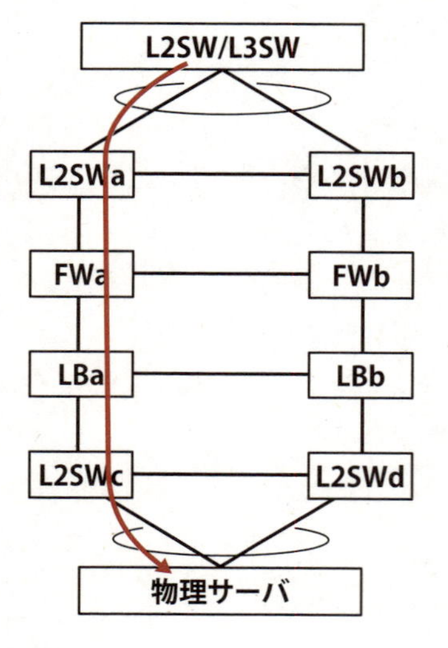

■ 正常動作時

正常時は，図にあるように，FWaやLBaを通って物理サーバに通信をします。

このとき，FWaだけではなく，L2SWaやLBa，それらの機器を接続するケーブルも正常である（＝故障や断線などがない）必要があります。

では，L2SWa～FWaのケーブル故障（次ページ上図❶）やL2SWaが故障（同図❷）した場合を考えましょう。

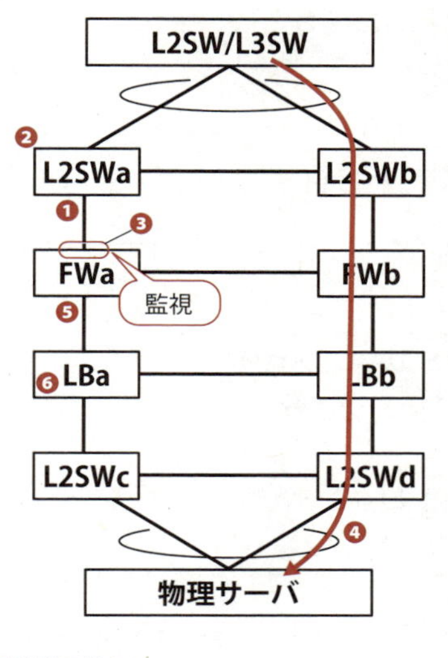

これらの故障を検知するにはどうすればいいでしょうか。簡単ですね。FWaのL2SWaへの接続ポート（左図❸）を監視すればいいのです。L2SWaの故障やFWa～L2SWa間のケーブルが切断されると，FWaの接続ポートのリンクがダウンします。FWaにてこのリンク状態を監視するのが解答の二つめ「FWaによるL2SWaへの接続ポートのリンク状態」です。

■故障の検知

参考までに，以下は，FortiGateでwan1のインターフェースがリンクダウンした状態の画面です。矢印が下向きになっています。

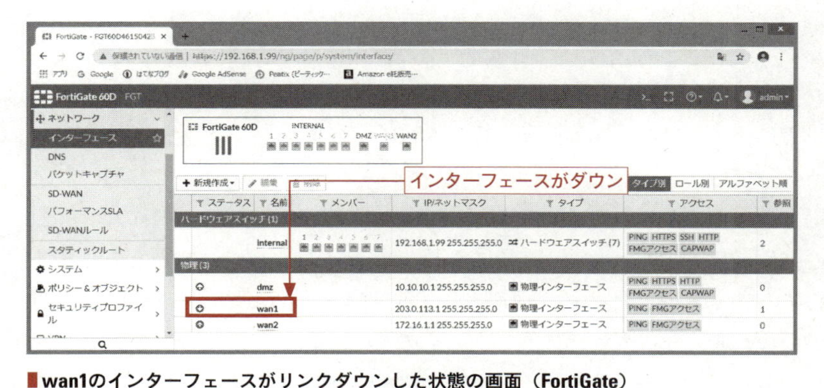

■wan1のインターフェースがリンクダウンした状態の画面（FortiGate）

また，設問には関係ありませんが，L2SWa～FWa間のリンク断や，L2SWaの故障がおきると，FWbだけでなく，LBbも連動してアクティブに切り替わります（問題文に記載あり）。その結果，図の右側の経路（上図❹）になります。

L2SWa～FWaのケーブル故障やL2SWaが故障した場合

同じことが，LBa～FWaのケーブル故障（前ページ上図❺）やLBaが故障（同図❻）した場合にもいえます。解答としては，「FWaによるLBaへの接続ポートのリンク状態」です。

解答例
（下記のうち，いずれか三つ）
- **FWbによるFWaの稼働状態**
- **FWaによるL2SWaへの接続ポートのリンク状態**
- **FWaによるLBaへの接続ポートのリンク状態**
- **FWaによるFWbの稼働状態**
- **FWbによるL2SWbへの接続ポートのリンク状態**
- **FWbによるLBbへの接続ポートのリンク状態**

なお，解答例ではさらに三つの内容（後半の三つ）が記載されています。これは，FWaからFWbに切り替える前に，FWb側で故障が起きていないことを確認するための設定です。この三つを解答できる必要はありません。前半の三つを確実に答えられるようにしましょう。

(3) 本文中の下線③について，VLANを設定するポート及び設定するVLANの内容を，50字以内で具体的に述べよ。

問題文には，「L2SWcとL2SWdには，リンクアグリゲーションのほかに，③仮想サーバの物理サーバ間移動に必要となるVLANを設定する」とあります。

問題文で解説したとおり，仮想サーバの移動先の物理サーバには，仮想サーバが所属するVLANが必要です。そのためには，L2SWcとL2SWdの物理サーバへの接続ポートには，該当するVLAN IDを設定する必要があります。対象のVLAN IDは，すべて顧客の，すべての仮想サーバに割り当てられたVLAN IDです。どの仮想サーバが，どの物理サーバへ移動しても通信できるようにするためです。

さて，答案ですが，50字という長い文章を書きます。よって，具体的に書くことを意識しましょう。

「移動先の物理サーバに接続するL2SWcとL2SWdのポートに，物理サーバ1で設定したすべての顧客のVLAN IDを，タグVLANで設定する」でどうでしょう。

いいと思います。移動先の物理サーバは都度変わります。なので，あえて「移動先」という言葉を使わなくていいでしょう。全体的にスッキリまとめると，解答例のようになります。

解答例 **物理サーバへの接続ポートに，全ての顧客の仮想サーバに設定されたVLAN IDを設定する。**（43字）

設問3

本文中の下線④の情報を，15字以内で答えよ。

OFSの導入に必要な，「④OFCとのTCPコネクションの確立に必要な最小限の情報を設定」の情報が問われています。問題文で解説しましたが，TCPコネクションの確立というのは，通信相手と3ウェイハンドシェイクを行うことで実現します。

実際のパケットを見てみましょう。以下は，192.168.1.1のPCからWebサーバ（203.0.113.1）にアクセスした際のHTTP通信です。

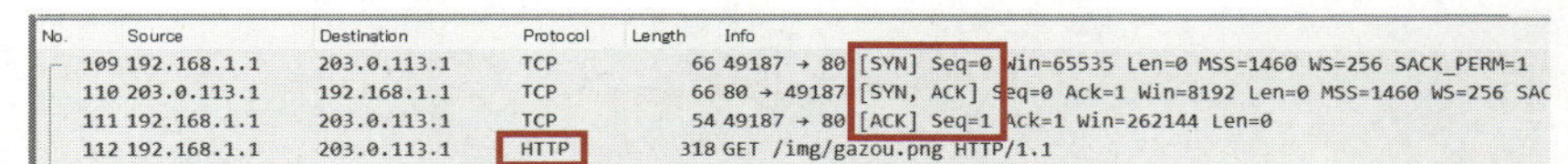

No.	Source	Destination	Protocol	Length	Info
109	192.168.1.1	203.0.113.1	TCP	66	49187 → 80 [SYN] Seq=0 Win=65535 Len=0 MSS=1460 WS=256 SACK_PERM=1
110	203.0.113.1	192.168.1.1	TCP	66	80 → 49187 [SYN, ACK] Seq=0 Ack=1 Win=8192 Len=0 MSS=1460 WS=256 SAC
111	192.168.1.1	203.0.113.1	TCP	54	49187 → 80 [ACK] Seq=1 Ack=1 Win=262144 Len=0
112	192.168.1.1	203.0.113.1	HTTP	318	GET /img/gazou.png HTTP/1.1

PC（192.168.1.1）からWebサーバ（203.0.113.1）へのHTTP通信のパケット

4行目（No.112）で，Webサーバ（203.0.113.1）に対してgazou.pngファイルを取得しようとしています。そのHTTP通信の前に，3ウェイハンドシェイクによる［SYN］と［ACK］のパケットがやりとり（＝TCPコネクションの確立）されていることがわかります。

では，設問の答えである「必要な最小限の情報」とは何でしょうか。

このパケットを見ると，TCP コネクションを確立するためには，通信相手となる OFC の IP アドレス情報が必要だと思います。

はい，そのとおりです。加えて，OFS自身のIPアドレスも必要です。DHCPサーバがあればOFSは自動でIPアドレスを取得します。しかし，図3中にはDHCPサーバがありません。ですので，IPアドレスを手動で設定する必要があります。

解答としては，どちらかを答えれば正解です。

解答例
・OFCのIPアドレス
・自OFSのIPアドレス

TCP ポート番号や，デフォルトゲートウェイの設定は要りませんか？

はい，どちらも不要です。問題文には記載がありませんが，OFチャネルで利用するTCPポート番号は6653と決められています。ですので，TCPポート番号は指定しなくてもOFCに接続できます。また，図3よりOFSの管理ポートとOFCはL2SWを介して接続されているので同じセグメントです。同じセグメントの場合，デフォルトゲートウェイの設定は不要です。

設問4

〔二つの方式の比較〕について，(1)，(2) に答えよ。

(1) 表1中の項番2について，従来方式の場合，FWでは複数の仮想FWを設定することになる。仮想FWの設定に伴って，各仮想FWに対して設定が必要なネットワーク情報を三つ挙げ，それぞれ15字以内で答えよ。

問題文の表1を再掲します。

表1　Jさんが作成した二つの方式の比較

項番	比較項目	従来方式	SDN方式（図3の方式）
1	導入機器の数	多い	少ない
2	構築時の設定作業	（設問のため省略）	（設問のため省略）
3	顧客追加時の設定作業	（設問のため省略）	（設問のため省略）
4	サービス基盤の増設時の作業	（省略）	（省略）
5	必要技術の習得	習得済み	未習得

しかし，残念ながら表1の項番2にはヒントは記載されていません。何をどう考えていいか，悩んだ受験生が多かったことでしょう。

そんな場合，まずはFWに設定するネットワーク情報が何かを考えましょう。（※問題文には「従来方式の場合」とありますが，実は，SDNと比較する必要がない問題です。）

FWのネットワーク設定って何をしますか？

うーん。FWの設定をしたことがないので……

じゃあ，自分のPCでのネットワーク設定で考えましょう。Windowsの場合[コントロール パネル]→[ネットワークとインターネット]→[ネットワーク接続]から[イーサネット]のプロパティを見てみましょう。「インターネット プロトコル バージョン4」の画面から，ネットワークの設定ができます。

インターネット プロトコル バージョン 4 (TCP/IPv4)のプロパティ

全般

ネットワークでこの機能がサポートされている場合は、IP 設定を自動的に取得することができます。サポートされていない場合は、ネットワーク管理者に適切な IP 設定を問い合わせてください。

○ IP アドレスを自動的に取得する(O)
◉ 次の IP アドレスを使う(S):
IP アドレス(I): 192 . 168 . 1 . 11
サブネット マスク(U): 255 . 255 . 255 . 0
デフォルト ゲートウェイ(D): 192 . 168 . 1 . 254

○ DNS サーバーのアドレスを自動的に取得する(B)
◉ 次の DNS サーバーのアドレスを使う(E):
優先 DNS サーバー(P): 203 . 0 . 113 . 53

■ネットワークの設定画面

なるほど，IPアドレス，サブネットマスク，
デフォルトゲートウェイ（ルーティング），DNSの
設定をしていますね。

実は，それらがほぼ正解です。FWがインターネットを閲覧するようなことをしませんから，DNSがなくても動作はします。ここにあるIPアドレスやサブネットマスク，デフォルトゲートウェイ（つまりルーティング）を答えれば，全問正解でした。

解答例
（下記のうち，いずれか三つ）
- **フィルタリングルール**
- **仮想FWのVLAN ID**
- **仮想FWのIPアドレス**
- **仮想FWのサブネットマスク**
- **仮想FWの仮想MACアドレス**
- **ルーティング情報**

「ルーティング情報」と書かずに「デフォルトゲートウェイ」
ではダメですか？

ダメでしょうね。デフォルトゲートウェイ（一般に0.0.0.0/0宛て）は，ルーティング情報の一つでしかありません。また，ファイアウォールでは，複数のルーティング情報や，OSPFなどのダイナミックルーティングの設定も可能です。それらを包含して「ルーティング情報」と表現しているからです。

では，それ以外の解答について補足します。

①仮想FWのフィルタリングルール

仮想FWを作成しただけではFWを設置する意味がありません。フィルタリングルール（いわゆる，ポリシー）を作成して，アクセス制御をします。

②仮想FWのVLAN ID

FWには複数の顧客の通信が流れてきます。それらの通信を分けるには，VLAN（VLAN ID）の設定が必要です。

③仮想FWの仮想MACアドレス

仮想FWには仮想インターフェースがあり，NICと同じように仮想MACアドレスを割り当てます。ただ，一般的には，FWが自動的に割り当てます。手動で設定することは少ないと思います。この解答を導き出すのは難しかったと思います。

参考 FortiGateで仮想FWを設定してみよう

説明文だけではイメージがわきにくいので，FortiGateでの仮想FWの設定例を紹介します。ネットワーク構成図および設定情報は以下のとおりです（簡略化するために，FWの冗長化は省略しています）。

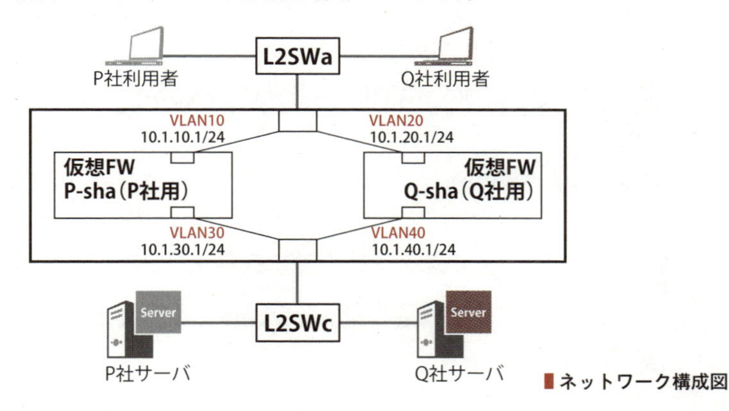

■ネットワーク構成図

■設定情報

仮想FW	インターフェース	備考
P-sha	VLAN10（10.1.10.1/24）	P社の利用者向けインターフェース
	VLAN30（10.1.30.1/24）	P社のサーバ向けインターフェース
Q-sha	VLAN20（10.1.20.1/24）	Q社の利用者向けインターフェース
	VLAN40（10.1.40.1/24）	Q社のサーバ向けインターフェース

少し補足をします。P社とQ社用に仮想FWを設定するには，ネットワークも仮想的に分ける必要があります。そのため，P社の仮想FW用にVLAN10とVLAN30，Q社の仮想FW用にVLAN20とVLAN40および，それぞれIPアドレスを割り当てています。

では設定画面を見てみましょう。

(1) 仮想FWの一覧画面

P社用のVDOMであるP-shaと，Q社用のVDOMであるQ-shaの二つが作成されています。

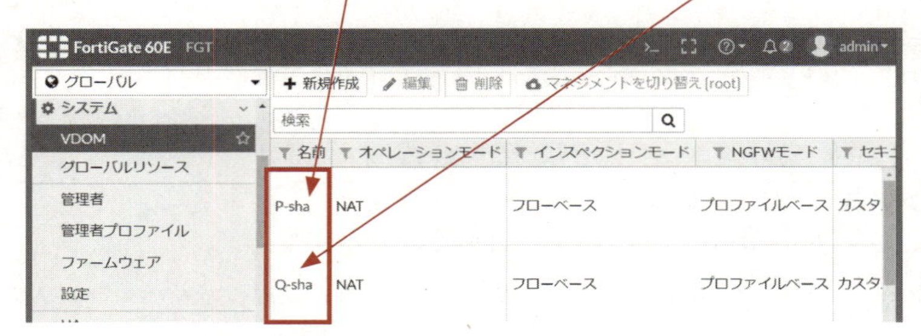

(2) インターフェースの一覧画面

P社の仮想FW（P-sha）のインターフェース情報です。VLANとIPアドレスを設定しています。

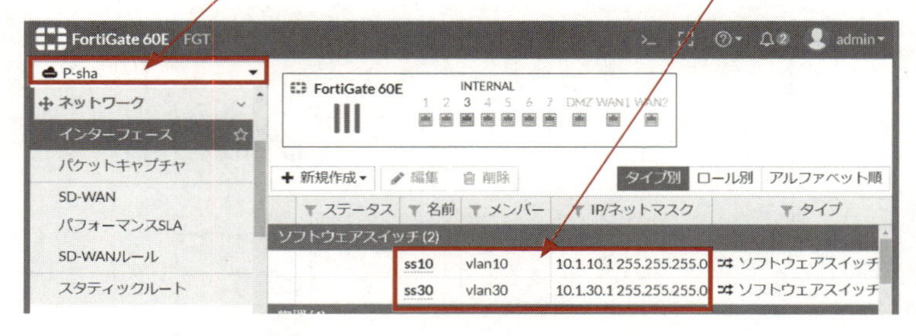

(3) ポリシーの設定画面

ポリシーは，仮想FWごとに自由に設定できます。以下は，仮想FWをQ社（Q-sha）に切り替えたポリシーの設定画面です。

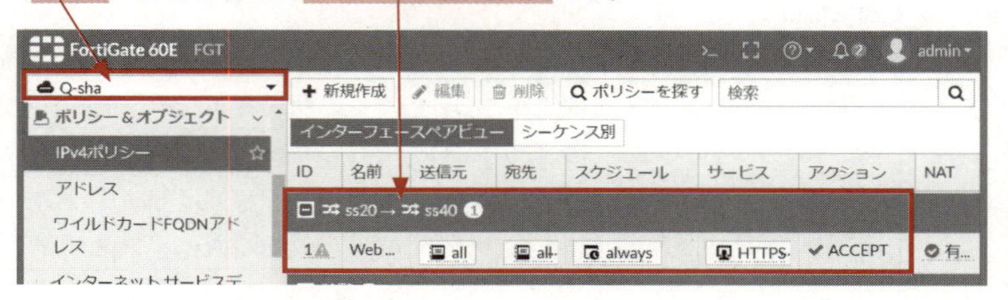

(4) ルーティングの設定画面

同様に，ルーティングの設定も，仮想FWごとに自由に設定できます。以下は，Q社の仮想FW（Q-sha）でのルーティングの設定画面です。ここではデフォルトゲートウェイを設定しています。

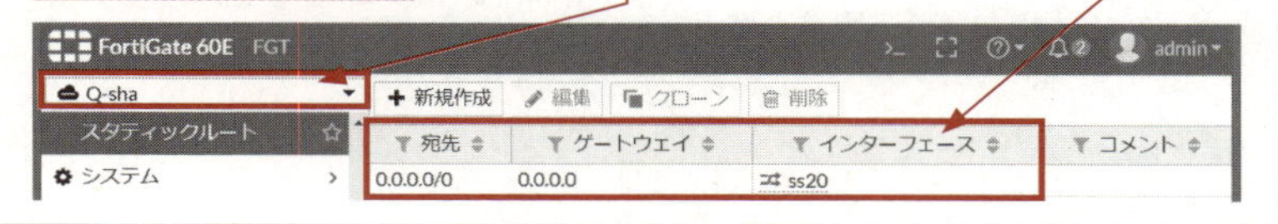

（2） 表1中の項番3について，従来方式の場合，追加する顧客に対応したVLAN設定がサービス基盤の全ての機器及びサーバで必要になる。その中で，ポートVLANを設定する箇所を，図2中の名称を用いて，40字以内で答えよ。

表1の項番3は，従来方式とSDN方式の比較のうち，顧客を追加するときの設定作業のことです。ただ，先と同様に，表1を見てもヒントはありません。また，復習ですが，ポートVLANとは，タグを使用しないVLANのことです。アクセスポートと呼ぶこともあります。まず，図2を再掲します。

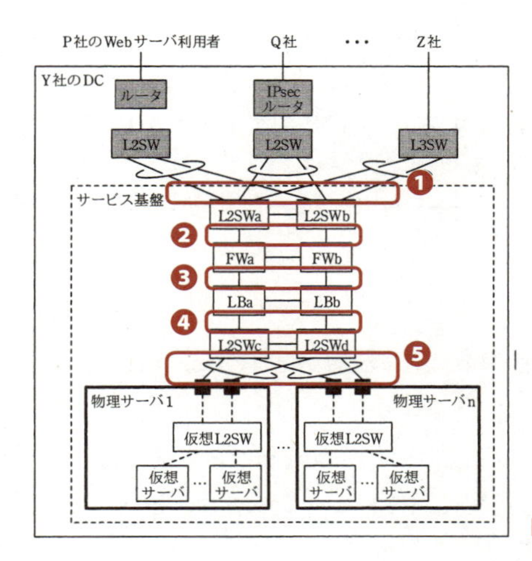

図2の再掲

サービス基盤内の機器で，ポートVLANかタグVLANを設定する箇所は，上図の❶～❺です。先に答えを言ってしまうと，このうち，❶がポートVLAN，❷～❺がタグVLANです。

まず，❶の部分を拡大したのが以下の図です。L2SWaに着目して考えます。

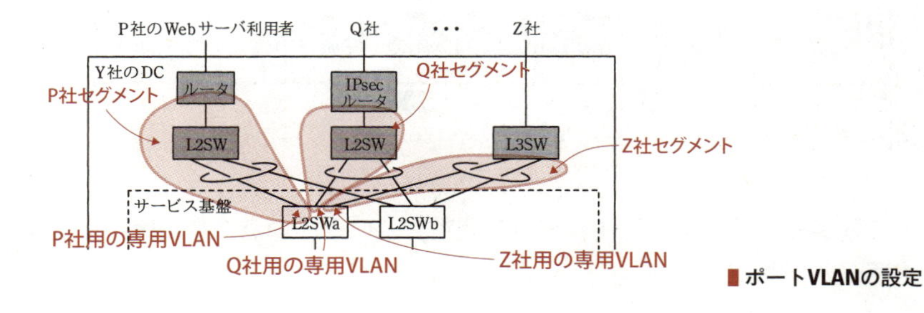

ポートVLANの設定

L2SWaには三つのポートからケーブルが接続されていて，それぞれ，P社，Q社，Z社に接続されています。一つのポート（およびケーブル）に，複数のネットワークが混在することはありません。よって，タグVLANの設定は不要で，ポートベースVLANの設定をします。

一方，それ以外の❷～❺には，一つのポート（およびケーブル）に，複数のネットワークが混在します。よって，タグVLANの設定が必要です。

さて，答案の書き方ですが，設問では「図2中の名称を用いて」とあるので，L2SWaとL2SWbという名称を入れて解答を組み立てます。また，L2SWaとL2SWbには複数のポートがあるので，どちらのポートかがわかるようにします。解答例では，「顧客の」という言葉を使っています。

顧客のL2SW又はL3SWに接続する，L2SWa及びL2SWbのポート（35字）

設問5

〔技術習得を目的とした制御方式の設計〕について，(1)～(4)に答えよ。

(1) 本番システムにおいて，図4の形態で3顧客の仮想サーバを配置した場合に発生する可能性がある問題を，40字以内で述べよ。また，その問題を発生させないための仮想サーバの配置を，40字以内で述べよ。

図4のうち，仮想サーバの箇所を再掲します。

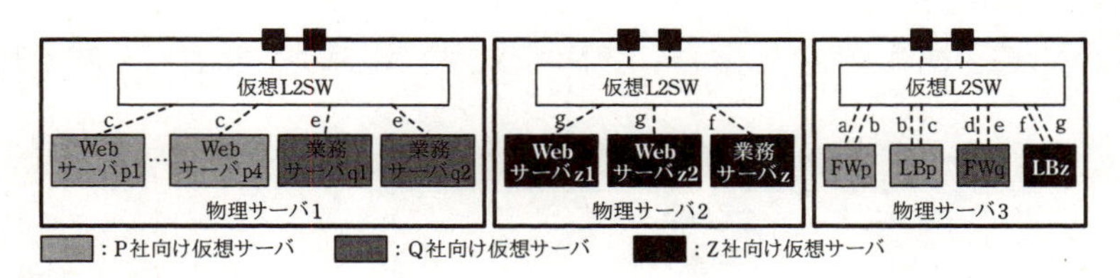

■仮想サーバの配置（図4より）

この配置で「発生する可能性がある問題」という，漠然とした問いに答える必要があります。

なるほど。では，以下のように，Webサーバp2を物理サーバ2，Webサーバp3を物理サーバ3に配置した場合，信頼性がどうなるかを考えましょう（他のサーバも分散配置します）。

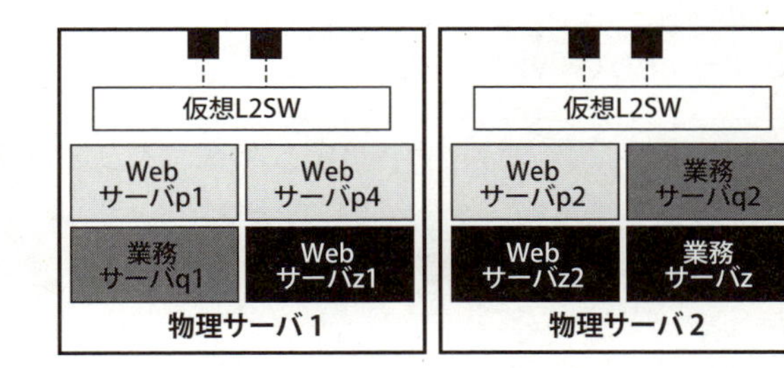

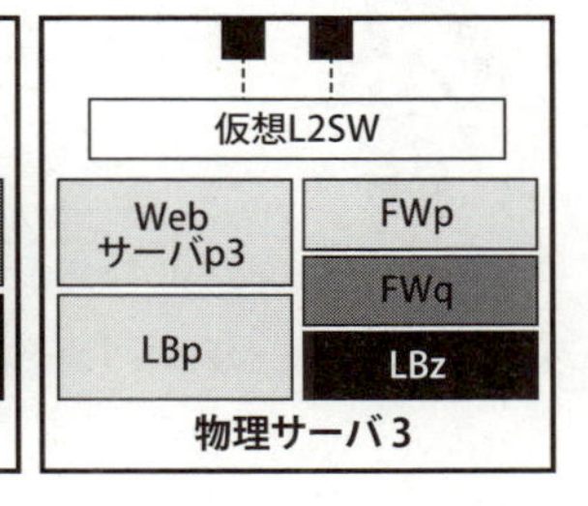

■Webサーバや業務サーバを複数の物理サーバに分散配置

ここで，各社の仮想サーバが1台でも利用できないと，システムとしては利用できません。たとえば，P社向けの仮想サーバの場合，Webサーバp1～p4，FWp，LBpの6台の仮想サーバにおいて，一つでも故障したら使えないことになります。

物理サーバの故障と，各社システムの利用可否の対応を整理すると，以下にようになります。図4と，上記の分散配置で比較します。

■物理サーバの故障と，各社のシステムの利用可否

故障箇所	利用可否		
	対象システム	図4の形態	Webサーバなどを分散配置
物理サーバ1	P社	×	○
	Q社	×	○
	Z社	○	○
物理サーバ2	P社	○	○
	Q社	○	○
	Z社	×	×
物理サーバ3	P社	×	×
	Q社	×	×
	Z社	×	×

これを見ると，分散配置することで，物理サーバ1の故障に関する信頼性は上がります（色網の部分）。しかし，それ以外の故障では図4の形態と変わりません。

そして，どちらの場合も，物理サーバ3が故障すると，3顧客のシステムが同時に停止してしまいます。実は，この点が，設問で問われている「問題」です。採点講評にも「正答率が低かった」とあります。難しい問題というより，何を答えればいいのか，わからなかった問題だったことでしょう。

では，対策はどうすればいいのですか？

いっそのこと，P社のシステムはすべて物理サーバ1，Q社のシステムは物理サーバ2，Z社のシステムは物理サーバ3に配置してみましょう（下図）。

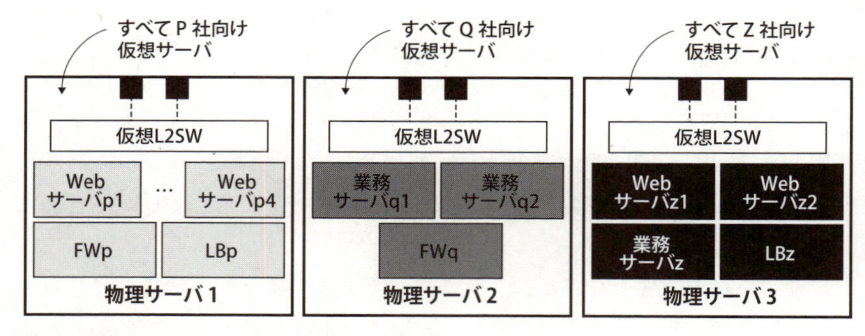

各社の仮想サーバを同一物理サーバにまとめる

すると，先ほどの二つの構成よりも○が増え，最も信頼性が高くなります。そして，3顧客のシステムが同時に停止してしまうこともなくなります。

■各社の仮想サーバを同一物理サーバにまとめた場合の利用可否

故障箇所	利用可否	
	対象システム	各社の仮想サーバを同一物理サーバにまとめる
物理サーバ1	P社	×
	Q社	○
	Z社	○
物理サーバ2	P社	○
	Q社	×
	Z社	○
物理サーバ3	P社	○
	Q社	○
	Z社	×

解答例

発生する可能性がある問題：**物理サーバ3の障害によって，3顧客のシステムが同時に停止してしまう。**（34字）

仮想サーバの配置：**3顧客向けの仮想サーバを，それぞれ異なった物理サーバに配置する。**（32字）

「同時に停止」はしなくても，どれかの顧客のシステムは停止しますよね？
あまり有効な対策に感じませんが……。

そんなことはありません。問題文にあったように，障害時には，仮想サーバを物理サーバ間で移動させます（VMwareでいうVMwareHA）。こういう障害対応を1社だけ実施するのか，3社同時にするのかによって，サービス提供事業者の負担は大きく違います。加えて，障害対応は迅速性も求められます。3社が同時に停止すれば，復旧までの時間も長くなってしまい，顧客に迷惑をかけることになります。

（2）表8のFテーブル4中には，FWpの内部側のポートからLBpの仮想IPアドレスをもつポートに，パケットを転送させるためのFエントリが生成されない。当該FエントリがなくてもFWpとLBp間の通信が行われる理由を，70字以内で述べよ。

まず，FWpとLBpの接続構成を確認しましょう。

図1から，FWpの内部側ポートとLBpのWAN側ポートは直結されていて，同一セグメントであることがわかります（左図）。この位置関係は図4でも変わらず，FWpとLBpは，b（VLAN ID110）の線で接続されています。

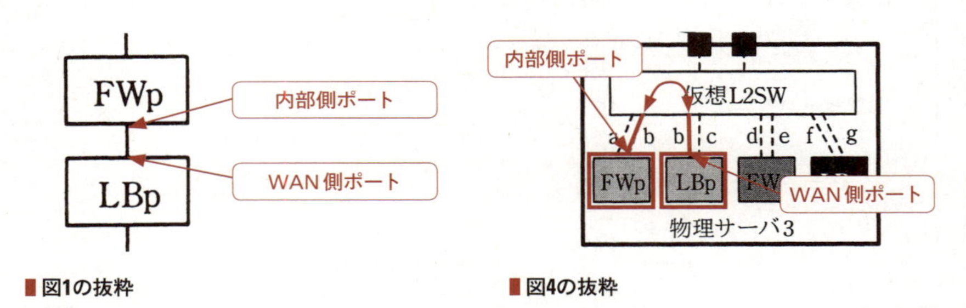

■図1の抜粋　■図4の抜粋

このように接続されていますから，OFSにパケットを送信しなくてもFWpとLBpは通信できます。よって，OFSのFテーブル4にはFWpとLBp間でのパケットを転送するためのエントリは不要です。

解答としては，FWpの内部側ポートとLBpの仮想IPアドレスを持つポート（WAN側のポート）は同一セグメントであることと，物理サーバ3内（の仮想L2SW）で処理が完結することの2点を答えます。

FWpの内部側ポートとLBpの仮想IPアドレスをもつポートは，同一セグメントであり，物理サーバ3内で処理されるから（57字）

「LBpの仮想IPアドレスを持つポート」という答え方は必須ですか？

表2に「WAN側」という表記があるので「LBpのWAN側ポート」と答えても正解でしょう。ただ，FWpもLBpも二つのポートを持ちますし，70字という長い文字数で記載します。どちらのポートなのかはハッキリ答えましょう。

（3） P社のWebサーバ利用者から送信された，Webサーバ宛てのユニキャストパケットがWebサーバp1に転送されるとき，パケットの転送は，次の【パケット転送処理手順】となる。

【パケット転送処理手順】

ルータ→L2SW→Fテーブル0，項番1→［　オ　］→FWp→LBp→［　カ　］→［　キ　］→Webサーバp1

【パケット転送処理手順】中の［　オ　］～［　キ　］に入れる適切なFテーブル名と項番を答えよ。Fテーブル名は，Fテーブル0～4から選べ。また，項番は表4～8中の項番で答えよ。ここで，パケット転送制御を行うOFSは特定しないものとする。

どのFテーブルのどの項番のエントリに従ってパケットがWebサーバに転送されるかが問われています。

パケットが転送される経路は下図のとおりです。すべてのパケットがOFS1を経由したと仮定します。

図4に解説の番号を付けましたので，後半の解説と照らし合わせて読んでください。

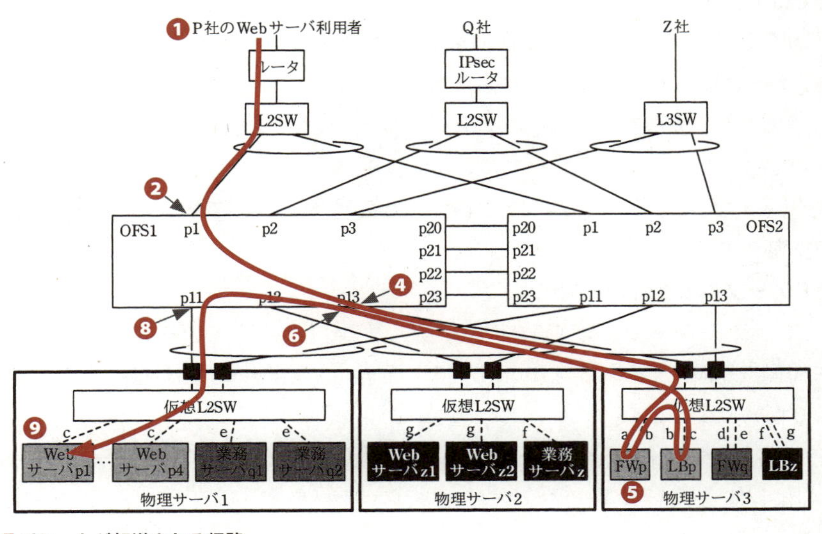

■パケットが転送される経路

❶パケットを送信

P社のWebサーバ利用者が，Webサーバ宛てのパケットを送信します。

❷p1で受信

パケットがルータ→L2SWを経由し，OFSのp1でパケットを受信します。

❸Fテーブル0 ※図には未記載

パケットを受信したOFSは，Fテーブル0（表4）を参照します。入力ポートがp1のパケットはFテーブル0の項番1「入力ポート＝p1」に合致します。アクションは「VLAN IDが100のタグをセット，Fテーブル1で定義された処理を行う」です。

❹Fテーブル1でp13から出力

OFSはFテーブル1（表5）を参照します。パケットの宛先はFWpのWAN側で，宛先MACアドレスは「mFWpw」です（表2より）。このパケットは，**Fテーブル1の項番2**「mDES＝mFWpw」に合致します。アクションは，「p13から出力」です。このエントリが空欄オです。

❺FWpとLBp

FWp宛てのパケットを物理サーバ3が受信します。仮想L2SW→点線a→FWp→点線b→仮想L2SW→点線b→LBp→点線c→仮想L2SWと経由して，物理サーバ3の物理NICから，OFSのp13に送信されます。

❻p13で受信

OFSはp13でパケットを受信します。

❼Fテーブル0 ※図には未記載

パケットを受信したOFSは，Fテーブル0（表4）を参照します。入力ポートがp13のパケットは**Fテーブル0の項番6**「入力ポート＝p13」に合致します。アクションは「Fテーブル4で定義された処理を行う」です。このエントリが空欄カです。

❽Fテーブル4でp11から出力

OFSは，Fテーブル4（表8）を参照します。パケットの送信元はLBpの内部側（MACアドレスはmLBp）で，宛先はWebサーバp1（MACアドレスはmWSp1）です。

このパケットは，**Fテーブル4の項番6**「mDES＝mWSp1，mSRC＝mLBp」に合致します。アクションは，「p11から出力」です。このエントリが空欄キです。

❾ Webサーバp1

Webサーバp1宛てのパケットを物理サーバ1が受信します。仮想L2SWと点線c（VLAN120）を経由してWebサーバp1が受信します。

解答例
空欄オ　Fテーブル名：**Fテーブル1**，項番：**2**
空欄カ　Fテーブル名：**Fテーブル0**，項番：**6**
空欄キ　Fテーブル名：**Fテーブル4**，項番：**6**

(4) P社のWebサーバp4が物理サーバ2に移動し，表7のOFS1のFテーブル3中の項番5によって，OFCにPacket-Inメッセージが送信されると，OFCは表8のFテーブル4中の二つの項番を変更する。Fテーブル4が変更されるOFS名を全て答えよ。また，項番3のほかに変更される項番及び変更後のアクションを答えよ。

Webサーバp4が物理サーバ2に移動すると，OFSはWebサーバp4宛てのパケットを送信するポートを変更します。

Webサーバp4が移動したので，
Webサーバp4に関するエントリを探したいと思います。

そうですね。その考え方であっています。では，表8からWebサーバp4，つまりMACアドレスがmWSp4のマッチング条件を探しましょう。以下に抜粋しましたが，項番7が該当します。アクションは「p11から出力」であり，物理サーバ1に送信されます。

7	mDES＝mWSp4，mSRC＝mLBp	p11から出力	中

■表8の項番7

念のため，図4を見ておきましょう。p11が物理サーバ1に接続されていることがわかります。

物理サーバ2に移動したあとは，物理サーバ2に接続している「p12から出力」する必要があります。対象のOFSは，OFS1とOFS2の両方です。LBpからのパケットをどちらのOFSで受信しても，p12から出力するためです。

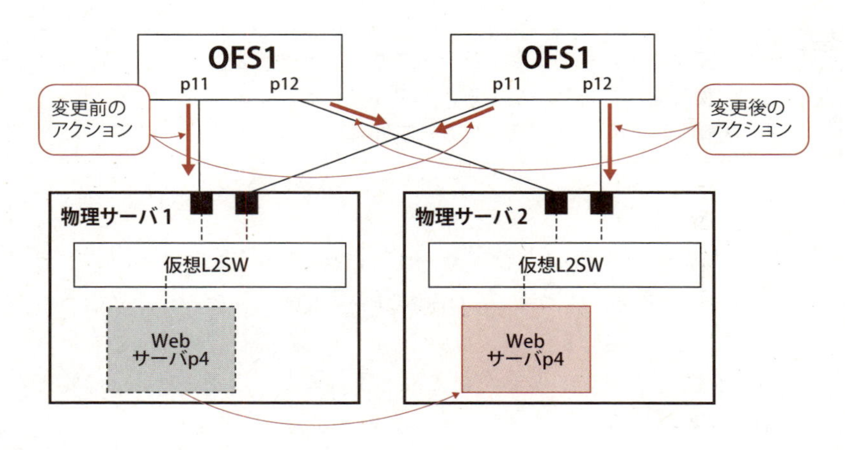

Webサーバp4を物理サーバ2に移動

解答例
OFS名：**OFS1，OFS2**
項番：**7**
変更後のアクション：**p12から出力**

参考として，項番3も考えましょう。

Q. 項番3の変更後のアクションを答えよ。

A. 設問文に，項番3が変更になると記載があります。項番3を見てみましょう。

3	eTYPE＝ARP，VLAN ID＝120，mDES＝FF-FF-FF-FF-FF-FF	p11から出力	高

表8の項番3

宛先MACアドレス（mDES）がFF-FF-FF-FF-FF-FFなので，ブロードキャストパケットです。移動前は，Webサーバp4のVLAN（VLAN ID 120）へのブロードキャストが，「p11から出力」されていました。Webサーバp4が物理サーバ2に移動すると，物理サーバ2に接続するp12にも出力します。したがって，アクションは「p11とp12から出力」に変わります。（※Webサーバp1などが残っているので，p11にも出力します。）

IPA の解答例

設問			IPA の解答例・解答の要点	予想配点
設問 1		ア	スタック	3
		イ	ステートフル	3
		ウ	負荷分散	3
		エ	チーミング	3
設問 2	(1)		・顧客ごとに異なるフィルタリングの設定が必要であるから ・顧客ごとにルーティングの設定が必要であるから	6
	(2)	① ② ③	・FWb による FWa の稼働状態 ・FWa による L2SWa への接続ポートのリンク状態 ・FWa による LBa への接続ポートのリンク状態 ・FWa による FWb の稼働状態 ・FWb による L2SWb への接続ポートのリンク状態 ・FWb による LBb への接続ポートのリンク状態	3 3 3
	(3)		物理サーバへの接続ポートに，全ての顧客の仮想サーバに設定された VLAN ID を設定する。	7
設問 3			・OFC の IP アドレス ・自 OFS の IP アドレス	5
設問 4	(1)	① ② ③	・フィルタリングルール ・仮想 FW の VLAN ID ・仮想 FW の IP アドレス ・仮想 FW のサブネットマスク ・仮想 FW の仮想 MAC アドレス ・ルーティング情報	3 3 3
	(2)		顧客の L2SW 又は L3SW に接続する，L2SWa 及び L2SWb のポート	7
設問 5	(1)	発生する可能性がある問題	物理サーバ 3 の障害によって，3 顧客のシステムが同時に停止してしまう。	6
		仮想サーバの配置	3 顧客向けの仮想サーバを，それぞれ異なった物理サーバに配置する。	6
	(2)		FWp の内部側ポートと LBp の仮想 IP アドレスをもつポートは，同一セグメントであり，物理サーバ 3 内で処理されるから	7
	(3)	オ	F テーブル名：F テーブル 1 項番：2	5
		カ	F テーブル名：F テーブル 0 項番：6	5
		キ	F テーブル名：F テーブル 4 項番：6	5
	(4)	OFS 名	OFS1，OFS2	5
		項番	7	
		変更後のアクション	p12 から出力	6
				100

※予想配点は著者による

合格者の復元解答

あーるさんの解答	正誤	予想採点	左女牛さんの解答	正誤	予想採点
クラスタ	×	0	スタック	○	3
ステートフル	○	3	ステートフル	○	3
負荷分散	○	3	負荷分散	○	3
チーミング	○	3	チーミング	○	3
通信を顧客ごとに論理的に独立させる要件を充足するため	×	0	接続する顧客ごとに、異なるFWでフィルタリングするから	○	6
① FWaからL2SWaのリンク状態	○	3	① FWaからFWbに生存確認が返ってこない。	○	3
② FWaからLBaのリンク状態	○	3	② L2SWaとFWa間のリンクが切断された。	○	3
③ FWaの死活状態	○	3	③ FWaのプライオリティ値がFWbより低くなった。	×	0
L2SWc及びL2SWdの、物理サーバと接続する各ポートに全ての顧客のVLANをトランクで設定する	○	7	物理サーバと接続する側のポートに、各顧客ごとに異なるVLANIDを設定する。	○	7
管理用ポートのIPアドレス	○	5	IPアドレスとポート番号	△	3
①仮想IPアドレス	○	3	① FW自身のIPアドレス	○	3
②プライオリティ値	×	0	②顧客のIPアドレス空間	×	0
③サブネットマスク	○	3	③仮想サーバのIPアドレス空間	×	0
L2SWaおよびL2SWbの、各顧客用のL2SWを接続するポート	○	7	L2SWaとL2SWbの顧客側とL2SWcとL2SWdの物理サーバ側の接続ポート	×	0
全ての顧客からの通信が物理サーバ3の仮想L2SWを経由するため、負荷が高くなる	×	0	仮想L2SWの障害などにより、顧客情報が別顧客のサーバや機器に流れる問題	×	0
顧客ごとに仮想サーバ群を1つの物理サーバ上に集約する	×	0	出来るだけ顧客ごとに物理サーバを分け、共存する場合は異なる仮想L2SWを配置	×	0
FWpの内部側ポートとLBp間は同一のネットワークのため、OFS1とOFS2を経由せずに、同じ物理サーバ内の仮想L2SWを経由する通信だから	○	7	Fテーブルは OFSに入った通信に対してのルールだが、FWpとLBpは同じ仮想L2SWに接続されているためOFSを経由せずに通信出来るから	△	5
Fテーブル1 2	○	5	Fテーブル1 2	○	5
Fテーブル0 6	○	5	Fテーブル0 6	○	5
Fテーブル4 6, 7	×	0	Fテーブル4 6	○	5
OFS1, OFS2 7	○	5	OFS1, OFS2 7	○	5
p12から出力	○	6	p12から出力	○	6
予想点合計		71	予想点合計		68

IPAの出題趣旨

クラウドコンピューティングでは，マルチテナントが求められる。マルチテナントは仮想化技術によって実現するが，ネットワークの仮想化は，サーバ仮想化技術の発展に追従できていなかった。しかし，最近，SDN（Software-Defined Networking）の活用によって，ネットワークの仮想化が容易になってきた。

本問では，IaaSのサービス基盤構築を題材として，SDN技術を用いない従来方式とSDN方式の，それぞれの方式による構築方法について解説した。その中で，SDNを実現する技術の一つであるOpenFlowを取り上げ，OpenFlowによる構築例を示した。本問では，受験者が，業務を通して蓄積したネットワーク関連技術を基に，本文中の記述を理解し実務で活用できるかを問う。

IPAの採点講評

問2では，IaaSのサービス基盤構築を題材に，SDN（Software-Defined Networking）技術を用いない従来方式とSDN方式の，それぞれの方式による構築方法を解説した。SDN技術としてはOpenFlowを取り上げ，マルチテナントのサービス基盤の構築に当たって必要になる技術について出題した。

設問1は，ア，ウ，エの正答率は高かったが，イの正答率が低かった。“ステートフル”は，ファイアウォール（以下，FWという）のフィルタリング機能などでも使われている用語なので，是非，知っておいてほしい。

設問2では，従来方式による構成について問うた。全体として正答率は低かった。(3）は，仮想化されたサーバのマイグレーションに対応させるときに不可欠な設定なので，理解しておいてほしい。

設問4は，(1）の正答率が低かった。マルチテナント環境では，顧客ごとにネットワークの要件が異なるので，FWの筐体内で，各顧客向けに複数のFW（以下，仮想FWという）を可動させる必要がある。仮想FWは，通常のFWと同様の働きを行うものなので，仮想FWに対して設定すべきネットワーク情報も，通常のFWとほぼ同じであることを理解しておいてほしい。

設問5では，OpenFlowを利用したときの構成とパケットの転送制御について問うた。(1）の正答率が低かった。テストシステムの仮想サーバの配置（図4）は，生成されるフローテーブル（以下，Fテーブルという）の内容を考慮したものだが，この仮想サーバの配置には，物理サーバ3に障害が発生すると3顧客のシステムが，一時的ではあるが同時に停止するという問題がある。構成図（図4）から，この問題点を見つけ出してほしかった。改善策は，顧客ごとの仮想サーバを，それぞれ異なる物理サーバに配置することで，物理サーバの障害の影響を複数の顧客に及ばないようにすることである。

（2）は，正答率が高かった。物理サーバ内の，仮想レイア2スイッチに接続された仮想サーバ間で行われるパケットの転送制御については，理解が高いことがうかがえた。

（3），（4）とも，正答率が高かった。本問では，五つのFテーブルによってパケットの転送制御を行う方法を示したが，各Fテーブルの役割やFテーブル間で行われるパケットの転送手順などについても，十分に理解されていることがうかがえた。

■出典

「平成30年度 秋期 ネットワークスペシャリスト試験 解答例」
https://www.jitec.ipa.go.jp/1_04hanni_sukiru/mondai_kaitou_2018h30_2/2018h30a_nw_pm2_ans.pdf
「平成30年度 秋期 ネットワークスペシャリスト試験 採点講評」
https://www.jitec.ipa.go.jp/1_04hanni_sukiru/mondai_kaitou_2018h30_2/2018h30a_nw_pm2_cmnt.pdf

ネットワークSE Column 5　SEであるあなたの上司は優秀ですか？

SEの仕事に限ったことではないでしょうが，優秀な上司がいるというのはうらやましい限りです。でも，現実はそうはいかないと思います。

さて，インターネットでアンケートをとりました。ズバリ，「SEであるあなたの上司は優秀ですか？」。以下がその結果です。

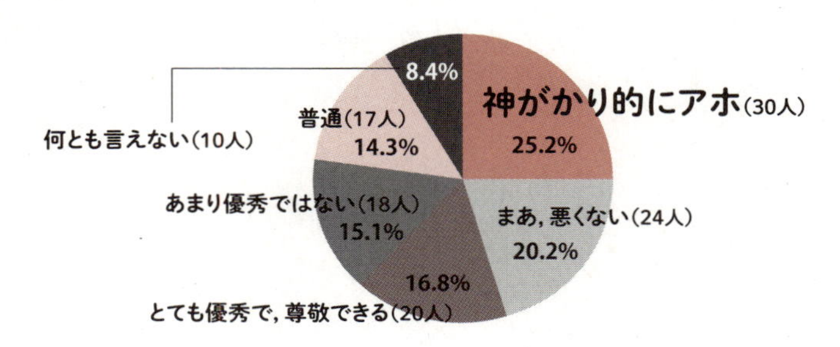

（人気ブログランキングを活用 https://blog.with2.net/vote/v/?m=va&id=119478）

結果はバラけましたが，残念ながら「神がかり的にアホ」が1位でした。『上司は思いつきでものを言う』(集英社新書)というベストセラーがあるように，上司というのは自分より職位が高いからといって，仕事ができるとも，人間的に立派であるとも限らないのです。

まあ，上司が優秀で尊敬できるということは少ないという現実を知って，元気にがんばりましょう。上司がダメなほうが，実力がつきますから。

■一人でお客様に謝りに行かせられるSE

◉答案用紙ダウンロードサービス

ネットワークスペシャリスト試験の午後Ⅰ，午後Ⅱの答案用紙をご用意しました。本試験の形式そのものではありませんが，試験の雰囲気が味わえるかと思います。ダウンロードし，プリントしてお使いください。

https://gihyo.jp/book/2019/978-4-297-10785-7/support

◉Webサイトのご案内

ネットワークスペシャリストの試験対策サイトです。ネットワークスペシャリスト試験の合格体験談，合格のコツ，過去問解説，基礎知識などの情報を掲載しています。

「ネットワークスペシャリスト －SE娘の剣－」
http://nw.seeeko.com/

■著者

左門 至峰（さもん しほう）
システムエンジニア。執筆実績は，本書のネットワークスペシャリスト試験対策『ネスペ』シリーズ（技術評論社），『日経 NETWORK』（日経 BP 社）や「@IT」での連載など。近著に『FortiGate で始める 企業ネットワークセキュリティ』（日経 BP 社），情報処理安全確保支援士の過去問解説書『支援士 18』（星雲社）がある。
また，講演や研修・セミナーも精力的に実施。
保有資格は，ネットワークスペシャリスト，テクニカルエンジニア（ネットワーク），技術士（情報工学），情報処理安全確保支援，プロジェクトマネージャ，システム監査技術者，IT ストラテジストなど多数。
平成 31 年が終わって令和元年になり、「ネスペ 30」の続きのタイトルをどうするのか悩み中。

平田 賀一（ひらた のりかず）
保有資格は，ネットワークスペシャリスト，IT サービスマネージャ，技術士（情報工学部門・電気電子部門・総合技術監理部門）など。
最近のお気に入りは，書籍『数学ガール』シリーズとマンガ『はじめアルゴリズム』。感化されて数学を復習中。

カバーデザイン◆ SONICBANG CO.,
カバー・本文イラスト◆後藤 浩一
本文デザイン・DTP ◆田中 望
編集担当◆熊谷 裕美子

ネスペ30知

ーネットワークスペシャリストの
最も詳しい過去問解説

2019 年 9 月 4 日 初 版 第 1 刷発行

著 者 左門 至峰・平田 賀一
発行者 片岡 巌
発行所 株式会社技術評論社
東京都新宿区市谷左内町 21-13
電話 03-3513-6150 販売促進部
03-3513-6166 書籍編集部
印刷／製本 昭和情報プロセス株式会社

定価はカバーに表示してあります。

ISBN978-4-297-10785-7 C3055

Printed in Japan

■問い合わせについて

本書に関するご質問については、本書に記載されている内容に関するもののみとさせていただきます。本書の内容と関係のないご質問につきましては、一切お答えできませんので、あらかじめご了承ください。また、電話でのご質問は受け付けておりませんので、FAX か書面にて下記までお送りください。弊社の Web サイトでも質問用フォームを用意しておりますのでご利用ください。

なお、ご質問の際には、書名と該当ページ、返信先を明記してくださいますよう、お願いいたします。

お送りいただいたご質問には、できる限り迅速にお答えできるよう努力いたしておりますが、場合によってはお答えするまでに時間がかかることがあります。また、回答の期日をご指定なさっても、ご希望にお応えできるとは限りません。あらかじめご了承くださいますよう、お願いいたします。

■問い合わせ先

〒 162-0846
東京都新宿区市谷左内町 21-13
株式会社技術評論社 書籍編集部
「ネスペ 30 知」係
FAX 番号 ：03-3513-6183
技術評論社 Web：https://gihyo.jp/book